Duden

W0236345

Eltern
COACH
PHYSIK

Sicher helfen bei Hausaufgaben & Co.

1. Auflage

Dudenverlag
Berlin

Bildquellenverzeichnis

B. Mahler, Fotograf, Berlin: 55/1, 55/2, 55/3, 106/1, 118/1, 130/1, 130/2, 142/1, 149/1, 156/1; Bibliographisches Institut, Berlin: 20/1, 22/1, 44/1, 116/2; BMW Group: 73/3; © CORBIS/ Royalty-Free: 80/2, 105/1, 123/1, 123/2, 168/1; DeTeMobil Deutsche Telekom MobilNet, Bonn: 133/2; ESO – European Southern Observatory, Garching bei München: 116/1; © Africa Studio – Fotolia.com: 64/1; © akf – Fotolia.com: 193/1; © bierwirm – Fotolia.com: 201/1; © Christine Gerhardt – Fotolia.com: 107/1; © Erwin Wodicka – Fotolia.com: 128/1; © Graça Victoria – Fotolia.com: 87/1; © HAKAN GANi – Fotolia.com: 133/1; © Heidrun Lutz – Fotolia.com: 81/1; © hero – Fotolia.com: 92/1; © Himmelssturm – Fotolia.com: 159/1; © manu – Fotolia.com: 10/4; © Michael Nolan – Fotolia.com: 132/1; © Monika Adamczyk – Fotolia.com: 89/1; © Monika Wisniewska Amaviael – Fotolia.com: 164/1; © pepe – Fotolia.com: 96/1; © petaran – Fotolia.com: 207/1; © Pixelot – Fotolia.com: 156/2; © razorconcept – Fotolia.com: 10/2; © Smileus – Fotolia.com: 73/1; © Stefan Thiermayer – Fotolia.com: 172/4; © Stihl024 – Fotolia.com: 172/1; © Swifty99uk – Fotolia.com: 184/1; © Tanguy de Saint Cyr – Fotolia.com: 80/3; © Tanja Bagusat – Fotolia.com: 81/3; © Thaut Images – Fotolia.com: 10/1; © valdezrl – Fotolia.com: 154/1; © Werner Münzker – Fotolia.com: 17/2; © xavier gallego morell – Fotolia.com: 34/1; Dr. V. Janicke, München: 10/3; Dr. R. König, Preetz: 56/3; MEV Verlag, Augsburg: 17/1, 49/1, 50/1, 56/1, 56/2, 73/2, 73/4, 81/2, 88/1, 91/1, 97/1, 102/1, 142/2, 172/2, 172/3, 191/1, 193/2; Siemens, Erlangen und Mannheim: 212/1; SOHO-EIT Consortium, ESA, NASA: 80/1; Spektrum Akademischer Verlag, Heidelberg: 134/1; P. Voß, Bremerhaven: 56/4; WMF, Geislingen: 82/1

Bibliografische Information der Deutschen Nationalbibliothek

Die Deutsche Nationalbibliothek verzeichnet diese Publikation in der Deutschen National-
bibliografie; detaillierte bibliografische Daten sind im Internet über http://dnb.d-nb.de abrufbar.

© Duden 2016   D C B A
Bibliographisches Institut GmbH, Mecklenburgische Straße 53, 14197 Berlin

Redaktionelle Leitung David Harvie
Redaktion Dr. Wiebke Salzmann
Autorin/Text Jennifer Day, Dr. Wiebke Salzmann

Herstellung Ursula Fürst
Layout und Satz Sigrid Hecker, Mannheim
Umschlaggestaltung Büroecco, Augsburg
Umschlagabbildungen Stock photo iStock/Sashatigar und Büroecco
Grafiken Sigrid Hecker, Mannheim und MT-Vreden, Vreden
Druck und Bindung Heenemann GmbH & Co. KG, Bessemerstraße 83–91, 19103 Berlin
Printed in Germany

ISBN 978-3-411-87182-7
Auch als E-Book erhältlich unter: ISBN 978-3-411-90933-9
www.duden.de

Liebe Leserin, lieber Leser,

natürlich wissen Sie, was Gravitation ist – aber was Ihr Kind da gerade in der Schule zum Ortsfaktor lernt, sagt Ihnen nichts mehr? Und, Hand aufs Herz, wissen Sie noch, wie das Gravitationsgesetz lautet? Sie möchten Ihrem Kind gern bei Problemen mit den Physik-Hausaufgaben helfen und waren ja auch gar nicht so schlecht in Physik – aber ein paar Jahre ist das nun schon her und Sie könnten eine kurze **Auffrischung** des damals Gewussten gebrauchen? Genau die liefert Ihnen dieses Buch.

Anschaulich erklärt und übersichtlich aufbereitet finden Sie im Eltern-coach „Physik" die **Themen der 5. bis 10. Klasse** – das macht den Eltern-coach auch für ältere Schüler interessant.

Fünf Kapitel behandeln jeweils ein Teilgebiet der Physik und sind unter-teilt in Unterkapitel von ein bis vier **Doppelseiten.** Durch das Doppelseiten-prinzip wird weitgehend vermieden, einen Gedankengang durch Um-blättern unterbrechen zu müssen. **Beispiele** und **Grafiken** machen den Stoff anschaulich und holen ihn rasch in Ihr Gedächtnis zurück.

Zu Beginn eines Unterkapitels beantwortet ein kurzer Einstieg **„Wozu eigentlich?"** die Frage: „Wozu muss ich das eigentlich lernen?". Eingestreute Kästen **„Achtung, Denkfalle!"** geben Tipps zu häufigen Fehlvorstellungen bei Schülern (gemeint sind natürlich immer auch Schülerinnen) – so kön-nen Sie diesen vorbeugen. Den Schluss eines Unterkapitels bildet ein Kasten **„Selbst entdecken"** – hier finden Sie entweder interessante weiter-führende Informationen oder ein kleines **Experiment,** mit dem Sie zusam-men mit Ihrem Kind das ein oder andere Phänomen selbst erfahren können. **Beachten Sie dabei bitte, dass Experimente mit Kerzenflammen, Laser-pointern, Schneidwerkzeugen o. dgl. Kinder nicht allein durchführen sollten.**

Um den Inhalt des Buches zu erschließen steht Ihnen neben dem **Inhalts-verzeichnis** auch ein **Register** zur Verfügung – dieses enthält wichtige Begriffe, die nicht im Inhaltsverzeichnis auftauchen: Wenn Sie nach-schlagen wollen, was die Lorentzkraft ist, aber nicht mehr sicher sind, zu welchem Thema diese Kraft gehört, finden Sie im Register die richtige Seite. Oder Sie schauen ins **Glossar,** das auf acht Seiten wichtige Begriffe kurz erklärt – wenn Sie noch genau wissen, wozu man das Gravitations-gesetz braucht, aber nicht mehr sicher sind, ob es im Nenner „r" oder „r²" heißen muss, brauchen Sie nicht das ganze Kapitel über Gravitation zu lesen, sondern können die Formel schnell im Glossar nachschlagen.

Ihnen – und Ihrem Kind – viel Erfolg beim Lernen!

INHALTSVERZEICHNIS

MECHANIK 7

Eigenschaften von Stoffen 8
Bewegung, Geschwindigkeit und Beschleunigung 10
Kräfte und ihre Wirkungen 16
Die newtonschen Gesetze 20
Gewichtskraft und freier Fall 24
Die Gravitation 28
Reibung und Reibungskräfte 32
Impuls und Stoßvorgänge 34
Kraftumformende Einrichtungen 38
Der Auflagedruck 44
Druck in Flüssigkeiten und Gasen 46
Auftrieb und archimedisches Prinzip 54
Mechanische Arbeit, Leistung und Energie 58
Mechanische Schwingungen 66
Mechanische Wellen und Schall 70

WÄRMELEHRE 79

Wärmequellen 80
Temperatur und Wärme 82
Wärme und Energie 84
Volumenausdehnung bei Temperaturänderungen 88
Die Anomalie des Wassers 92
Zustandsänderung bei Gasen 94
Längenausdehnung von Feststoffen 96
Bimetalle und Bimetallschalter 98
Aggregatzustände der Materie 100
Wärmeübertragung 102
Der Hauptsätze der Thermodynamik 108
Wärmekraftmaschinen und Kältemaschinen 110

OPTIK 115

Licht und Sehen 116
Licht und Schatten 118
Reflexion 124
Bilder an Spiegeln 126
Die Brechung des Lichtes 130

Totalreflexion und Lichtleiter **132**

Licht und Farben **134**

Bildentstehung durch Linsen **136**

Optische Geräte **140**

ELEKTRIZITÄTSLEHRE UND MAGNETISMUS **145**

Elektrostatik **146**

Die elektrische Leitfähigkeit **150**

Wirkung des elektrischen Stroms **156**

Die elektrische Stromstärke **158**

Die elektrische Spannung **162**

Der elektrische Widerstand **166**

Elektrische Energie, Arbeit und Leistung **172**

Der elektrische Stromkreis **176**

Elektrische Schaltungen **180**

Der Kondensator **184**

Das elektrische Feld **188**

Magnete und ihre Wirkung **192**

Elektromagnetische Induktion **196**

Der Transformator **202**

Elektromagnet, Generator und Elektromotor **206**

Wechselstromkreise **214**

Die Leitfähigkeit von Halbleitern **218**

Halbleiterdioden und Transistoren **220**

ATOM- UND KERNPHYSIK **225**

Der Aufbau von Atomen **226**

Kernumwandlungen und Radioaktivität **230**

Strahlenbelastung und Strahlungsschutz **236**

Kernspaltung **240**

ANHANG **245**

Glossar **246**

Register **254**

1

MECHANIK

Eigenschaften von Stoffen

WOZU EIGENTLICH? *Oftmals kommt es nicht auf die Masse eines Körpers an, sondern auf seine Dichte: So bilden sich bspw. hohe Gewitterwolken über erwärmten Landgebieten, weil warme Luft eine geringere Dichte hat als kalte. Wenn man sagt: „Die leichtere Luft steigt auf, die schwerere sinkt nach unten.", meint man eigentlich: „Die Luft mit der geringeren Dichte steigt auf, die mit der größeren Dichte sinkt ab."*

Das Volumen

Das Volumen V eines Körpers oder Stoffes gibt seinen **Rauminhalt** an, beschreibt also, wie viel Raum er einnimmt.
Einheit: ein Kubikmeter (1 m³) oder ein Liter (1 l)
Umrechnung: 1 dm³ = 1 l = 1000 cm³

Hat man es mit einem regelmäßigen Körper zu tun, kann man sein Volumen über die aus der Mathematik bekannten Formeln berechnen. Messen kann man das Volumen eines unregelmäßigen Körpers, indem man in einen Messzylinder eine bestimmte Menge Wasser füllt, den Gegenstand hineinlegt und den Unterschied im Wasserstand abliest. Die Volumendifferenz ist das Volumen des Gegenstandes.

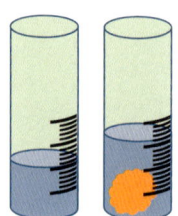

Die Masse

Die Masse m eines Körpers oder einer bestimmten Menge eines Stoffes gibt an, wie **schwer** und wie **träge** der Körper ist. Dahinter verbirgt sich Folgendes:
Die **träge Masse** (oder Massenträgheit) beschreibt die Tatsache, dass es einem Körper „widerstrebt", seinen Bewegungszustand zu ändern (s. S. 20) – man muss eine Kraft aufwenden, um bspw. einen ruhenden Körper in Bewegung zu setzen oder um einen sich geradlinig bewegenden Körper auf eine Kreisbahn zu zwingen. Die Kraft muss umso größer sein, je mehr Masse der Körper hat. Dieser Zusammenhang wird durch das 2. newtonsche Gesetz (s. S. 21) beschrieben.
Mit der **schweren Masse** ist die Eigenschaft eines Körpers gemeint, auf andere Körper eine Gravitationskraft auszuüben und seinerseits von der Gravitation anderer Körper angezogen zu werden.
Trotzdem kann man weiterhin von „der Masse" sprechen und schwere und träge Masse gleichsetzen, da dies durch Experimente belegt ist.
Die Einheit der Masse ist ein Kilogramm (1 kg).

Dichte

Die Dichte ρ eines Körpers oder Stoffes gibt an, wie viel Masse m sich auf wie viel Volumen V verteilt:
$\rho = \frac{m}{V}$; Einheit: $\frac{kg}{m^3}$ oder $\frac{g}{cm^3}$.

Da das Volumen i. d. R. von der Temperatur abhängig ist, gilt dies auch für die Dichte. Das Volumen eines Gases nimmt bspw. mit der Temperatur zu (sofern es kein begrenzender Behälter umgibt), sodass seine Dichte sinkt.

Das Teilchenmodell

Stoffe und Körper bestehen aus vielen, sehr kleinen Teilchen (Atome und Moleküle). Diese Teilchen bewegen sich zum einen, zum anderen üben sie anziehende oder abstoßende Kräfte aufeinander aus. Je nach Stärke der Kräfte und Bewegungen unterscheidet man die drei Aggregatzustände fest, flüssig und gasförmig:

fest	flüssig	gasförmig
Die Teilchen liegen eng nebeneinander auf festen Plätzen, auf denen sie hin und her schwingen. Zwischen ihnen wirken starke Kräfte.	Die Teilchen haben keine bestimmten Plätze, sondern bewegen sich umeinander. Die Kräfte zwischen ihnen sind kleiner als im Festkörper.	Die Teilchen bewegen sich beliebig und frei in dem Raum, den sie zur Verfügung haben. Zwischen ihnen wirken nur schwache Kräfte.

Die Kräfte zwischen den Teilchen ein und desselben Stoffes bewirken die mehr oder weniger große Festigkeit der Stoffmenge oder des Körpers. Man nennt dies **Kohäsion.**
Mit **Adhäsion** meint man dagegen das Haften verschiedener Körper aneinander. Sie lässt Farbe an der Wand haften und erzeugt auch die Wirkung von Klebstoff.

SELBST ENTDECKEN   **Wasser als Klebstoff**
DAS WIRD GEBRAUCHT: *alte CD, Wassertropfen*
DAS IST ZU TUN: *Einen Tropfen Wasser auf die Tischplatte fallen lassen. Die CD darauflegen und hin und her drehen, damit sich das Wasser unter ihr verteilt.*
DAS PASSIERT: *Die CD lässt sich nur schwer vom Tisch lösen, weil zum einen Kohäsionskräfte den Wasserfilm zusammenhalten, zum andern Adhäsionskräfte Tisch und Wasser einerseits und CD und Wasser andererseits zusammen halten.*

Bewegung, Geschwindigkeit und Beschleunigung

WOZU EIGENTLICH?   *Ganz klar: Wer von einem Ort A zu einem Ort B gelangen möchte, muss sich bewegen und benötigt dafür eine gewisse Zeit. Die Mechanik, genauer gesagt deren Teilbereich der Kinematik („Lehre von der Bewegung"), beschäftigt sich damit, wie man eine solche Bewegung am besten beschreiben und auch vorhersagen kann.*

Bewegungsformen

Im Alltag kann man bei genauerer Betrachtung mehrere Bewegungsformen be-obachten. Dabei bewegen sich Körper entlang einer Bahn mit unterschiedlichen Geschwindigkeiten.

a) Geradlinige Bewegung:
Der Körper bewegt sich entlang einer geraden Strecke und ändert seine Bewegungsrichtung nicht.
BEISPIEL: Ein Zug, der einen gradlinigen Schienenabschnitt befährt.

b) Krummlinige Bewegung:
Der Körper bewegt sich entlang einer krummlinigen Bahn, d.h., er ändert während seiner Bewegung seine Bewegungsrichtung.
BEISPIEL: Ein Fußballspieler, der seine Gegenspieler ausspielt.

c) Kreisbewegung:
Der Körper bewegt sich auf einer Kreisbahn.
BEISPIEL: Die Gondel eines Karussells oder eines Riesenrads.

d) Schwingung:
Der Körper pendelt zwischen zwei Punkten hin und her.
BEISPIEL: Ein Kind auf einer Schaukel.

Bewegungsarten

Prinzipiell können zwei Bewegungsarten beobachtet und voneinander unterschieden werden:
Bei einer **gleichförmigen Bewegung** behält ein Körper seine Geschwindigkeit konstant bei, er wird weder schneller noch langsamer.

BEISPIEL: Eine Rolltreppe im Kaufhaus.

Unter einer **ungleichförmigen Bewegung** versteht man eine beschleunigte bzw. verzögerte Bewegung, d.h., der Körper verändert seine Geschwindigkeit und wird mal schneller oder mal langsamer.

BEISPIEL: Eine Straßenbahn fährt an der Haltestelle ab und wird dabei zunächst immer schneller. Vor der nächsten Haltestelle bremst der Fahrer die Bahn, bis sie schließlich zum Stillstand kommt.

Die Geschwindigkeit von Körpern

Die Geschwindigkeit ist ein Grundbegriff der Mechanik. Sie trifft eine Aussage darüber, wie schnell bzw. langsam sich ein Körper bewegt. Genauer gesagt gibt sie an, welche Strecke (s) der bewegte Körper in einer bestimmten Zeit (t) zurücklegt.

FORMELZEICHEN: v

EINHEIT: $1\frac{m}{s}$ oder $1\frac{km}{h}$

BERECHNUNG: $v = \frac{s}{t}$

Oft gibt man im Alltag nur die Durchschnittsgeschwindigkeit eines Körpers an. Hierfür teilt man die Gesamtstrecke durch die insgesamt benötigte Zeit.

Die **Basiseinheit** der Geschwindigkeit ist „Meter pro Sekunde", im Alltag benutzen wir aber meist die Einheit „Kilometer pro Stunde".

Umrechnung zwischen $\frac{m}{s}$ und $\frac{km}{h}$:
Aus der rechts dargestellten Umrechnung ergibt sich ein Umrechnungsfaktor von 3,6.

$$\cdot 3{,}6$$
$$1\frac{m}{s} = 60\frac{m}{min} = 3600\frac{m}{h} = 3{,}6\frac{km}{h}$$
$$: 3{,}6$$

BEISPIEL 1: Eine Geschwindigkeit von 270 Kilometer pro Stunde soll in Meter pro Sekunde umgerechnet werden.
$$270\frac{km}{h} : 3{,}6 = 75\frac{m}{s}$$

BEISPIEL 2: Eine Geschwindigkeit von 35 Meter pro Sekunde soll in Kilometer pro Stunde umgerechnet werden.
$$35\frac{m}{s} \cdot 3{,}6 = 126\frac{km}{h}$$

RECHENBEISPIEL: Geschwindigkeit bestimmen

Ein Sportwagen legt in einer Zeit von 45 Sekunden eine Strecke von 3600 Metern zurück. Wie groß ist seine Durchschnittsgeschwindigkeit?

GESUCHT: Durchschnittsgeschwindigkeit v

GEGEBEN: Strecke s = 3600 m; Zeit t = 45 s

RECHNUNG: $v = \frac{s}{t} = \frac{3600\ m}{45\ s} = 80\ \frac{m}{s} = 288\ \frac{km}{h}$

ERGEBNIS: Der Sportwagen hat eine Geschwindigkeit von $288\ \frac{km}{h}$.

Die Beschleunigung von Körpern

Ein Körper erfährt immer dann eine Beschleunigung, wenn er seinen Bewegungszustand ändert. Man spricht also von einer beschleunigten Bewegung, wenn sich der Betrag der Geschwindigkeit, ihre Richtung oder beides ändert. Verringert sich die Geschwindigkeit eines Körpers, z.B. durch Abbremsen, so spricht man von einer negativen Beschleunigung.

FORMELZEICHEN: a

EINHEIT: $1\frac{m}{s^2}$

BERECHNUNG: $a = \frac{v}{t}$

Erfährt ein Körper eine Beschleunigung von $5\frac{m}{s^2}$, so ändert sich seine Geschwindigkeit in einer Sekunde um $5\frac{m}{s}$.

RECHENBEISPIEL: Beschleunigung berechnen

Der Sportwagen Porsche 911 beschleunigt aus dem Stand auf eine Geschwindigkeit von $300\ \frac{km}{h}$ in einer Zeitspanne von 25 Sekunden. Wie groß ist die Beschleunigung des Sportwagens?

GESUCHT: Beschleunigung a

GEGEBEN: Geschwindigkeit $v = 300\ \frac{km}{h}$; Zeit t = 25 s

RECHNUNG: $v = 300\ \frac{km}{h} \approx 83,3\ \frac{m}{s} \rightarrow a = \frac{v}{t} = \frac{83,3\frac{m}{s}}{25\ s} = \frac{83,3\ m}{25\ s^2} = 3,3\ \frac{m}{s^2}$.

ERGEBNIS: Der Sportwagen hat eine Beschleunigung von $3,3\frac{m}{s^2}$.

Die gleichförmige Bewegung

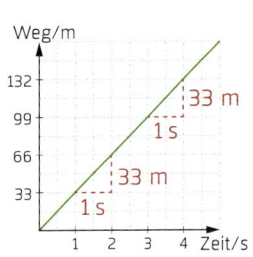

Bei einer gleichförmigen Bewegung bleibt die Geschwindig-keit eines Körpers konstant (v = konst.), d.h., er legt in gleichen Zeitabschnitten gleiche Weglängen zurück. Hält ein Auto mit eingeschaltetem Tempomat eine konstante Geschwindigkeit von 120 $\frac{km}{h}$ (≈ 33 $\frac{m}{s}$), bedeutet dies, dass es in jeder Sekunde ca. 33 Meter bzw. in jeder Stunde 120 km zurücklegt.

Zeichnet man zu einer gleichförmigen Bewegung den zurückgelegten Weg pro Sekunde in ein Koordinatensystem (x-Achse: Zeit; y-Achse: Weg) und erstellt ein **t-s-Diagramm,** so erhält man als Graphen stets eine Gerade.

Gesetzmäßigkeiten einer gleichförmigen Bewegung

Zeit-Weg-Gesetz

$s = v \cdot t$

Im t-s-Diagramm ergibt sich eine Ursprungs-gerade. Je größer die Geschwindigkeit ist, desto größer ist der Anstieg der Geraden.

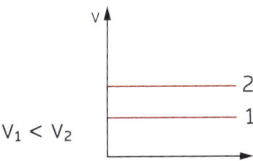

Zeit-Geschwindigkeit-Gesetz

$v = \frac{s}{t}$ = konst.

Im t-v-Diagramm ergibt sich eine Gerade, die parallel zur t-Achse verläuft. Je größer die Geschwindigkeit ist, umso höher liegt die Gerade.

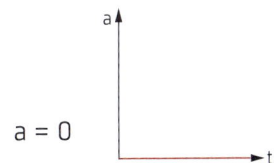

Zeit-Beschleunigung-Gesetz

$a = 0$
(Der Körper beschleunigt nicht.)

Im t-a-Diagramm ergibt sich eine Gerade, die mit der t-Achse zusammenfällt.

ACHTUNG, DENKFALLE!   *Erfahrungsgemäß ist es für Schülerinnen und Schüler schwierig, die Begriffe Geschwindigkeit und Beschleunigung sauber zu trennen – beide werden häufig synonym verwendet oder der Begriff der Beschleunigung wird auf die Geschwindigkeit reduziert. Aus diesem Grund nehmen Schüler mitunter auch an, dass ein Wagen, der auf die Autobahn auffährt, eine geringere Beschleunigung haben muss, als ein Wagen, der mit hoher, aber konstanter Geschwindigkeit an dem auffahrenden Auto vorbeifährt.*

Die gleichmäßig beschleunigte Bewegung

Bei einer gleichmäßig beschleunigten Bewegung bleibt die Beschleunigung eines Körpers konstant (a = konst.). Seine Geschwindigkeit hingegen vergrößert oder verringert sich um denselben Betrag in gleichen Zeitabschnitten.

Ein Beispiel für eine solche Bewegung wäre ein Ball, der (reibungsfrei) eine geneigte Straße hinunterrollt. Angenommen, er würde mit $2\frac{m}{s^2}$ beschleunigt, dann erhöht der Ball seine Geschwindigkeit pro Sekunde um $2\frac{m}{s}$.

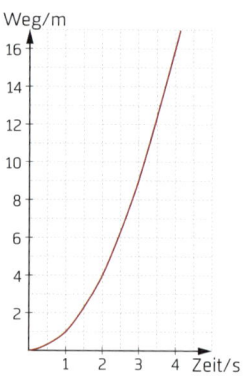

Zeichnet man zu einer gleichmäßig beschleunigten Bewegung den zurückgelegten Weg pro Sekunde in ein Koordinatensystem, erhält man als Graphen einen Parabelabschnitt.

Gesetzmäßigkeiten einer gleichmäßig beschleunigten Bewegung

Zeit-Weg-Gesetz

$s = \frac{1}{2} \cdot a \cdot t^2$

Im t-s-Diagramm ergibt sich ein Parabelabschnitt. Je größer die Beschleunigung ist, desto steiler ist der Anstieg der Kurve.

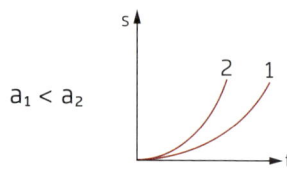

Zeit-Geschwindigkeit-Gesetz

$v = a \cdot t$

Im t-v-Diagramm ergibt sich eine Ursprungs-gerade. Je größer die Beschleunigung ist, umso steiler ist der Anstieg der Geraden.

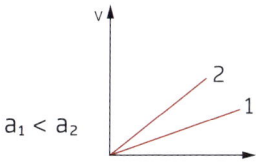

Zeit-Beschleunigung-Gesetz

$a = $ konst.

Im t-a-Diagramm ergibt sich eine Gerade, die parallel zur t-Achse verläuft. Je größer die Ge-schwindigkeit ist, umso höher liegt die Gerade

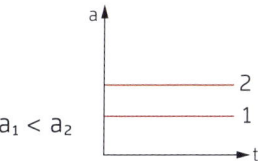

SELBST ENTDECKEN   Wohin rollt die Kugel?

DAS WIRD GEBRAUCHT: *alter Eimer, der zerschnitten werden kann; Murmel oder ähnliche Kugel; Schere*

DAS IST ZU TUN: *Über dem Boden des Eimers in dessen Wand ein Loch schneiden mit den Maßen: Höhe = Kugel-durchmesser; Breite = arc cos $\left(\frac{r-d}{r}\right)$ mit r = Eimerradius, d = Kugeldurchmesser. Die Kugel auf dem Boden des Eimers so anstoßen, dass sie an der Innenwand ent-langrollt.*

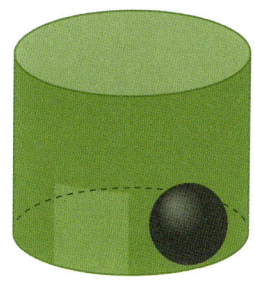

DAS PASSIERT: *Ohne Beschleunigung würde die Kugel mit gleichbleibender Geschwindig-keit auf einer geradlinigen Bahn laufen – im Eimer jedoch zwingt die Wand die Kugel auf eine Kreisbahn. Die Eimerwand sorgt also für eine ständige* **Richtungsänderung** *und damit für eine beschleunigte Bewegung der Kugel, obwohl der* **Betrag** *der Ku-gelgeschwindigkeit sich nicht ändert. Erreicht die Kugel das Loch, erfährt sie keine Richtungsänderung mehr durch die Wand und damit auch keine Beschleunigung mehr, sondern setzt ihren Weg geradlinig fort und rollt aus dem Eimer.*

Kräfte und ihre Wirkungen

Kräfte stellen eines der grundlegendsten Konzepte in der Physik dar. Kräfte braucht man, um z. B. Arbeit zu verrichten oder um die Energie eines Körpers bzw. eines physikalischen Systems zu verändern. Der Kraftbegriff setzt auch historisch einen Meilenstein: Sein Aufkommen markiert den Beginn der klassischen Mechanik und damit auch den Anfang der Physik als Naturwissenschaft in all ihren heutigen Ausprägungen.

Die Größe „Kraft"

Die Kraft ist eine <u>**Wechselwirkungsgröße.**</u> Sie gibt an, wie stark zwei Körper wechselseitig aufeinander einwirken.

FORMELZEICHEN: F

EINHEIT: ein Newton (1 N)

Ein Newton ist definiert als die Kraft, die man benötigt, um einer Masse von 1 kg eine Beschleunigung von $1\,\frac{m}{s^2}$ zu erteilen. Die Einheit Newton ist also abgeleitet aus den SI-Basiseinheiten der Masse, der Länge und der Zeit:

$$1\,N = 1\,\frac{kg \cdot m}{s^2}$$

Als kleine Eselsbrücke bietet sich an, dass eine Kraft von 1 N in etwa der Kraft entspricht, mit der eine Tafel Schokolade (100 g), die auf einer Hand liegt, auf diese Hand drückt.

Die Kraft ist eine <u>**gerichtete Größe**</u> und wird mithilfe von Pfeilen dargestellt. Jede Kraft besitzt einen **Angriffspunkt,** einen **Betrag,** eine **Richtung** sowie eine **Wirkungslinie,** die in Richtung der Kraft verläuft.

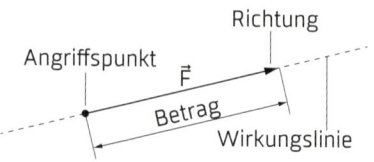

Spielt die Richtung der Kraftwirkung in der Diskussion eine Rolle, so gibt man das Formelzeichen der Kraft in der Vektorschreibweise mit einem Pfeil darüber an: $\vec{F}$.

Wirkungen von Kräften

Eine Kraft lässt sich nur an ihren Wirkungen erkennen. Diese sind abhängig

- vom Betrag der Kraft,
- von der Richtung der Kraft   s. Skizze
- und vom Angriffspunkt der Kraft.

Wirkt eine Kraft auf einen Körper ein, so kann dies folgende Wirkungen haben:
a) Ein ruhender Körper wird aus seiner Ruhelage gebracht.
b) Ein bewegter Körper ändert seine Geschwindigkeit oder seine Bewegungsrichtung oder beides.
c) Der Körper wird verformt.

Die Verformung eines Körpers kann entweder
plastisch oder elastisch sein.
Man spricht von einer **plastischen Verformung,**
falls der Körper nach der Krafteinwirkung im verformten Zustand verbleibt, z.B. der Blechschaden
bei einem Autounfall. *Autots. Leaner*
Bei einer **elastischen Verformung** nimmt der Körper nach der Krafteinwirkung von alleine wieder
seine ursprüngliche Form an. Das klassische
Beispiel einer elastischen Verformung ist eine
gestauchte Feder, die zurückschnellt, sobald
die Kraft nicht mehr wirkt. *Gummiball*

ACHTUNG, DENKFALLE!   *Die Tatsache, dass sich Kräfte nicht direkt beobachten,
sondern sich nur indirekt an ihren Wirkungen erkennen lassen, stellt eine große Lern-
hürde dar. Denn nur weil man bei einem beobachteten Körper keine Wirkung erkennen
kann, heißt das umgekehrt nicht, dass er vollständig kräftefrei ist. Es bedeutet lediglich,* Bsp.
*dass sich die im Moment auf ihn einwirkenden Kräfte gegenseitig aufheben. Eine Kraft,
die nämlich immer und prinzipiell überall auf jeden Körper einwirkt, ist die Gravitation
(s. S. 28). An ein Buch, welches unbewegt auf einem Tisch liegt, greifen bspw. im
Wesentlichen zwei Kräfte an: einerseits die Gewichtskraft, die die Erde auf das Buch
ausübt und die es in Richtung Erdmittelpunkt ziehen will; andererseits eine der Gewichtskraft entgegengesetzte Kraft, die die Tischplatte auf das Buch ausübt und die
verhindert, dass das Buch zu Boden fällt: Beide Kräfte heben sich auf, wodurch das
Buch in Ruhe auf dem Tisch verharrt.
Dieses Verharren des Buches bedeutet daher nicht, dass keine Kräfte auf es wirken.*

Messen von Kräften und das hookesche Gesetz

Zur Messung von Kräften nutzt man **Federkraftmesser,** deren Federn sich elastisch verformen lassen. Für eine elastisch verformbare Feder gilt die folgende von Robert Hooke (1635–1702) entdeckte und nach ihm benannte Gesetzmäßigkeit:

DAS HOOKESCHE GESETZ

Die Ausdehnung einer elastisch verformbaren Feder ist proportional zum Betrag der Kraft, die an ihr angreift – das bedeutet bspw., dass das Doppelte der angreifenden Kraft die Feder auch doppelt so weit ausdehnt.
Als Gleichung formuliert lautet das hookesche Gesetz:

$D = \frac{F}{s} = \text{konst.}$ oder $F = D \cdot s$ *doppelte Kraft = doppelte Feder - ausdehnung*

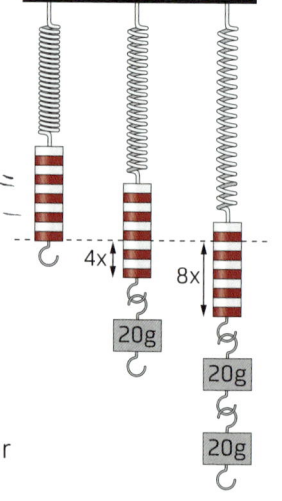

F: angreifende Kraft

s: Ausdehnung

D: Federkonstante; Einheit: Newton pro Meter $(\frac{N}{m})$ *unterschiedlich*

Die **Federkonstante** ist für jede Feder eine charakteristische Größe und beschreibt den Härtegrad der Feder. Je größer bzw. kleiner die Federkonstante ist, desto härter bzw. weicher ist die Feder.

RECHENBEISPIEL: Ausdehnung einer Feder berechnen

Eine elastisch verformbare Feder hat die Federkonstante $D = 6 \frac{N}{m}$ und unbelastet eine Länge $l_0 = 15$ cm. Nun wird ein Gewicht an die Feder gehängt, das eine Kraft von $F = 0,3$ N ausübt. Auf welche Gesamtlänge l wird die Feder ausgedehnt?

GESUCHT: $l = l_0 + s$

GEGEBEN: Länge der Feder (unbelastet): $l_0 = 15$ cm; Federkonstante: $D = 6 \frac{N}{m}$;
angehängte Last: $F = 0,3$ N

RECHNUNG: Aus dem hookeschen Gesetz errechnet man die Ausdehnung s:

$F = D \cdot s$ $| : D$

$s = \frac{F}{D} = \frac{0,3\,N}{6\frac{N}{m}} = \frac{0,3}{6}\,m = 0,05\,m = 5\,cm$

Daraus ergibt sich die Gesamtlänge l zu:

$l_0 + s = 15$ cm $+ 5$ cm $= 20$ cm

ERGEBNIS: Die Feder dehnt sich um 5 cm aus. Sie wird also auf eine Gesamtlänge von 20 cm ausgedehnt.

Zusammensetzung und Zerlegung von Kräften

Wirken auf einen Körper zwei Kräfte ein, so setzen beide sich zu einer **resultierenden Kraft** F (oft auch Nettokraft genannt) zusammen. Diese kann zeichnerisch durch ein **Kräfteparallelogramm** ermittelt werden. Rechnerisch lässt sich ohne Kenntnis der Vektorrechnung nur der Betrag einer resultierenden Kraft berechnen.

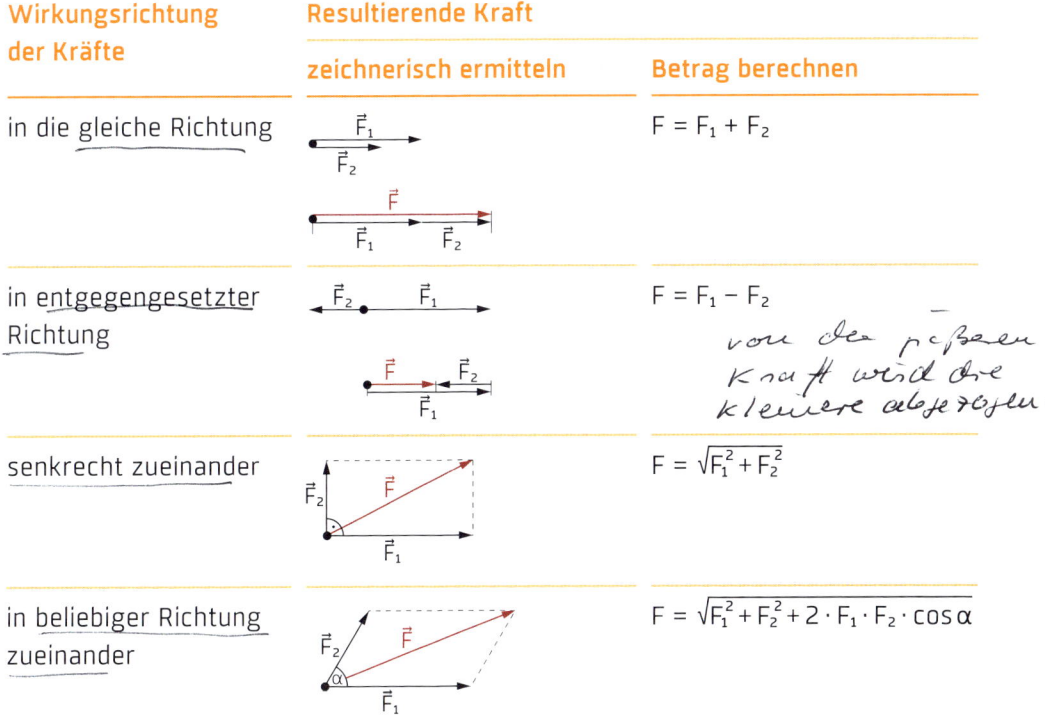

Wirkungsrichtung der Kräfte	Resultierende Kraft	
	zeichnerisch ermitteln	Betrag berechnen
in die gleiche Richtung		$F = F_1 + F_2$
in entgegengesetzter Richtung		$F = F_1 - F_2$ *von der größeren Kraft wird die kleinere abgezogen.*
senkrecht zueinander		$F = \sqrt{F_1^2 + F_2^2}$
in beliebiger Richtung zueinander		$F = \sqrt{F_1^2 + F_2^2 + 2 \cdot F_1 \cdot F_2 \cdot \cos\alpha}$

Eine Kraft F kann umgekehrt auch zerlegt werden, sofern die Wirkrichtungen ihrer Teilkräfte F_1 und F_2 bekannt sind.

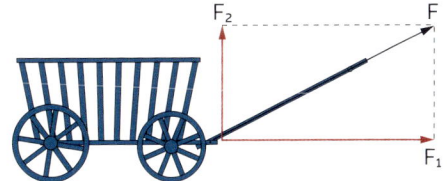

SELBST ENTDECKEN   Plastische und elastische Verformung

DAS WIRD GEBRAUCHT: *eine alte Kugelschreiberfeder*

DAS IST ZU TUN: *Die Feder mehrere Male auseinanderziehen — zunächst nur leicht, dann immer kräftiger.*

DAS PASSIERT: *Zieht man nur leicht an der Feder, kehrt sie nach der Krafteinwirkung in ihre ursprüngliche Form zurück. Zieht man die Feder allerdings über ihre Belastungsgrenze hinaus, überdehnt sie sich und bleibt im verformten Zustand.*

Die newtonschen Gesetze

WOZU EIGENTLICH?   *Im Jahre 1687 beschrieb und formulierte der britische Naturforscher Isaac Newton in seinem Werk „Mathematische Prinzipien der Naturphilosophie" drei grundlegende Zusammenhänge zwischen Kräften, Geschwindigkeiten und Beschleunigungen. Diese drei später nach ihm benannten Gesetzmäßigkeiten bildeten das Fundament der klassischen Mechanik.*

Gültigkeit der newtonschen Gesetze

Mithilfe der newtonschen Gesetze lassen sich zuverlässige Vorhersagen treffen, insbesondere bei vielen alltäglichen Phänomenen und nicht zuletzt bei der in der Mittelstufe diskutierten Physik. Die newtonschen Gesetze sind in einem weiten Rahmen gültig – ihre Grenzen erreichen sie z.B. bei sehr hohen Geschwindigkeiten oder bei Betrachtungen auf der Ebene von Quanten und Elementarteilchen. In diesen Bereichen werden sie durch moderne Theorien wie Relativitätstheorie und Quantentheorie erweitert und ergänzt.

Das erste newtonsche Gesetz (Trägheitsgesetz)

Unter **Trägheit** versteht man in der klassischen Mechanik die Eigenschaft eines Körpers, sich einer Bewegungsänderung zu widersetzen. Die Trägheit ist umso größer, je größer die Masse des Körpers ist. Nach dem Trägheitsgesetz ist eine Kraft notwendig, damit ein Körper seinen derzeitigen Bewegungszustand ändert.

TRÄGHEITSGESETZ

Ein Körper verbleibt im Zustand der Ruhe oder der gleichförmigen geradlinigen Bewegung, solange die Summe der an ihm angreifenden Kräfte null ist.

$\vec{v}$ = konst. bei $\vec{F}$ = 0 m $\vec{v}$

Das Prinzip der Trägheit erklärt z.B., warum man bei einem Autounfall nach vorn fällt. Während das Auto abrupt bremst, will der Oberkörper seinen Bewegungszustand beibehalten, fällt deshalb nach vorn (d.h. in der früheren Bewegungsrichtung) und wird schließlich vom hoffentlich ausgelösten Airbag aufgefangen.

ACHTUNG, DENKFALLE! *Das Trägheitsgesetz besagt, dass an einem Körper, der sich geradlinig mit konstanter Geschwindigkeit fortbewegt, keine Nettokraft angreift. Dies widerspricht zunächst dem „Bauchgefühl" vieler Lernender, da ihre Erfahrungen sie augenscheinlich lehren, dass z. B. ein angestoßener Ball irgendwann zum Stehen kommt, wenn auf ihn nicht weiter eingewirkt wird. Dabei wird übersehen, dass der Ball durch die Reibung mit dem Boden abgebremst wird, es sich also um eine verzögerte und nicht um eine gleichförmige Bewegung handelt.*
Für eine echte gleichförmige Bewegung müssten zunächst alle Reibungseffekte weitgehend eliminiert werden. Eine gute Näherung hierfür ist ein Luftkissenfahrzeug.

Das zweite newtonsche Gesetz (newtonsche Grundgleichung)

Das zweite newtonsche Gesetz stellt einen Zusammenhang zwischen ausgeübter Kraft, Masse und Beschleunigung her.

GRUNDGLEICHUNG DER MECHANIK

Die Beschleunigung, die ein Körper erfährt, ist proportional zum Betrag der Kraft, die an ihm angreift. Zwischen Kraft, Masse und Beschleunigung gelten die Beziehungen:

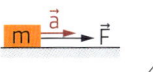 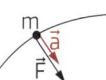

$F = m \cdot a$ bzw. $\vec{F} = m \cdot \vec{a}$

RECHENBEISPIEL: Kraft für eine Beschleunigung berechnen

Ein Auto ($m = 1{,}2$ t) und ein Apfel ($m = 200$ g) erfahren beide eine Beschleunigung von $5 \frac{m}{s^2}$. Wie groß ist die in beiden Fällen erforderliche Nettokraft?

GESUCHT: F_{Apfel} und F_{Auto}

GEGEBEN: Masse des Autos: $m_{Auto} = 1{,}2\,t = 1200\,kg$
Masse des Apfels: $m_{Apfel} = 200\,g = 0{,}2\,kg$
Beschleunigung in beiden Fällen: $a = 5 \frac{m}{s^2}$

RECHNUNG: Grundgleichung der Mechanik: $F = m \cdot a$
$F_{Auto} = (1200\ kg) \cdot 5 \frac{m}{s^2} = 6000 \frac{kg \cdot m}{s^2} = 6000\ N$
$F_{Apfel} = (0{,}2\ kg) \cdot 5 \frac{m}{s^2} = 1 \frac{kg \cdot m}{s^2} = 1\ N$

ERGEBNIS: Um das Auto zu beschleunigen, benötigt man 6000 N, für den Apfel lediglich 1 N.

RECHENBEISPIEL: Beschleunigung durch eine Kraft berechnen

Die Motoren eines ICE (m = 500 t) können beim Anfahren eine maximale Antriebskraft von 270 kN aufbringen. Wie groß wird dabei die Beschleunigung?

GESUCHT: a

GEGEBEN: Masse des ICE: m = 500 t = 500 000 kg

maximale Antriebskraft: F = 270 kN = 270 000 N

RECHNUNG: Grundgleichung der Mechanik:

$$F = m \cdot a \Rightarrow a = \frac{F}{m} = \frac{270\,000\,\text{N}}{500\,000\,\text{kg}} = 0{,}54\,\frac{m}{s^2}$$

ERGEBNIS: Die Beschleunigung des ICE beträgt beim Anfahren $0{,}54\,\frac{m}{s^2}$.

Das dritte newtonsche Gesetz (actio und reactio)

Drückt man gegen eine Wand, drückt die Wand mit gleich großer Kraft zurück. Allgemein gesprochen ruft eine Kraftwirkung von einem ersten Körper auf einen zweiten eine Gegenkraft hervor, mit der der zweite Körper auf den ersten einwirkt. Kraft (actio) und Gegenkraft (reactio) sind entgegengesetzt und gleich groß.

WECHSELWIRKUNGSGESETZ

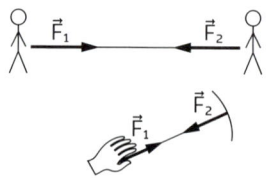

Wirken zwei Körper aufeinander ein, so wirkt auf beide eine Kraft. Die Kräfte sind gleich groß und entgegengesetzt gerichtet:

$\vec{F}_1 = -\vec{F}_2$

actio = reactio

Das negative Vorzeichen verdeutlicht dabei, dass Kraft und Gegenkraft in entgegengesetzter Richtung wirken.

Um die Aussage des dritten newtonschen Gesetzes zu verdeutlichen, eignet sich folgendes kleine Experiment: Man verhakt zwei gleiche Federkraftmesser ineinander, fixiert das freie Ende des einen und zieht an dem des anderen.

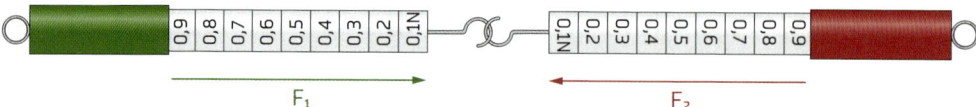

Die Federn beider Kraftmesser dehnen sich gleichzeitig aus und zeigen den gleichen Wert an. Jeder Körper übt also auf den jeweils anderen eine entlang der Ausdehnungsrichtung wirkende Kraft aus. Diese Kraft ist entgegengesetzt zu der Kraft, die auf ihn selbst einwirkt. So übt der rechte Kraftmesser auf den linken eine Kraft F_1 aus, die diesen nach rechts ausdehnt, und umgekehrt. Beide Kraftmesser zeigen den gleichen Wert an, die Kräfte sind also betragsmäßig gleich groß: $F_1 = F_2$

ACHTUNG, DENKFALLE!   *Das dritte newtonsche Gesetz bietet eine Fülle an Lern-hürden für Schüler. Einige wichtige Fehlvorstellungen sind:*

- *„Actio und reactio treten zeitlich verzögert auf." Zwar tritt in der Alltagssprache eine Reaktion nach der zuvor erfolgten Aktion auf. Actio- und Reactiokräfte treten aber gleichzeitig auf, ohne zeitliche Verzögerung. Überhaupt ist die Benennung „actio" und „reactio" eher willkürlich zu sehen. Oft entscheidet man zweckmäßig, welchem Körper die actio und welchem die reactio zugewiesen wird.*
- *„Der ‚passive' Partner übt keine Kraft aus, sondern leistet ‚Widerstand'." Das Vor-handensein einer Gegenkraft ist für viele Schüler schwer einzusehen, wenn sie keine offensichtlichen, spürbaren oder beobachtbaren Auswirkungen hat. Wird z. B. eine Feder auseinandergezogen, so glauben viele Schüler, dass umgekehrt die Feder keine Kraft auf den „Verursacher" ausübt.*
- *„Ein großer (oder schwerer) Gegenstand übt immer eine größere Kraft auf einen kleineren (bzw. leichteren) Gegenstand aus." Betrachtet man z. B. einen Mann, der ver-sucht, einen Schrank zu verschieben, so hört man oft, der Schrank würde eine größere Kraft auf den Mann ausüben, als der Mann auf den Schrank.*

- *Viele Schüler nehmen an, actio und reactio würden an demselben Körper angreifen und könnten sich daher gegenseitig aufheben.*

SELBST ENTDECKEN   Wer zieht an wem?

DAS WIRD GEBRAUCHT: *eine große Schüssel mit Wasser, ein möglichst kleiner Magnet, ein Eisennagel, Styropor*

DAS IST ZU TUN: *Zwei gleich große Scheiben aus dem Styropor herausschneiden. Ma-gnet und Eisennagel jeweils auf einer der Scheiben mit Klebefilm befestigen. Scheiben auf das Wasser setzen und so weit voneinander entfernt halten, dass sie sich gerade noch anziehen.*

DAS PASSIERT: *Lässt man die Styroporscheiben los, bewegen sich Magnet und Eisen-nagel aufeinander zu und treffen sich in der Mitte der Wasseroberfläche, weil Kraft und Gegenkraft gleich groß und entgegengesetzt sind.*

Gewichtskraft und freier Fall

WOZU EIGENTLICH? *„Alles auf der Erde fällt nach unten." – Diese sichere Erkenntnis verdanken wir der Gewichtskraft, mit der die Erde uns und alle anderen Dinge auf ihrer Oberfläche stetig in Richtung Erdmittelpunkt zieht. Zugleich stellt der freie Fall eine der häufigsten Anwendungen für eine gleichmäßig beschleunigte Bewegung dar.*

Die Gewichtskraft und der Ortsfaktor

Aufgrund ihrer Massen und der durch sie verursachten Gravitation ziehen sich alle Körper gegenseitig an (s. S. 28). In der Physik wird die Gravitationskraft, die die Erde auf alle Körper in der Nähe ihrer Oberfläche ausübt, als Gewichtskraft bezeichnet. Sie gibt an, wie stark ein Körper auf eine Unterlage drückt oder an einer Aufhängung zieht.

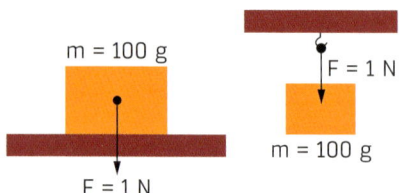

Die Gewichtskraft hängt einerseits von der Masse des Körpers ab sowie andererseits von der sogenannten Fallbeschleunigung. Diese ist ihrerseits abhängig davon, wo der Körper sich befindet (weshalb sie auch Ortsfaktor heißt), denn sie beschreibt die Wirkung der Gravitation der Erde (oder ggf. eines anderen Planeten). So ist z. B. die Gewichtskraft, die ein Astronaut auf dem Mond erfährt, nur rund $\frac{1}{6}$ so groß wie diejenige, die die Erde auf ihn ausüben würde.

Auch auf der Erde ist der Ortsfaktor nicht überall gleich groß: An den Polen ist er am größten ($9{,}83\,\frac{m}{s^2}$) und am kleinsten am Äquator ($9{,}78\,\frac{m}{s^2}$). Zudem nimmt die Gewichtskraft mit steigender Höhe über der Erdoberfläche ab.

Oft rundet man allerdings den Ortsfaktor der Erde der Einfachheit halber auf $10\,\frac{m}{s^2}$, sofern es für die Betrachtung zweckmäßig ist.

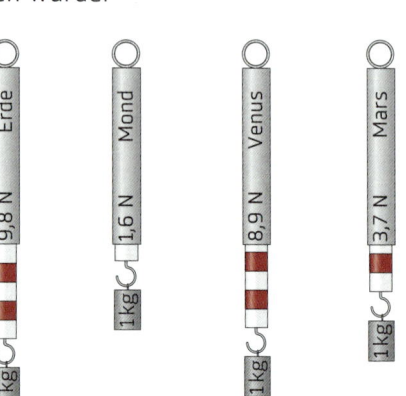

ACHTUNG, DENKFALLE!   *Im alltäglichen Sprachgebrauch wird der Begriff „Gewicht" (der Gewichtskraft) synonym zum Begriff „Masse" verwendet, was bei Schülern einiges an Verwirrung hervorrufen kann. Diese irritierende Doppelbedeutung im Sprachgebrauch liegt darin begründet, dass eine Waage zwar eine Masse anzeigt, aber eigentlich das Gewicht (bzw. die Gewichtskraft) misst (nämlich die Kraft, mit der der Körper auf die Waage drückt).* Gewichtskraft hängt von Ort ab, Bsp. Mond / Erde *Zeigt die Waage bei einer Person auf der Erde 90 kg an, würde sie auf dem Mond nur 15 kg anzeigen, weil der Ortsfaktor und damit die Gewichtskraft auf dem Mond nur ein Sechstel beträgt. Die Masse ist jedoch eine ortsunabhängige Größe, sie ist auf dem Mond und der Erde dieselbe. Es ist daher physikalisch gesehen nicht richtig zu sagen: „Ich wiege 90 kg." Korrekterweise müsste es heißen: „Ich wiege hier 900 N und meine Masse beträgt 90 kg."*

Der freie Fall

Der Ortsfaktor ist gleichzeitig die Beschleunigung, die ein Körper der Masse m erfährt, wenn er **reibungsfrei fällt.** Beim (reibungs-)freien Fall handelt es sich um eine gleichmäßig beschleunigte Bewegung, deren Beschleunigung gerade dem Ortsfaktor entspricht (a = g). Gemäß dem zweiten newtonschen Gesetz (s. S. 21) ergibt sich die Gewichtskraft demnach rechnerisch durch:

$F_G = m \cdot g$, m: Masse des Körpers; g: Ortsfaktor

Unter der Annahme, dass der Luftwiderstand vernachlässigt werden kann, beträgt die mittlere Fallbeschleunigung an der Erdoberfläche:

$g = 9{,}81\frac{m}{s^2}$ $\approx 10\,\frac{m}{s^2}$

Daher gelten für den freien Fall auch die Gesetzmäßigkeiten der gleichmäßig beschleunigten Bewegung (s. S. 14).

Ort	Ortsfaktor	Vergleich zur Erde
Erde	$9{,}81\frac{m}{s^2}$	$1 \cdot g_{Erde}$
Mond	$1{,}62\frac{m}{s^2}$	$\frac{1}{6} \cdot g_{Erde}$
Mars	$3{,}71\frac{m}{s^2}$	$\frac{1}{3} \cdot g_{Erde}$
Jupiter	$24{,}79\frac{m}{s^2}$	$2{,}5 \cdot g_{Erde}$

Zeit-Weg-Gesetz: $s = \frac{1}{2} \cdot g \cdot t^2$

Weg-Zeit-Gesetz: $t = \sqrt{\frac{2 \cdot s}{g}}$

Zeit-Geschwindigkeit-Gesetz: $v = g \cdot t$

Weg-Geschwindigkeit-Gesetz: $v = \sqrt{2 \cdot g \cdot s}$

Alle Körper fallen gleich schnell

Man beachte, dass das Zeit-Geschwindigkeit-Gesetz (s. S. 25) nicht von der Masse des fallenden Körpers abhängt. Dies bedeutet, dass – wenn man den Luftwiderstand vernachlässigen kann – alle Gegenstände gleich schnell zu Boden fallen, unabhängig von ihrer Masse. Diese Annahme wurde erstmals von Galileo Galilei (1564 bis 1642) vertreten. Allerdings war es ihm in der damaligen Zeit nicht möglich, dieses Postulat experimentell nachzuweisen, da er den Luftwiderstand nicht ausschalten konnte.

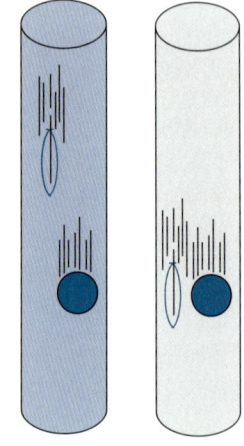

Heutzutage ist es kein Problem, mit einer Vakuumpumpe die Luft aus einer Fallröhre abzusaugen und Galileos Annahme im Experiment zu überprüfen. So kann man bspw. nachweisen, dass ein Stein und eine Feder in einer Vakuumröhre gleich schnell zu Boden fallen und dort gleichzeitig auftreffen.

Interessanterweise führten auch die Astronauten der Apollo-15-Mission im Jahr 1971 einen Nachweis durch, indem der Astronaut David Scott auf der Mondoberfläche einen Hammer und eine Feder gleichzeitig und aus gleicher Höhe fallen ließ.

Man kann sich aber auch ohne Vakuumröhre recht leicht davon überzeugen, dass alle Körper gleich schnell fallen. Lässt man einen Ball und ein Blatt Papier gleichzeitig aus gleicher Höhe fallen, kommt der Ball schneller unten an als das Blatt, da Letzteres einen viel größeren Luftwiderstand hat als der Ball. Zerknüllt man aber das Blatt zu einer Kugel, die annähernd die gleiche Größe hat wie der Ball, und wiederholt das Experiment, so kommen beide fast zeitgleich auf dem Boden an. Der Grund ist, dass der Luftwiderstand von der Form abhängig ist und das zusammengeknüllte Papier in etwa Kugelform hat. Bei gleichem Volumen unterscheidet sich der Luftwiderstand dann nicht sehr.

ACHTUNG, DENKFALLE! *Die Vernachlässigung des Luftwiderstandes stellt einen nicht unwesentlichen Stolperstein im Lernprozess dar – weil in der Alltagserfahrung eben immer ein Luftwiderstand vorhanden ist. Intuitiv gehen fast alle Schüler davon aus, dass ein schwerer Körper immer und überall schneller zu Boden fällt als ein leichterer.*

RECHENBEISPIEL: Auftreffgeschwindigkeit berechnen

Mit welcher Geschwindigkeit trifft man auf die Wasseroberfläche auf, wenn man im Schwimmbad vom 10-Meter-Turm springt?

GESUCHT: v

GEGEBEN: Strecke vom Sprungbrett zur Wasseroberfläche: s = 10 m
Fallbeschleunigung: $g = 9{,}81\frac{m}{s^2}$

RECHNUNG: Weg-Geschwindigkeit-Gesetz:

$$v = \sqrt{2 \cdot g \cdot s}$$

$$v = \sqrt{2 \cdot (9{,}81\tfrac{m}{s^2}) \cdot (10\,m)}$$

$$v = \sqrt{196{,}2\tfrac{m^2}{s^2}} \approx 14\tfrac{m}{s} = 50{,}4\tfrac{km}{h}$$

ERGEBNIS: Man erreicht beim Auftreffen eine Geschwindigkeit von ca. $50\frac{km}{h}$.

RECHENBEISPIEL: Fallzeit berechnen

Wie lange dauert es, bis man nach dem Sprung vom 10-Meter-Turm auf dem Wasser auftrifft?

GESUCHT: t

GEGEBEN: Strecke vom Sprungbrett zur Wasseroberfläche: s = 10 m
Fallbeschleunigung: $g = 9{,}81\frac{m}{s^2}$

RECHNUNG: Weg-Zeit-Gesetz:

$$t = \sqrt{\frac{2 \cdot s}{g}}$$

$$t = \sqrt{\frac{2 \cdot (10\,m)}{9{,}81\tfrac{m}{s^2}}}$$

$$t = \sqrt{2{,}04\,s^2} \approx 1{,}4\,s$$

ERGEBNIS: Man erreicht die Wasseroberfläche nach ca. 1,4 s.

SELBST ENTDECKEN   Was fällt schneller?

DAS WIRD GEBRAUCHT: *ein Tennisball, ein Blatt Papier (DIN-A-4)*

DAS IST ZU TUN: *Ball und Papier gleichzeitig aus gleicher Höhe fallen lassen. Dann Papier zerknüllen und den Versuch wiederholen.*

DAS PASSIERT: *Der Ball fällt schneller zu Boden als der Papierbogen. Aber das zerknüllte Papier und der Ball fallen beinahe gleich schnell.*

Die Gravitation

WOZU EIGENTLICH? *Auf der Erde fällt alles nach unten, weil die Erdanziehungskraft wirkt. Sie ist es auch, die die Gewichtskraft eines Körpers erzeugt. Die Erdanziehung ist nichts anderes als die Gravitation der Erde.*

Massen ziehen sich an

Alle Körper haben eine Masse – diese Masse ist der Grund dafür, dass alle Körper sich gegenseitig anziehen. Man nennt diese Anziehung zwischen Körpern **Massen-anziehung** oder **Gravitation.** Wenn ein Körper einen anderen anzieht, übt er eine Kraft auf den anderen Körper aus – diese Kraft heißt **Gravitationskraft.**

Die Erde übt also aufgrund ihrer Masse eine Gravitationskraft auf andere Körper aus – weil diese ebenfalls eine Masse haben, denn die Masse ist gewissermaßen Quelle und Ziel der Gravitationskraft. Körper ohne Masse könnten nicht nur keine anderen Körper anziehen, sie könnten auch nicht von anderen Körpern angezogen werden.
Andererseits üben wegen ihrer Masse also auch alle anderen Körper eine Gravitationskraft auf die Erde aus – ein Auto wird nicht nur von der Erde angezogen, es zieht auch seinerseits die Erde an. Zwei Körper ziehen sich also wechselseitig an, wobei die Kräfte jeweils gleich groß, aber entgegengesetzt sind.

Haben zwei Körper die Massen m_1 und m_2 und den Abstand r zueinander, lässt sich die Gravitationskraft zwischen ihnen mit folgender Formel berechnen:

NEWTONSCHES GRAVITATIONSGESETZ

$$F = G \cdot \frac{m_1 \cdot m_2}{r^2}$$

G ist die **Gravitationskonstante** und hat den Wert $G = 6{,}673 \cdot 10^{-11} \frac{m^3}{kg \cdot s^2}$.

Die Gravitationskraft ist also umso größer, je größer die beteiligten Massen sind und je kleiner der Abstand der beiden Körper ist.

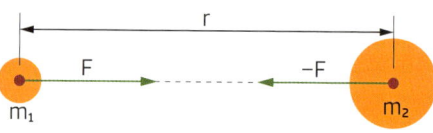

Der Abstand zwischen den beiden Körpern bezieht sich dabei immer auf ihren Massenmittelpunkt.

Die **Gewichtskraft** eines Körpers ist somit nichts anderes als die Gravitationskraft, die von der Erde auf den Körper ausgeübt wird und ihn nach unten zieht.

RECHENBEISPIEL: Gravitationskraft zwischen Erde und Mond berechnen

GEGEBEN: Masse der Erde: $m_E = 5{,}97 \cdot 10^{24}$ kg

Masse des Mondes: $m_M = 7{,}35 \cdot 10^{22}$ kg

mittlere Entfernung Erde–Mond: $r = 384\,400$ km

Gravitationskonstante: $G = 6{,}673 \cdot 10^{-11}\ \frac{m^3}{kg \cdot s^2}$

GESUCHT: Gravitationskraft F

RECHNUNG: Da der Abstand in Kilometer angegeben ist, in der Gravitations-konstante aber Meter vorkommt, muss der Abstand zunächst in Meter umgerechnet werden:

$r = 384\,400\,000$ m $\approx 3{,}84 \cdot 10^8$ m

Die Gravitationskraft lässt sich über das **newtonsche Gravitationsgesetz** berechnen:

$$F = G \cdot \frac{m_E \cdot m_M}{r^2} = 6{,}67 \cdot 10^{-11}\ \frac{m^3}{kg \cdot s^2} \cdot \frac{5{,}97 \cdot 10^{24} kg \cdot 7{,}35 \cdot 10^{22} kg}{(3{,}84 \cdot 10^8\ m)^2}$$

In solchen Gleichungen sollte man zunächst sortieren nach Einheiten und Zahlen – da Einheiten Faktoren sind, lassen sie sich genauso nach dem Kommutativgesetz umsortieren wie Zahlen:

$$F = 6{,}67 \cdot 10^{-11} \cdot \frac{5{,}97 \cdot 10^{24} \cdot 7{,}35 \cdot 10^{22}}{(3{,}84 \cdot 10^8)^2} \frac{kg \cdot kg}{m^2}\ \frac{m^3}{kg \cdot s^2}$$

Man potenziert Potenzen, indem man die Exponenten multipliziert $((10^8)^2 = 10^{8 \cdot 2} = 10^{16})$. Anschließend ist es praktisch, nach Vorfaktoren und Zehnerpotenzen zu sortieren:

$$F = 6{,}67 \cdot 10^{-11} \cdot \frac{5{,}97 \cdot 10^{24} \cdot 7{,}35 \cdot 10^{22}}{3{,}84 \cdot 10^{16}} \frac{kg \cdot kg}{m^2}\ \frac{m^3}{kg \cdot s^2}$$

$$= 6{,}67 \cdot \frac{5{,}97 \cdot 7{,}35}{3{,}84^2} \cdot \frac{10^{24} \cdot 10^{22}}{10^{11} \cdot 10^{16}} \cdot \frac{kg \cdot kg}{m^2}\ \frac{m^3}{kg \cdot s^2}$$

Potenzen mit gleicher Basis (hier: 10) multipliziert man, indem man die Exponenten addiert $(-11 - 16 + 24 + 22 = 19)$; Einheiten lassen sich kürzen wie Variablen:

$$F = 6{,}67 \cdot \frac{5{,}97 \cdot 7{,}35}{3{,}84^2} \cdot 10^{19} \cdot \frac{kg \cdot m}{s^2}$$

Multipliziert man nun noch die Zahlenwerte, erhält man:

$$F = 19{,}85 \cdot 10^{19} \cdot \frac{kg \cdot m}{s^2} = 1{,}99 \cdot 10^{20} \cdot \frac{kg \cdot m}{s^2} = 1{,}99 \cdot 10^{20}\ N$$

ERGEBNIS: Die Gravitationskraft zwischen Erde und Mond beträgt $1{,}99 \cdot 10^{20}$ N.

Bewegung im Gravitationsfeld

Die Erde und die Gegenstände in ihrer Nähe ziehen sich gegenseitig an – das hat zur Folge, dass Menschen sich auf der Erde bewegen können, ohne ins All davonzuschweben, und dass ein Brot, das von einem Tisch fällt, auf dem Boden landet und nicht an der Zimmerdecke. Auch zwischen Erde und Mond oder Sonne und Erde wirken Gravitationskräfte – trotzdem fällt der Mond nicht auf den Erdboden oder die Erde auf die Sonne, sondern der Mond wandert auf einer (annähernd) kreisförmigen Bahn um die Erde bzw. die Erde um die Sonne. Aber auch für diese Bahnen ist die Gravitationskraft verantwortlich.
Der Unterschied liegt in der Bahngeschwindigkeit.

a) Lässt man einen Gegenstand von einem erhöhten Punkt aus frei fallen (s. S. 25), wird er von der Erde angezogen und fällt senkrecht nach unten. „Nach unten" meint hier „in Richtung des Erdmittelpunktes", denn die Gravitationskraft geht immer von den Massenmittelpunkten aus. Ein frei fallender Körper führt eine gleichmäßig beschleunigte Bewegung (s. S. 25) aus, wobei die Beschleunigung dem Ortsfaktor entspricht: $F = m \cdot g$.

b) Man kann diesen Gegenstand aber auch horizontal von sich weg werfen. Dadurch bekommt er eine Geschwindigkeit in horizontaler Richtung. Gleichzeitig wirkt aber auch auf den horizontal geworfenen Gegenstand die Gravitationskraft und beschleunigt ihn nach unten. In diesem Fall überlagern sich also zwei Bewegungen: eine gleichförmige (d. h. mit konstanter Geschwindigkeit, s. S. 11) horizontal gerichtete und der freie Fall. In der Summe bewegt der Körper sich auf einer gekrümmten Bahn nach unten.

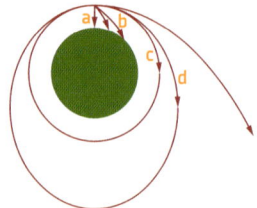

Dabei ist es vom Verhältnis der beiden Bewegungen abhängig, wie weit der Körper fliegt: Je kräftiger man den Gegenstand von sich schleudert, d. h., je größer seine Geschwindigkeit in horizontaler Richtung ist, desto weiter entfernt schlägt der Körper am Boden auf.

c) Versetzt man den Körper nun in immer größere horizontale Geschwindigkeiten, führt das ab einer bestimmten Geschwindigkeit dazu, dass der Körper nicht mehr auf der Erdoberfläche aufschlägt, weil diese sich unter der Flugbahn des Körpers „wegkrümmt" – denn die Erdoberfläche ist ja kugelförmig. Der Körper führt daher eine kreisförmige Bewegung um die Erde aus.

d) Wird die horizontale Geschwindigkeit noch weiter erhöht, wird aus der kreisförmigen Bewegung um die Erde eine ellipsenförmige und ab einer bestimmten Horizontalgeschwindigkeit kann der Körper das **Gravitationsfeld der Erde schließlich verlassen,** wie bspw. Raumsonden dies tun.

Ein **Mond auf einer Bahn** um seinen Planeten entspricht dem Fall c) bzw. streng genommen dem Fall d) mit einer ellipsenförmigen Bahn um den Planeten. Er befindet sich also durchaus im freien Fall unter dem Einfluss der Gravitation, denn er wird von der Gravitationskraft ständig in Richtung Planetenmittelpunkt gezogen. Die Anziehung ist aber nicht stark genug, um ihn auf die Planetenoberfläche hinunterzuziehen; der Mond „fällt um den Planten herum".

Schwerelos im freien Fall

An Bord der ISS herrscht Schwerelosigkeit, obwohl sie der Erde nah genug ist, dass sich die Gravitation der Erde noch bemerkbar macht. Aber wie der Mond fällt auch die Raumstation ISS im freien Fall „um die Erde herum". Körper im freien Fall sind schwerelos – auch wenn das auf den ersten Blick widersprüchlich klingt, da der Körper ja deswegen fällt, weil die Gravitation auf ihn wirkt.
Weil aber alle Körper in einem Gravitationsfeld gleich schnell fallen (s. S. 26), fällt die Raumstation genauso schnell wie der Astronaut. Der Astronaut wird also nicht gegenüber der ISS abgebremst oder beschleunigt, also auch nicht an den Boden der ISS gedrückt – er schwebt in der Raumstation. Stünde die ISS auf der Erdoberfläche, würde die Abwärtsbewegung des freien Falls von der Erdoberfläche aufgehalten und der Astronaut würde auf den Kastenboden drücken, was er als Gravitation wahrnähme.

SELBST ENTDECKEN   **Schwereloses Wasser**

DAS WIRD GEBRAUCHT: *Wasser, Plastikflasche, Messer*
DAS IST ZU TUN: *Kleines Loch seitlich unten in die Flasche schneiden. Flasche mit Wasser füllen (dabei das Loch zuhalten). Loch öffnen. Flasche fallen lassen.*
DAS PASSIERT: *Solange man die Flasche mit geöffnetem Loch hält, fließt Wasser aus dem Loch. Sobald die Flasche fällt, fließt kein Wasser mehr, erst nach dem Aufprall auf dem Boden läuft die Flasche leer. Hält man die Flasche fest, kann zwar die Flasche nicht von der Gravitation nach unten gezogen werden, wohl aber das Wasser, das daher aus dem Loch strömt. Lässt man die Flasche los, werden beide von der Gravitation nach unten gezogen – da Flasche und Wasser gleich schnell fallen, strömt nun kein Wasser mehr. Es wird nicht gegenüber der Flasche beschleunigt und schwebt daher schwerelos in der Flasche wie der Astronaut in der ISS.*

Reibung und Reibungskräfte

WOZU EIGENTLICH? *Beinahe jeder kennt das: Man zieht um und hat im Umzugswagen die schwere Bücherkiste bis zum Schluss stehen gelassen. Dann möchte man sie über die Ladefläche nach vorne ziehen und benötigt zunächst einen ziemlichen Kraftaufwand, um sie in Bewegung zu versetzen. Beginnt die Kiste jedoch erst einmal zu gleiten, lässt sie sich schon viel leichter nach vorne ziehen. Noch leichter geht es nur auf Rollen.*

Ursache der Reibung

Wenn ein Körper auf einer Unterlage haftet, gleitet oder rollt, kommt es zur Reibung. Zwischen den Kontaktflächen wirken **Reibungskräfte,** welche die Bewegung des Körpers auf der Fläche hemmen.

Diese Reibungskräfte haben ihre wesentliche Ursache in der Oberflächenbeschaffenheit der Kontaktbereiche. Je nachdem, wie rau diese sind, können sich ihre Unebenheiten ineinander verhaken, und dementsprechend schwer oder leicht ist es, den Körper in Bewegung zu bringen bzw. zu halten.

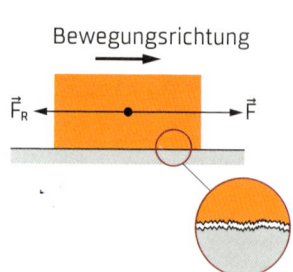

Gewicht und Normalkraft

Neben der Oberflächenbeschaffenheit spielt aber auch die Gewichtskraft des Körpers eine Rolle. Je schwerer ein Körper ist, desto fester presst er sich an die Unterlage.

Diese Anpresskraft ist identisch mit der Komponente der Gewichtskraft, die senkrecht zur Auflagefläche wirkt und von dem Körper auf sie ausgeübt wird.

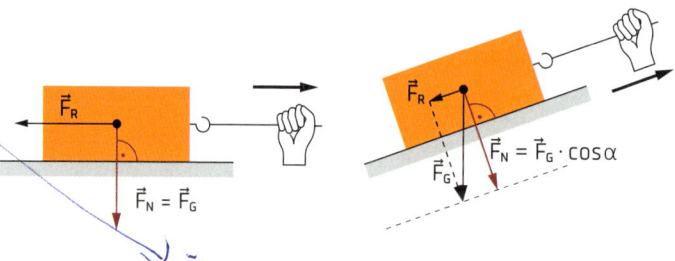

Daher wird diese Anpresskraft auch als **Normalkraft F_N** bezeichnet.

Reißpkraft = Bewegungshemmende Größe

Arten der Reibung

Je nach Art der Bewegung des Körpers auf der Unterlage unterscheidet man zwischen Haft-, Gleit- oder Rollreibung:

Haftreibung liegt vor, falls der Körper auf der Unterlage haftet – wenn bspw. an der Bücher-kiste gezogen wird, ohne dass sie sich schon bewegt.

vorher nicht bewegt

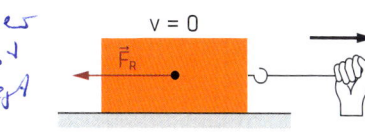

Gleitreibung liegt vor, falls der Körper über die Unterlage gleitet – wenn bspw. die Bücherkiste über den Boden gezogen wird.

gleitet über Unterlage

Rollreibung liegt vor, falls der Körper über die Unterlage rollt – wenn die Bücher-kiste auf einem Rollwagen steht und gezo-gen wird.

Rollwagen

Man kann experimentell nachweisen, dass die **Reibungskraft** F_R proportional zur auf die Unterlage wirkenden Normalkraft F_N ist. Man berechnet sie daher durch die Gleichung:

$F_R = \mu \cdot F_N$

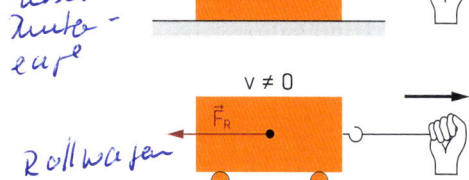

$\mu = Reibzahl$

Den Proportionalitätsfaktor μ nennt man **Reibungszahl**. Sie ist abhängig von der Beschaffenheit der beiden Kontaktflächen sowie der Reibungsart.

1. *2.*

Unter gleichen Bedingungen gilt stets:

Haftreibungskraft > Gleitreibungskraft > Rollreibungskraft

SELBST ENTDECKEN   **Reibung zwischen Buchseiten**

DAS WIRD GEBRAUCHT: *zwei nicht mehr benötigte Taschenbücher*

DAS IST ZU TUN: *Abwechselnd je eine Seite eines Buches über eine Seite des anderen legen, bis die Bücher vollständig ineinander „verzahnt" sind. Anschließend versuchen, die Bücher an den Buchrücken auseinanderzuziehen.*

DAS PASSIERT: *Die Bücher lassen sich nicht auseinanderziehen, weil die Haftreibung zwischen den Buchseiten zu groß ist und dies verhindert.*

Anmerkung: *Wahrscheinlich werden die Bücher beschädigt – daher am besten zwei alte Taschenbücher verwenden, die nachher als Altpapier entsorgt werden.*

Impuls und Stoßvorgänge

WOZU EIGENTLICH? *Der Impuls eines Körpers und die Impulserhaltung bei der Wechselwirkung zweier oder mehrerer bewegter Körper spielen eine große Rolle bei der Diskussion dynamischer Vorgänge. Mit der Betrachtung des Impulses lassen sich z. B. die Auswirkungen eines Zusammenstoßes zweier Autos, der Rückstoß einer startenden Rakete oder die Funktionsweise eines newtonschen Pendels erklären.*

Die Größe „Impuls"

Möchte man die Bewegungsänderung eines Körpers bzw. die Auswirkungen dieser Bewegungsänderung untersuchen, so ist es wichtig, sowohl die Geschwindigkeit als auch die Masse des bewegten Körpers zu kennen. Um einen 40-t-Lkw anzuhalten, wird z. B. wesentlich mehr Kraft benötigt als bei einem Kleinwagen mit derselben Geschwindigkeit.

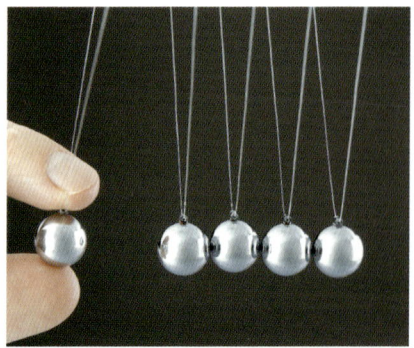

Das, was man im Alltag als „Wucht" benennen würde, bezeichnet man in der Physik als Impuls. Als physikalische Größe kennzeichnet der Impuls den Bewegungszustand eines sich geradlinig fortbewegenden Körpers. Der Impuls ist definiert als das Produkt von Masse (m) und Geschwindigkeit (v) des bewegten Körpers.

FORMELZEICHEN: p

EINHEIT: $1 \frac{kg \cdot m}{s} = 1 N \cdot s$

BERECHNUNG: $p = m \cdot v$

Der Impuls ist ebenso wie die Energie eine **Erhaltungsgröße,** d. h., es gilt das Gesetz der **Impulserhaltung** für abgeschlossene Systeme.
Zudem ist der Impuls eine gerichtete Größe. Er folgt der Bewegungsrichtung des bewegten Körpers.

Elastische und inelastische Stöße

Im Physikunterricht der Mittelstufe ist der Impuls von besonderer Bedeutung, wenn geradlinige, zentrale Stöße zweier bewegter Körper betrachtet werden. Stoßen zwei bewegte Körper zentral aufeinander, so kann dies zwei verschiedene Auswirkungen haben.

a) Inelastischer Stoß: Der auf beide Körper während des Zusammenstoßes ausgeübte Kraftstoß verursacht bei einem oder beiden Körpern eine **permanente Verformung.** Hierbei wird ein Teil der Bewegungsenergien beider Körper in Wärme und Verformungsenergie umgewandelt. Beide Körper bewegen sich nach dem Zusammenstoß mit gleicher Geschwindigkeit weiter. Ein Paradebeispiel für inelastische Stöße sind Verkehrsunfälle.

b) Elastischer Stoß: Verursacht der während des Zusammenstoßes ausgeübte Kraftstoß bei beiden Körpern eine **reversible Verformung,** so spricht man von einem elastischen Stoß. Bei vollständig elastischen Stößen bleibt auch die Gesamtbewegungsenergie (s. S. 60) beider Körper erhalten. Elastische Stöße sind z. B. das Aufeinandertreffen von Tennisschläger und Tennisball.

Die Gesamtbewegungsenergie bleibt also nur beim elastischen Stoß erhalten, der Gesamtimpuls bleibt jedoch bei beiden Stoßvorgängen nach dem Zusammenstoß erhalten. In der Realität kommen meist teilelastische Stöße vor, die teils elastisch und teils inelastisch sind. Im Physikunterricht betrachtet man hingegen meist nur vollständig elastische oder vollständig inelastische Stöße.

Impulserhaltung bei vollständig inelastischen Stoßvorgängen

Treffen zwei bewegte Körper **geradlinig und inelastisch** aufeinander, so gilt lediglich die Impulserhaltung. Die Bewegungsenergie bleibt nicht erhalten!

BEISPIEL: Ein rollender Zugwaggon mit der Geschwindigkeit v_1 fährt auf einen stehenden Wagen auf. Nach dem Zusammenstoß bewegen sie sich mit einer gemeinsamen Geschwindigkeit u fort.

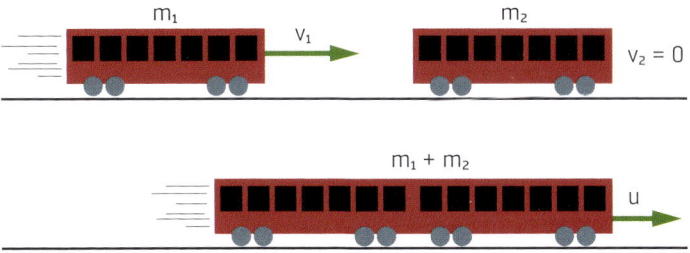

Aus der **Impulserhaltung** folgt:

$P_{vorher} = P_{nachher} \Leftrightarrow m_1 \cdot v_1 + m_2 \cdot v_2 = (m_1 + m_2) \cdot u$

Geschwindigkeit **beider** Körper nach dem Stoß: $u = \frac{m_1 \cdot v_1 + m_2 \cdot v_2}{m_1 + m_2}$

Impuls- und Energieerhaltung bei vollständig elastischen Stoßvorgängen

Treffen zwei bewegte Körper **zentral und vollständig elastisch** aufeinander, so ist der Gesamtimpuls beider Körper nach dem Zusammenstoß genauso groß wie davor (**Impulserhaltung**). Gleiches gilt für die Gesamtbewegungsenergie (**Energie-erhaltung**) – auch sie ist nach dem Stoß genauso groß wie vor dem Stoß.

BEISPIEL: An zwei Wagen mit den Massen m_1 und m_2 wurden Federn angebracht. Die Wagen bewegen sich in die gleiche Richtung, aber mit unterschiedlichen Geschwindigkeiten ($v_1 > v_2$). Erreicht der erste Wagen den zweiten, kommt es zu einem elastischen Stoß und beide Wagen bewegen sich nun mit den Geschwindigkeiten $u_1 < u_2$ weiter.

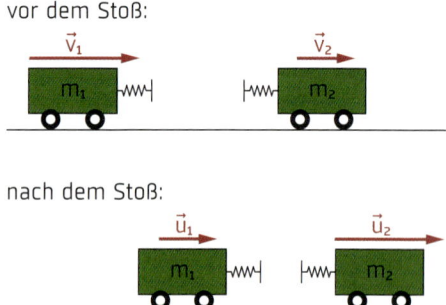

Da der Impuls vor und nach dem Stoß derselbe ist, folgt aus der **Impulserhaltung** die Beziehung:

$$P_{vorher} = P_{nachher} \Leftrightarrow m_1 \cdot v_1 + m_2 \cdot v_2 = m_1 \cdot u_1 + m_2 \cdot u_2$$

Aus der **Energieerhaltung** erhält man analog die Beziehung:

$$E_{kin;\,vorher} = E_{kin;\,nachher} \Leftrightarrow m_1 \cdot v_1^2 + m_2 \cdot v_2^2 = m_1 \cdot u_1^2 + m_2 \cdot u_2^2$$

Mit beiden Gleichungen zusammen kann man die Geschwindigkeiten der Körper nach dem Zusammenstoß berechnen. Man erhält:

Geschwindigkeit des ersten Körpers nach dem elastischen Stoß:

$$u_1 = \frac{2 \cdot m_2 \cdot v_2 + (m_1 - m_2) \cdot v_1}{m_1 + m_2}$$

Geschwindigkeit des zweiten Körpers nach dem elastischen Stoß:

$$u_2 = \frac{2 \cdot m_1 \cdot v_1 + (m_2 - m_1) \cdot v_2}{m_1 + m_2}$$

RECHENBEISPIEL: Geschwindigkeiten nach einem elastischen Stoß berechnen

Eine Billardkugel der Masse $m_1 = 0,4$ kg trifft mit der Geschwindigkeit $v_1 = 1,8\frac{m}{s}$ geradlinig und zentral auf eine zweite, ruhende Kugel mit der Masse $m_2 = 0,5$ kg.
Wie groß sind ihre Geschwindigkeiten nach dem Zusammenstoß, wenn angenommen wird, dass dieser vollständig elastisch ist?

vor dem Stoß:

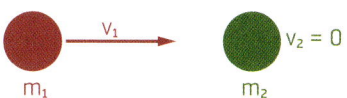

nach dem Stoß:

GESUCHT: Geschwindigkeiten u_1 und u_2 der Kugeln nach dem Stoß

GEGEBEN: Masse der 1. Kugel: $m_1 = 0,4$ kg
Masse der 2. Kugel: $m_2 = 0,5$ kg
Geschwindigkeit der 1. Kugel vor dem Stoß: $v_1 = 1,8\frac{m}{s}$
Geschwindigkeit der 2. Kugel vor dem Stoß: $v_2 = 0\frac{m}{s}$

RECHNUNG: Geschwindigkeit der **1. Kugel** nach dem Stoß:

$$u_1 = \frac{2 \cdot m_2 \cdot v_2 + (m_1 - m_2) \cdot v_1}{m_1 + m_2}$$

$$u_1 = \frac{2 \cdot (0,5\,\text{kg}) \cdot (0\frac{m}{s}) + (0,4\,\text{kg} - 0,5\,\text{kg}) \cdot (1,8\frac{m}{s})}{0,4\,\text{kg} + 0,5\,\text{kg}} = -0,2\frac{m}{s}$$

Das negative Ergebnis bedeutet hier, dass die Kugel sich nach dem Stoß entgegengesetzt zu ihrer ursprünglichen Richtung bewegt.
Geschwindigkeit der **2. Kugel** nach dem Stoß:

$$u_2 = \frac{2 \cdot m_1 \cdot v_1 + (m_2 - m_1) \cdot v_2}{m_1 + m_2}$$

$$u_2 = \frac{2 \cdot (0,4\,\text{kg}) \cdot (1,8\frac{m}{s}) + (0,5\,\text{kg} - 0,4\,\text{kg}) \cdot (0\frac{m}{s})}{0,4\,\text{kg} + 0,5\,\text{kg}} = 1,6\frac{m}{s}$$

ERGEBNIS: Die 1. Kugel bewegt sich mit einer Geschwindigkeit von $0,2\frac{m}{s}$ entgegen ihrer ursprünglichen Richtung zurück. Die 2. Kugel bewegt sich mit $1,6\frac{m}{s}$ in die Richtung, aus der die erste gekommen ist.

SELBST ENTDECKEN   Elastischer Stoß

DAS WIRD GEBRAUCHT: *Basketball (alternativ: Fußball), Tennisball*
DAS IST ZU TUN: *Tennisball mittig auf Basketball legen und Bälle fallen lassen.*
Anmerkung: *Ausreichend Abstand zu zerbrechlichen Gegenständen einhalten!*
DAS PASSIERT: *Beim Aufprall springt der kleine Ball extrem hoch, der große dagegen nur wenig. Der untere Ball wird beim Aufprall reflektiert und will wieder hochspringen, wobei er gegen den oberen stößt. Bei dem Stoß wird der Impuls des großen auf den kleinen Ball übertragen. Wegen der kleineren Masse erhält der kleine Ball dadurch eine deutlich höhere Geschwindigkeit und erreicht eine große Höhe.*

Kraftumformende Einrichtungen

WOZU EIGENTLICH? *Schon seit Jahrtausenden benutzen Menschen kraftumformende Einrichtungen, wie Hebel, schiefe Ebene und Flaschenzug, zum Bewegen schwerer Lasten. Ohne diese Vorrichtungen hätte man Bauvorhaben wie Stonehenge, die Pyramiden oder den Kölner Dom nicht bewältigen können.*

Maschinen, die Kräfte umformen

Kraftumformende Einrichtungen können den Kraftaufwand bspw. bei Bauarbeiten verringern. Man versteht darunter alle einfachen Maschinen, mit deren Hilfe man den Betrag oder die Richtung der Kraft ändern kann. Dazu zählen verschiedene Arten von Hebeln, lose und feste Rollen, Flaschenzüge und geneigte Ebenen.

Einseitige und zweiseitige Hebel

Bei einem Hebel handelt es sich um einen mechanischen Kraftwandler. Er besteht aus einem starren Körper, der an einer Drehachse beweglich befestigt ist. In der Technik werden Hebel durch ihre drei Komponenten beschrieben:

- **Lastarm:** Dies ist der Abschnitt des Hebels zwischen Drehpunkt und Angriffspunkt der **Last.** Mit „Last" ist ebenfalls eine Kraft gemeint, bspw. die Gewichtskraft eines zu hebenden Gegenstandes.
- **Kraftarm:** Dies ist der Abschnitt des Hebels zwischen Drehpunkt und Angriffspunkt der **Kraft.**
- **Drehpunkt:** Dies ist der Punkt, um den sich der Hebel drehen kann.

Der einseitige Hebel

Bei einem einseitigen Hebel befindet sich der Drehpunkt an einem Ende des Hebels – der gesamte Hebel befindet sich also auf einer Seite vom Drehpunkt. Lastarm (a_2) und Kraftarm (a_1) und somit die angreifenden Kräfte befinden sich auf derselben Seite des Drehpunktes, die beiden Hebelarme haben jedoch eine unterschiedliche Länge.

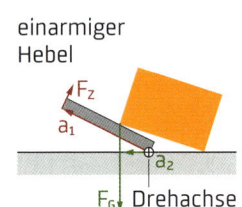

einarmiger Hebel

Beispiele für einseitige Hebel sind Nussknacker, Flaschenöffner, Pinzetten und Schraubenschlüssel.

Der zweiseitige Hebel

Bei einem zweiseitigen Hebel liegt der Lastarm (a_2) auf der einen Seite und der Kraftarm (a_1) auf der anderen Seite des Drehpunkts. Der Drehpunkt liegt also so, dass die Kräfte von der Drehachse aus betrachtet auf unterschiedlichen Seiten angreifen.

Beispiele für zweiseitige Hebel sind Wippen, Brecheisen, Zangen, Scheren und Balkenwaagen.

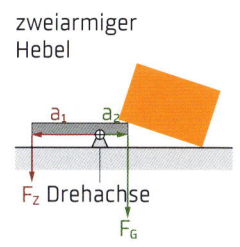

zweiarmiger Hebel

Für beide – einseitige und zweiseitige Hebel – gilt das Hebelgesetz.

HEBELGESETZ

Befindet sich der Hebel im Gleichgewicht, dann gilt:

Last × Lastarm = Kraft × Kraftarm oder $F_1 \cdot a_1 = F_2 \cdot a_2$

Hierin liegt der Grund, warum Hebel die **Arbeit erleichtern** können: Möchte man eine schwere Last heben, braucht man – wie in den Abbildungen – einen Hebel, der so konstruiert ist, dass die Last auf dem kürzeren Hebel liegt und man selbst die Kraft am längeren Hebel ausübt. Da das Produkt von Kraft und Hebelarmlänge für Last und Kraft gleich ist, braucht man bei einem längeren Hebelarm weniger Kraft.

RECHENBEISPIEL: Hebelarm berechnen

Tine und Gustav wollen wippen. Tine ist 55 kg schwer. Gustav ist 82,5 kg schwer und sitzt 1 m vom Drehpunkt entfernt. In welcher Entfernung zur Drehachse müsste sich Tine setzen, damit sich die Wippe im Gleichgewicht befindet, weil man dann gut wippen kann?

ANALYSE: Bei einer sich im Gleichgewicht befindenden Wippe ist das Hebelgesetz anwendbar. Für diesen Fall bedeutet es: „Gewichtskraft Tine × Abstand Tine = Gewichtskraft Gustav × Abstand Gustav".

GESUCHT: Abstand Tine a_1

GEGEBEN: Masse Tine m_1 = 55 kg; Masse Gustav m_2 = 82,5 kg; Abstand Gustav a_2 = 1 m

RECHNUNG: Hebelgesetz: $F_1 \cdot a_1 = F_2 \cdot a_2$ $\Rightarrow$ $m_1 \cdot g \cdot a_1 = m_2 \cdot g \cdot a_2$

$$a_1 = \frac{m_2 \cdot g \cdot a_2}{m_1 \cdot g} = \frac{82,5 \text{ kg} \cdot 10 \frac{N}{m^2} \cdot 1\,m}{55\,\text{kg} \cdot 10 \frac{N}{m^2}} = 1,5\,m$$

ERGEBNIS: Tine muss 1,5 m vom Drehpunkt entfernt sitzen.

Die schiefe Ebene

Jede ansteigende oder abfallende Straße stellt eine geneigte oder schiefe Ebene dar. Im Alltag werden schiefe Ebenen bei Rolltreppen, Transportbändern oder Schrägaufzügen genutzt.

Befindet sich ein Körper auf einer schiefen Ebene, so wird er aufgrund seiner Gewichtskraft F_G entlang der geneigten Ebene hangabwärts beschleunigt. Die Gewichtskraft kann in zwei Teilkräfte zerlegt werden:

- **Die Normalkraft:** Die Normalkraft (F_N) wirkt senkrecht zur schiefen Ebene. Die Normalkraft würde ein Einsinken in die schiefe Ebene bewirken. Der feste Boden wirkt jedoch aufgrund seiner Starrheit entgegen und verhindert das Einsinken.
- **Die Hangabtriebskraft:** Die Hangabtriebskraft (F_H) wirkt in Richtung der geneigten Ebene. Dieser Kraftanteil bewirkt eine Beschleunigung des Körpers entlang der schiefen Ebene.

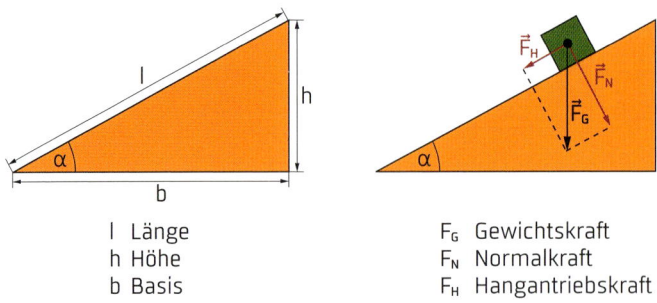

l Länge	F_G Gewichtskraft
h Höhe	F_N Normalkraft
b Basis	F_H Hangantriebskraft

Die Hangabtriebskraft und die Normalkraft sind abhängig von der Gewichtskraft des Körpers und der Neigung (dem Neigungswinkel) α der schiefen Ebene. Ist die Hangabtriebskraft groß genug, um die Reibungskräfte zu überwinden, die zwischen der geneigten Ebene und dem Körper wirken, beginnt der Körper zu gleiten.

Für die schiefe Ebene gelten folgende Gleichungen (Erläuterung der Symbole siehe Abbildung oben):

$$\frac{F_H}{F_G} = \frac{h}{l} \qquad \frac{F_N}{F_G} = \frac{b}{l} \qquad \frac{F_H}{F_N} = \frac{h}{b}$$

Bei einem beliebigen Neigungswinkel α gelten folgende Zusammenhänge für die Beträge der Normalkraft und der Hangabtriebskraft:

$$F_H = F_G \cdot \sin\alpha$$
$$F_N = F_G \cdot \cos\alpha$$

Kraftersparnis mit schiefen Ebenen

Schiefe Ebenen kann man nutzen, wenn man einen Gegenstand auf die Höhe h *Hub-* anheben muss. Man kann ihn entweder senkrecht um h anheben und die Ge- *kvaft* wichtskraft des Gegenstandes überwinden (also betragsmäßig dieselbe Kraft *ocle* aufwenden). Oder man nutzt eine schiefe Ebene. Dann muss man den Gegenstand zwar den längeren Weg l schieben, aber nur die Hangabtriebskraft überwinden, *schiefe* also nur eine geringere Kraft aufwenden. *ebene*

RECHENBEISPIEL: Hangabtriebskraft und Normalkraft berechnen

Ein Körper mit einer Masse von 65 kg wird eine geneigte Ebene mit der Länge l = 9 m und der Höhe h = 4,5 m hinaufgeschoben. Die Ebene hat einen Neigungswinkel von 30°. Wie groß sind die Hangabtriebskraft und die Normalkraft?

GESUCHT: Hangabtriebskraft F_H

Normalkraft F_N

GEGEBEN: Masse des Körpers m = 65 kg

Länge l = 9 m

Höhe h = 4,5 m

Neigungswinkel α = 30°

Rechnung: Berechnung der Hangabtriebskraft F_H

$\frac{F_H}{F_G} = \frac{h}{l} \Rightarrow F_H = \frac{h}{l} \cdot F_G$

$F_H = \frac{4,5\,m}{9\,m} \cdot 65\,kg \cdot 10\,\frac{m}{s^2} \cdot \sin 30° = 325,0\,N$

Alternative Rechnung:

$F_H = F_G \cdot \sin \alpha = 65\,kg \cdot 10\,\frac{m}{s^2} \cdot \sin 30° = 325,0\,N$

Berechnung der Normalkraft F_N

$F_N = F_G \cdot \cos \alpha$

$F_N = 65\,kg \cdot 10\,\frac{m}{s^2} \cdot \cos 30° = 562,92\,N$

ERGEBNIS: Die Hangabtriebskraft beträgt 325,0 N und die Normalkraft 562,92 N.

ACHTUNG, DENKFALLE! *Eine Vorstellung, auf die man manchmal trifft, ist, dass man mit kraftumformenden Einrichtungen auch Arbeit im physikalischen Sinn einsparen könnte. Dies ist aber falsch, die verrichtete Arbeit ist z. B. mit oder ohne Hebel immer gleich (s. S. 58f.). Lediglich die Kraft, die man aufwenden muss, verringert sich. Das Missverständnis kommt daher, dass man im allgemeinen Sprachgebrauch auch davon spricht, ein Hebel erleichtere die Arbeit – damit ist aber nicht der physikalische Arbeitsbegriff gemeint, sondern der im Alltag gebräuchliche.*

Lose und feste Rollen

Eine Rolle ist ein Kraftwandler. Sie besteht aus einem Rad oder einer Kreisscheibe, die möglichst reibungsfrei auf einer Achse gelagert ist. Die Kräfte greifen an einem Seil o. Ä. an, das um die Rolle läuft – an der einen Seite die Last, an der anderen die Zugkraft. Um den Betrag der aufzubringenden Kraft zu verringern bzw. die Richtung einer Kraft zu verändern, verwendet man lose Rollen bzw. feste Rollen.

Die feste Rolle

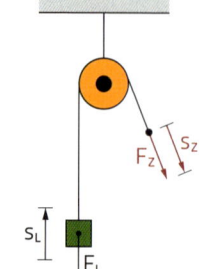

Eine feste Rolle ist so befestigt, dass sie während der Benutzung ihre Position nicht ändert. Sie dient dem Umlenken einer Kraft, wobei die aufzuwendende Zugkraft betragsmäßig dieselbe bleibt. Aus diesem Grund wird die feste Rolle auch als **Umlenkrolle** bezeichnet. Der **Zugweg** s_Z und der **Lastweg** s_L bleiben gleich.

Das bedeutet: Will man in der rechts abgebildeten Situation eine Last um 1 m anheben, muss man auch 1 m Seil herunterziehen und die Gewichtskraft der Last F_L aufbringen. Es gilt allgemein:

$$F_Z = F_L \qquad s_Z = s_L$$

Nützlich ist eine solche Rolle trotzdem, weil man zwar physikalisch keine Kraft einspart, es aber bspw. körperlich einfacher ist, von oben nach unten zu ziehen als von unten nach oben, oder die räumlichen Gegebenheiten ein Ziehen in einer anderen Richtung erforderlich machen.

Die lose Rolle

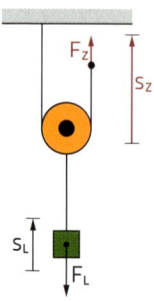

Eine lose Rolle liegt in einer Seilführung und wird von einem Seil getragen. Bei einer losen Rolle verteilt sich die Gewichtskraft der Last auf die beiden Seilstücke, die die Rolle einschließen, sodass auf jedes der Seilstücke nur noch die **Hälfte der Gewichtskraft** wirkt. Auf diese Weise lässt sich also eine Last mit dem halben Kraftaufwand heben. Eine lose Rolle dient daher der Kraftersparnis.

Bei einer losen Rolle halbiert sich zwar der Kraftaufwand, aber der Zugweg s_Z ist nun doppelt so groß wie der Lastweg s_L.
Es gilt:

$$F_Z = \tfrac{1}{2} \cdot F_L \qquad s_Z = 2 \cdot s_L$$

Das bedeutet, in der abgebildeten Situation muss man doppelt so viel Seillänge ziehen, aber nur die halbe Kraft aufwenden.

Der Flaschenzug

Ein Flaschenzug besteht aus einer Kombination von losen und festen Rollen. Er verringert die Kraft, die zum Bewegen einer Last aufgewendet werden muss.

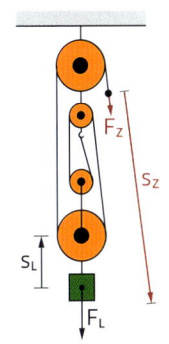

Die Rollen bei einem Flaschenzug können sehr unterschiedlich angeordnet sein. Entscheidend für einen Flaschenzug ist die Anzahl der Seile, da sich die Gewichtskraft der Last gleichmäßig auf die Anzahl der tragenden Seilstücke verteilt. In der nebenstehenden Abbildung verteilt sich die Gewichtskraft bspw. auf vier tragende Seilstücke, wodurch die Zugkraft F_Z nur noch ein Viertel der Gewichtskraft der Last F_L beträgt. Der Zugweg s_Z wiederum ist nun viermal so groß wie der Lastweg s_L. Das Seilstück an den festen Rollen dient lediglich zur Umlenkung der Zugkraft (in eine günstigere Ziehrichtung).

Der Flaschenzug vereint und verstärkt also die Vorteile von fester und loser Rolle – man zieht bequem nach unten, obwohl man die Last hebt, und muss nur einen Bruchteil der Gewichtskraft der Last aufwenden. Der Nachteil verstärkt sich natürlich auch – nun muss man im Beispiel viermal so viel Seil ziehen wie ohne Rollen.

Gibt es n tragende Seilstücke, so gilt für Zugkraft F_Z und Zugweg s_Z:

$$F_Z = \frac{1}{n} \cdot F_L \quad s_Z = n \cdot s_L$$

GOLDENE REGEL DER MECHANIK

Für alle kraftumformenden Maschinen gilt, wenn die Reibung vernachlässigt werden kann, die goldene Regel der Mechanik. Sie wurde vor etwa 400 Jahren von dem italienischen Naturforscher Galileo Galilei (1564–1642) folgendermaßen formuliert:

Was an Kraft gespart wird, muss an Weg zusätzlich zurückgelegt werden.

SELBST ENTDECKEN   Hebelgesetz mit einem Besenstiel

DAS WIRD GEBRAUCHT: *ein Besenstiel, zwei Müllbeutel, drei Äpfel, Paketband.*

DAS IST ZU TUN: *Einen Beutel mit zwei Äpfeln mit Klebeband an einem Ende des Besenstiels befestigen, den zweiten Beutel mit einem Apfel am anderen Ende. Die Handflächen senkrecht und nach vorne ausgestreckt in 1 m Abstand zueinander halten. Den Besenstiel auf die Zeigefinger legen (lassen). Nun vorsichtig die Handflächen aufeinander zu bewegen und den Punkt suchen, bei dem sich die Handflächen berühren und der Stiel ausbalanciert ist.*

DAS PASSIERT: *Ist der Stiel ausbalanciert, ist der Abstand des einen Apfels zu den Händen doppelt so lang wie der Abstand der beiden Äpfel.*

Der Auflagedruck

WOZU EIGENTLICH? *Aus Erfahrung weiß man, dass eine schwere Pistenraupe weniger tief im Schnee versinkt als eine Person, obwohl die Pistenraupe viel schwerer ist. Der Grund für dieses Phänomen liegt in der Auflagefläche der Ketten, die wesentlich größer ist als die Auflagefläche der Schuhsohlen der Person. Beim Elch spreizt sich der Huf beim Gehen besonders weit, was ein Versinken in Morast und Schnee erschwert.*

Kraft pro Fläche

Liegt ein Körper auf einem Tisch, übt er über seine Gewichtskraft eine Kraft auf den Tisch aus. Diese Kraft wirkt senkrecht auf die Bodenfläche des Körpers und verteilt sich auf die gesamte Bodenfläche. Hat der Körper also eine kleine Bodenfläche, wirkt pro Flächeneinheit eine größere Kraft, als wenn sich die Gewichtskraft des Körpers auf eine große Fläche verteilt und auf jedes Flächenelement nur ein geringer Teil der Kraft entfällt. Deshalb lässt sich ein voller Wassereimer an einem breiten Plastikhenkel angenehmer tragen als an einem dünnen Metallhenkel. Neben dem Begriff der Kraft an sich ist es daher sinnvoll, einen Begriff für die Kraft pro Flächenelement zu haben – dies ist der **Auflagedruck.**

Der Auflagedruck wird in der Einheit Pascal ($1\,\text{Pa} = 1\,\frac{\text{N}}{\text{m}^2} = 1\,\frac{\text{kg}}{\text{m}\cdot\text{s}^2}$) angegeben und hat das Formelzeichen p (engl. pressure). Er gibt an, mit welcher Kraft ein Körper senkrecht auf eine Fläche von einem Quadratmeter wirkt: Ein Auflagedruck von 4 Pa bedeutet eine Kraft von 4 N pro Quadratmeter Fläche.

Wirkt die Kraft **senkrecht** auf die Fläche, kann der Auflagedruck folgendermaßen berechnet werden:

$$\text{Auflagedruck} = \frac{\text{Kraft}}{\text{Fläche}} \quad \text{oder} \quad p = \frac{F}{A}$$

Der Auflagedruck ist also nicht nur von der Kraft abhängig, sondern auch von der Fläche, auf die die Kraft wirkt – daher gilt:

- Je größer die wirkende Kraft F ist, desto größer ist der Auflagedruck.
- Je kleiner die Auflagefläche ist, auf die die Kraft wirkt, desto größer ist der Auflagedruck.

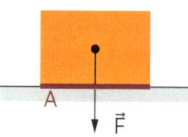

RECHENBEISPIEL: Auflagedruck berechnen

Wie groß ist der Auflagedruck, den ein 5 t schwerer Elefant auf den Boden ausübt, wenn jede Fußsohle einen Querschnitt von 0,2 m² hat und der Elefant ruhig stehen bleibt? Wie hoch ist dagegen der Auflagedruck eines Menschen, der 70 kg wiegt, wenn eine Schuhsohle eine Fläche von 200 cm² hat?

ANALYSE: Es wird angenommen, dass die Kraft senkrecht auf die Fläche wirkt. Somit kann die Gleichung $p = \frac{F}{A}$ verwendet werden. Um die Einheit Pascal zu erhalten, muss die Masse des Elefanten in kg und die Auflagefläche des Menschen in m² umgewandelt werden.

GESUCHT: Auflagedruck p

GEGEBEN: Masse Elefant m_E = 5 t; Fußsohlenfläche Elefant A_E = 0,2 m²
Masse Mensch m_M = 70 kg; Fußsohlenfläche Mensch A_M = 200 cm²

RECHNUNG: **Auflagedruck p_E des Elefanten:**
Die Kraft F ist die Gewichtskraft des Elefanten. Die Auflagefläche ist das Vierfache der Fläche des Fußes, da der Elefant vier Füße hat.
$$p_E = \frac{F}{A} = \frac{m \cdot g}{4 \cdot A} = \frac{5000 \, kg \cdot 10 \frac{m}{s^2}}{4 \cdot 0,2 \, m^2} = 62\,500 \, \frac{N}{m^2} = 62\,500 \, Pa = 62,5 \, kPa$$

Auflagedruck p_M des Menschen:
Die Kraft F ist die Gewichtskraft des Menschen. Der Auflagedruck ist das Zweifache der Fläche des Fußes, da der Mensch zwei Füße hat.
$$p_M = \frac{F}{A} = \frac{m \cdot g}{2 \cdot A} = \frac{70 \, kg \cdot 10 \frac{m}{s^2}}{2 \cdot 0,02 \, m^2} = 17\,500 \, \frac{N}{m^2} = 17\,500 \, Pa = 17,5 \, kPa$$

ERGEBNIS: Der Auflagedruck des Elefanten beträgt 62,5 kPa und der des Menschen 17,5 kPa. Somit ist der Auflagedruck des Elefanten etwa 3,5-mal so groß wie der des Menschen – obwohl die Gewichtskraft das 71-Fache beträgt.

SELBST ENTDECKEN Auflagedruck

DAS WIRD GEBRAUCHT: *quaderförmige Ziegelsteine oder Ähnliches, Unterlage aus Schaumstoff.*

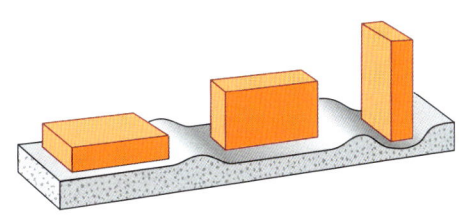

DAS IST ZU TUN: *Ziegelsteine zunächst hochkant, dann flach auf den Schaumstoff legen.*

DAS PASSIERT: *Stehen die Ziegelsteine hochkant, haben sie eine kleinere Auflagefläche, üben entsprechend einen höheren Auflagedruck aus und sinken tiefer in den Schaumstoff ein.*

Druck in Flüssigkeiten und Gasen

WOZU EIGENTLICH?   *In vielen technischen Einrichtungen und Geräten macht man sich die Eigenschaften des Drucks in Flüssigkeiten und Gasen zunutze. Die Funktionsweise hydraulischer Anlagen basiert bspw. darauf, dass sich einerseits die Hydraulikflüssigkeit nicht komprimieren lässt und andererseits der Druck innerhalb der Flüssigkeit überall nahezu konstant ist.*

Der Druck

Der physikalische Druck ist eine Zustandsgröße, die beschreibt, welche Kraft auf eine Fläche von einem Quadratmeter einwirkt:

$$\text{Druck} = \frac{\text{Kraft}}{\text{Fläche}} \quad \text{oder } p = \frac{F}{A}$$

Für den Druck wird das Formelzeichen „p" (engl. pressure) verwendet. Die Maßeinheit lautet Pascal (Pa) bzw. Newton pro Quadratmeter ($\frac{N}{m^2}$). Die Einheit Pascal hat ihren Namen nach dem französischen Mathematiker und Physiker Blaise Pascal (1623–1662).
Eine weitere zugelassene Einheit ist ein Bar (1 bar): 1 bar = 100 000 Pa = 10^5 Pa. Es herrscht ein Druck von 1 Pa ($1 \frac{N}{m^2}$), wenn auf eine Fläche von 1 m² **senkrecht** eine Kraft von 1 N wirkt.

Druck in Flüssigkeiten und Gasen

Den Druck in Flüssigkeiten und Gasen kann man mithilfe des Teilchenmodells erklären. In Flüssigkeiten bewegen die Teilchen sich, dabei üben sie Kräfte aufeinander und auf die Gefäßwände aus. Durch diese Kraftwirkung kommt der Druck zustande. Der Druck in geschlossenen Flüssigkeiten ist dabei nach allen Seiten gleich groß.
In Gasen treffen die frei beweglichen Teilchen aufeinander und auf die Gefäßwände. Bei diesem Vorgang üben sie ebenfalls Kräfte aufeinander und auf die Wände aus, die sich als Druck bemerkbar machen.

Druck in Flüssigkeiten

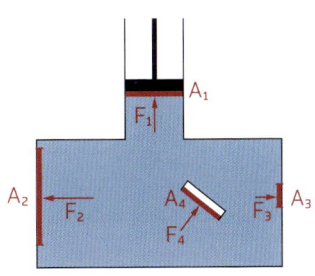

$$p = \frac{F_1}{A_1} = \frac{F_2}{A_2} = \frac{F_3}{A_3} = \frac{F_4}{A_4} = \text{konstant}$$

Druck in Gasen

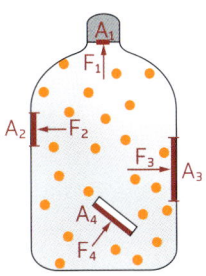

$$p = \frac{F_1}{A_1} = \frac{F_2}{A_2} = \frac{F_3}{A_3} = \frac{F_4}{A_4} = \text{konstant}$$

In Flüssigkeiten und Gasen ist der Druck im gesamten Gefäß näherungsweise konstant. Das kommt daher, dass die Teilchen beweglich sind: Ist an einem Ort in der Flüssigkeit der Druck höher als in der Umgebung, werden die Teilchen hier enger zusammengedrängt und stoßen häufiger und heftiger gegen ihre Nachbarn. Dadurch steigt der Druck in der Umgebung, sinkt aber in der Region hohen Drucks. Das geschieht so lange, bis überall in der Flüssigkeit oder dem Gas derselbe Druck herrscht. Gleichgültig, wohin man gedanklich eine Fläche in die Flüssigkeit setzt, es herrscht derselbe Druck.

Beachten muss man allerdings, dass dies nur unter Vernachlässigung der Schwerkraft gilt, wenn also die Flüssigkeitsmenge klein genug ist. Hat man eine hohe Flüssigkeitssäule (wie ein Gewässer), ist der Druck am oberen Ende der Säule geringer als am unteren (s. S. 49). Aber auch hier ist in einem eng begrenzten Tiefenbereich der Druck in alle Richtungen näherungsweise gleich groß.

RECHENBEISPIEL: Druck berechnen

Auf ein 5 cm² großes Flächenstück der Innenwand eines Autoreifens wirkt eine Kraft von 90 N. Wie groß ist der Druck im Autoreifen in Pa und in bar?

ANALYSE: Aus der gegebenen Kraft und der Fläche kann mit der Formel $p = \frac{F}{A}$ der Druck im Autoreifen berechnet werden. Zunächst muss die Fläche von 5 cm² in m² umgerechnet werden.

GESUCHT: Druck p

GEGEBEN: Fläche A = 5 cm² = 0,0005 m²; Kraft F = 90 N

RECHNUNG: $p = \frac{F}{A} = \frac{90\ \text{N}}{0,0005\ \text{m}^2} = 180\,000\ \frac{\text{N}}{\text{m}^2} = 180\,000\ \text{Pa} = 1{,}8\ \text{bar}$

ERGEBNIS: Im Autoreifen herrscht ein Druck von 1,8 bar oder 180 kPa.

Der Kolbendruck

Übt man mit einem Kolben eine Kraft auf eine Flüssigkeit aus, die sich in einem geschlossenen Behälter befindet, entsteht im Inneren der Flüssigkeit ein Gegendruck, der die von außen wirkenden Kräfte ausgleicht.

Kolbendruck in Flüssigkeiten   **Kolbendruck in Gasen**

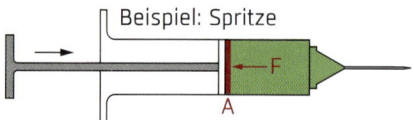
Beispiel: Spritze

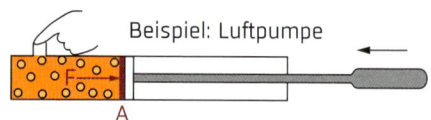
Beispiel: Luftpumpe

Der Kolbendruck wirkt in Flüssigkeiten oder Gasen in alle Raumrichtungen gleich stark (s. S. 47). Aus $p = \frac{F}{A}$ folgt $F = p \cdot A$; bei gleichem Druck ist also die Druckkraft umso größer, je größer die gedrückte Fläche ist.

Flüssigkeiten sind inkompressibel, sie lassen sich durch eine größere Kraft auf den Kolben kaum zusammendrücken. Diese Eigenschaft von Flüssigkeiten macht man sich bei hydraulischen Anlagen zunutze (s. S. 50). Gase hingegen sind kompressibel. Sie lassen sich durch eine größere Kraft auf den Kolben zusammendrücken.

Ein Experiment zum Kolbendruck

Ein aufgeblasener Ballon, der in ein Kolben-
gefäß eingeschlossen ist, verkleinert sein
Volumen, wenn man den Kolben in den Zylinder
einschiebt.

Dies liegt daran, dass die Luft im Zylinder durch den Kolben zusammengepresst wird. Die Luftteilchen nehmen einen kleineren Raum ein, wodurch sie öfter und stärker miteinander und mit der Gefäßwand zusammenstoßen. Hierdurch erhöht sich der Druck im Kolben. Ist der Kolbendruck größer als der Innendruck des Ballons, wird dieser zusammengepresst. Es kommt also auf den Druckunterschied (die **Druckdifferenz**) zwischen der Luft im Kolben und der Luft im Ballon an.

ACHTUNG, DENKFALLE!   *Der eben angeführte Versuch ist nicht ganz unkritisch zu sehen. Viele Schüler glauben, die Luft bewege sich auf den Ballon zu und sorge dafür, dass dieser zusammengedrückt wird. Schüler erklären Druckphänomene oft mit Bewegungen und nicht über Druckunterschiede.*

Der Schweredruck in Flüssigkeiten

Auch auf eine Flüssigkeit wirkt die Gravitation, d. h., dass eine Flüssigkeitssäule über ihre **Gewichtskraft** einen Druck auf die unter ihr liegende Flüssigkeit oder den Untergrund ausübt. Man nennt diesen Druck den **Schweredruck p_s.** Er wird mit zunehmender Tiefe immer größer. Der Schweredruck in einer Flüssigkeit ist abhängig von zwei Faktoren:

- von der **Dichte** der Flüssigkeit und
- von der **Höhe** der Flüssigkeitssäule.

Man kann ihn berechnen mit der Formel:

$p_s = \rho \cdot g \cdot h$

ρ = Dichte der Flüssigkeit
g = Erdbeschleunigung
h = Höhe der Flüssigkeitssäule

In der Formel für den Schweredruck oder auch hydrostatischen Druck taucht nur die Höhe der Flüssigkeit auf, nicht aber das Volumen. Das bedeutet, die Gefäßform hat keinen Einfluss auf den Schweredruck; der Druck in unterschiedlich geformten Gefäßen ist bei gleicher Tiefe gleich groß. Dieses Phänomen wird als **hydrostatisches Paradoxon** bezeichnet. Ihm ist es zu verdanken, dass in verbundenen Gefäßen das Wasser überall gleich hoch steht – in der Kanne steht es so hoch wie in ihrem Ausgießer.

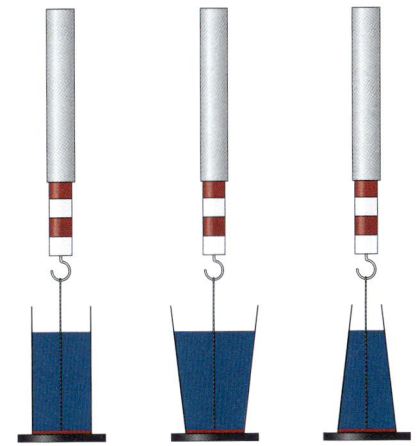

RECHENBEISPIEL: Schweredruck berechnen

Ein Taucher begibt sich in die Meerestiefe von 30 Metern. Die Dichte des Meerwassers beträgt $1020 \frac{kg}{m^3}$. Welcher Druckbelastung muss der Taucher gewachsen sein?

GESUCHT: Schweredruck p_s

GEGEBEN: Meerestiefe $h = 30\,m$; Dichte des Wassers $\rho = 1020 \frac{kg}{m^3}$
　　　　　　Erdbeschleunigung $g = 9,81 \frac{m}{s^2}$

Rechnung: $p_s = \rho \cdot g \cdot h = 1020 \frac{kg}{m^3} \cdot 9,81 \frac{m}{s^2} \cdot 30\,m = 300186\,Pa = 3{,}00186\,bar$

ERGEBNIS: Der Taucher muss einer Belastung von etwa 3 bar standhalten.

Der Schweredruck in Gasen

Wie in Flüssigkeiten erzeugt die Gravitation auch in Gasen eine Gewichtskraft, durch die ein Schweredruck entsteht. Ein bekanntes Beispiel ist der **Luftdruck,** also der Druck in der uns umgebenden Luft. Dieser entsteht durch die Gewichtskraft der darüber liegenden Luftsäule. Der Luftdruck ist also der Schweredruck der Atmosphäre der Erde.

Er ist abhängig von der Dichte der Luft und der Höhe der Luftsäule. Seinen größten Wert hat er an der Erdoberfläche bei NN. (Die Abkürzung NN steht hierbei für den Begriff Normalnull und meint einen amtlich festgelegten Wert für die durchschnittliche Höhe des Meeresspiegels). Der normale Luftdruck an der Erdoberfläche in der Höhe des Meeresspiegels (NN) beträgt 1013 hPa.

Mit zunehmender Höhe – wenn man bspw. auf einen hohen Berg steigt – nimmt der Luftdruck ab, da immer weniger Luftsäule über einem ist. Das merkt man in großen Höhen sehr deutlich daran, dass man schwerer Luft bekommt. Atmen funktioniert so, dass das Zwerchfell sich zusammenzieht und einen Unterdruck erzeugt. Der Luftdruck drückt dann die Luft in die Lunge. Bei geringerem Luftdruck gelangt daher weniger Luft in die Lunge.

Hydraulische Anlagen

Eine der wichtigsten technischen Anwendungen der gleichmäßigen und allseitigen Ausbreitung des Drucks in Flüssigkeiten sind hydraulische Anlagen. Sie gehören zu den kraftumformenden Einrichtungen. Hydraulische Anlagen finden im Alltag vielfach Verwendung, z.B. in Hebebühnen, hydraulischen Pressen und Trommelbremsen bei Pkw.

Eine hydraulische Anlage besteht aus zwei großen Zylindern mit beweglichen Kolben. Die Kolben sind durch eine Leitung miteinander verbunden. In der Leitung und den Zylindern befindet sich Öl oder eine andere Flüssigkeit. Diese in hydraulischen Anlagen verwendete Flüssigkeit bezeichnet man als Hydraulikflüssigkeit.

Funktionsweise von hydraulischen Anlagen

Auf der linken Seite der abgebildeten Anlage wird auf einen Kolben mit möglichst geringer Querschnittsfläche A_1 eine schwache Kraft F_1 ausgeübt. Auf der rechten Seite der Anlage befindet sich ein zweiter Kolben mit wesentlich größerer Querschnittsfläche A_2. Durch das Hineinpressen des kleinen Kolbens wird eine Kraft F_2 auf den großen Kolben ausgeübt.

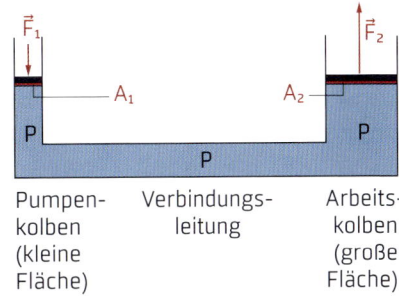

Pumpen-   Verbindungs-   Arbeitskolben   leitung   kolben
(kleine   (große
Fläche)   Fläche)

Da innerhalb der Flüssigkeit der Druck überall gleich groß ist (s. S. 47), gilt auch, dass der Druck am kleinen Kolben gleich dem Druck am großen Kolben ist:

$$p = \frac{F_1}{A_1} = \frac{F_2}{A_2}$$

Bei gleichem Druck ist aber die Druckkraft umso größer, je größer die gedrückte Fläche ist. Eine kleine Kraft am linken Kolben bewirkt also eine große Kraft am rechten Kolben. Löst man diese Gleichung nach F_1 auf, erhält man daher:

$$F_1 = \frac{A_1}{A_2} \cdot F_2$$

Das heißt, **die Kraft ist um das Verhältnis der Kolbenflächen verstärkt.**

Die Tatsache, dass eine kleine Kraft auf den kleinen Kolben eine große Kraft am großen Kolben hervorruft, kann anschaulich am Teilchenmodell erklärt werden. Am großen Kolben stoßen wesentlich mehr Flüssigkeitsteilchen an als am kleinen Kolben. Aus diesem Grund kann die unter Druck gesetzte Flüssigkeit in Richtung des großen Kolbens leichter zusätzlichen Raum einnehmen.

Auch für hydraulische Anlagen gilt die **Goldene Regel der Mechanik:** Je kleiner die erforderliche Kraft ist, desto größer ist der benötigte Weg, um dieselbe Arbeit zu verrichten (s. S. 43). An dieser Stelle zahlt man den Preis für die Erhöhung der Kraft – setzt man bspw. ein Auto auf den großen Kolben und möchte es mit geringem Kraftaufwand auf eine bestimmte Höhe anheben, muss man den kleineren Kolben einen viel längeren Weg hineindrücken: Das Produkt aus Kraft und Weg ist für beide Seiten der hydraulischen Maschine gleich groß:

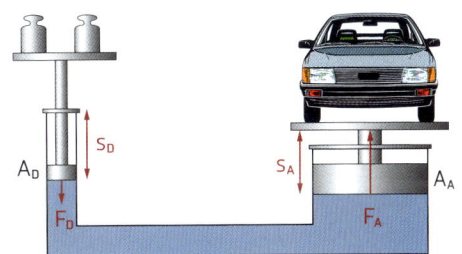

$$F_D \cdot s_D = F_A \cdot s_A$$

Mithilfe einer hydraulischen Hebeanlage soll ein Auto der Masse 1250 kg angehoben werden. Der Arbeitskolben der Anlage hat eine Fläche von 250 cm², der Pumpenkolben eine Fläche von 5 cm². Welche Kraft muss man am Pumpenkolben aufbringen, um das Auto anzuheben?

GESUCHT: Kraft F_1

GEGEBEN: Masse m = 1250 kg

Fläche des Pumpenkolbens A_1 = 5 cm²

Fläche des Arbeitskolbens A_2 = 250 cm²

RECHNUNG: $\frac{F_1}{A_1} = \frac{F_2}{A_2} \Rightarrow F_1 = \frac{A_1}{A_2} \cdot F_2 = \frac{A_1}{A_2} \cdot (m \cdot g)$

$F_1 = \frac{0{,}0005 \text{ m}^2}{0{,}0250 \text{ m}^2} \cdot 1250 \text{ kg} \cdot 10 \frac{m}{s^2} = 250 \text{ N}$

ERGEBNIS: Am Pumpenkolben muss eine Kraft von 250 N aufgebracht werden.

Messgeräte zur Bestimmung des Drucks

Mithilfe sogenannter **Manometer** (Druckmesser) kann man die Höhe des Drucks bestimmen. Die Messgeräte zur Bestimmung speziell des Luftdrucks werden als **Barometer** bezeichnet.

U-Rohr-Manometer

Ein U-Rohr-Manometer wird genutzt, um **Druckdifferenzen** anzuzeigen und zu messen. In einem U-förmig gebogenen Rohr befindet sich eine Flüssigkeit.
Steigt an einem Ende des Rohrs der Druck (bspw. weil ein Gas Druck ausübt), wird die Flüssigkeit in diesem Schenkel nach unten gedrückt und steigt im anderen Rohrschenkel so weit an, bis der hier von der Flüssigkeitssäule ausgeübte Druck genauso groß ist wie der Gasdruck. Da man aus der Höhe des Flüssigkeitsanstiegs den Druck berechnen kann (s. S. 49), kann man auch die Skala am Rohr so eichen, dass sofort der Druck abgelesen werden kann.

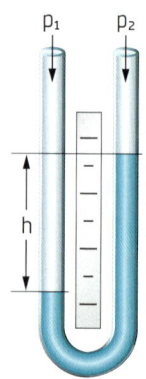

Membranmanometer

Bei einem Membranmanometer verformt der zu messende Gasdruck ein dünnes Blech (Membran). Mit der Membran ist ein Zeiger verbunden, der infolge der Verformung ausschlägt und so auf einer Skala den Druck anzeigt.

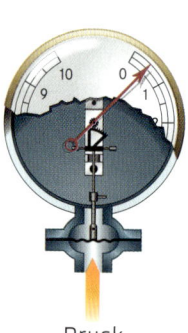

Druck

Dosenbarometer

Beim Dosenbarometer verformt der Luftdruck einen dosenartigen Hohlkörper, in dem ein Unterdruck herrscht. Der Grad der Verformung ist ein Maß für den Luftdruck. Die Verformung der Dose wird über einen Mechanismus auf einen Zeiger übertragen und kann als Druck an einer Skala abgelesen werden.

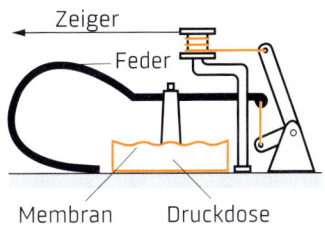

Quecksilberbarometer

Flüssigkeitsbarometer bestehen aus einem senkrechten Rohr, das mit einer Flüssigkeit (hier: Quecksilber) gefüllt ist. Das obere Ende des Rohres ist luftdicht verschlossen, das untere Ende taucht in das (nicht verschlossene) Vorratsgefäß mit der Flüssigkeit. Durch ihr Eigengewicht fließt die Flüssigkeit aus dem Rohr in das Vorratsgefäß, wodurch am oberen Ende ein Unterdruck entsteht.

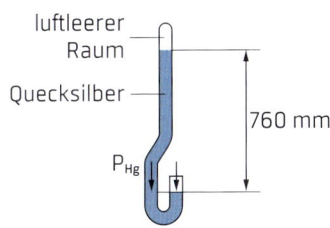

Der Luftdruck wirkt dem Herabfließen entgegen, denn er wirkt auf den oben offenen Vorratsbehälter. Die Flüssigkeit kommt zur Ruhe, wenn der Druck in Rohr und Behälter gleich groß ist – also der Druck im Rohr ebenfalls dem Luftdruck entspricht. Bei Normalbedingungen erreicht Quecksilber eine Höhe von 760 mm.

SELBST ENTDECKEN   **Das Ei in der Flasche**

DAS WIRD GEBRAUCHT: *leere Milchflasche; ein geschältes, hart gekochtes Ei; heißes Wasser; ein Föhn.*

DAS IST ZU TUN: *Flasche mit heißem Wasser ausspülen (**Topfhandschuhe benutzen!**). Sofort nach dem Ausspülen das Ei mit der Spitze nach unten auf die Flaschenöffnung setzen.*

DAS PASSIERT: *Beim Abkühlen der Flasche entsteht in der Flasche, im Vergleich zum Luftdruck außerhalb, ein Unterdruck. Das Ei wird deshalb durch den Luftdruck in die Flasche gedrückt. (Eine falsche Vorstellung ist, dass ein Unterdruck einen Sog erzeugt. Auch hier entsteht kein Sog in der Flasche, das Ei wird nicht hineingesaugt. Korrekt ist, dass das Ei durch den größeren Luftdruck außerhalb der Flasche in diese hineingedrückt wird.)*

Hält man die Flasche anschließend so, dass das Ei mit der Spitze nach unten in der Flaschenöffnung steckt, kann man mithilfe des Föhns das Ei wieder aus der Flasche bekommen.

Vorsicht! *Beim Ausspülen der Flasche mit dem heißen Wasser besteht die Gefahr von Verbrühungen.*

Auftrieb und archimedisches Prinzip

WOZU EIGENTLICH? *Wenn Kinder schwimmen lernen, gibt man ihnen Schwimmflügel oder ein Schaumstoffbrett, damit sie sich leichter über Wasser halten können. Bei einem Heißluftballon wird die Luft im Inneren des Ballons so lange erhitzt, bis er mitsamt der Fracht in die gewünschte Höhe aufgestiegen ist. Das hinter beiden Vorgehensweisen steckende physikalische Phänomen ist der Auftrieb.*

Die Legende von Archimedes und der Krone des Königs

Dem griechischen Mathematiker und Naturwissenschaftler Archimedes (um 287 bis 212 v. Chr.) wird die Entdeckung eines fundamentalen physikalischen Prinzips nachgesagt.

Den Überlieferungen zufolge ließ sich der König von Syrakus eine neue Krone anfertigen. Er hegte aber den Verdacht, der Goldschmied hätte ihn betrogen und nur eine vergoldete Krone geliefert. Der König beauftragte daher Archimedes damit, dem Schmied den Betrug nachzuweisen. Nach tagelangen Überlegungen fand Archimedes schließlich die Lösung, als er sich in einen randvoll gefüllten Badezuber setzte. Er stellte fest, dass die Menge Wasser, die beim Hineinsetzen überlief, genau seinem Körpervolumen entsprach. Der Legende nach war Archimedes derart begeistert von seiner Entdeckung, dass er aus der Wanne sprang, nackt durch die Straßen der Stadt lief und dabei immer wieder „Heureka!" (griech.: „Ich habe es gefunden!") rief. Die Aufgabe des Königs konnte er nun lösen, indem er zuerst die Krone und anschließend einen gleich schweren Goldbarren in einen bis zum Rand mit Wasser gefüllten Behälter eintauchte. Anschließend maß Archimedes in beiden Fällen die Menge an übergelaufenem Wasser und konnte letztlich den Betrug des Schmiedes nachweisen. Denn wenn die Krone aus einem anderen Material bestand, musste sich ihr Volumen bei gleicher Masse von dem des Goldbarrens unterscheiden.

Die Auftriebskraft und das archimedische Prinzip

Obwohl das eigentlich Interessante an Archimedes' Entdeckung, nämlich die Entstehung der Auftriebskraft, in der Legende gar keine Rolle spielt, wird auch heute noch das dahinterstehende physikalische Prinzip zu seinen Ehren nach ihm benannt. Ferner kann man die von Archimedes beschriebene Gesetzmäßigkeit nicht nur für Wasser, sondern für alle Flüssigkeiten und Gase nachweisen.

DAS ARCHIMEDISCHE PRINZIP

Die Auftriebskraft F_A eines Körpers in einem Fluid entspricht der Gewichtskraft F_G des von ihm verdrängten Volumens: $F_A = F_G$.

Taucht ein Körper bspw. in Wasser ein, so wird die auf ihn einwirkende Auftriebskraft immer größer, weil er immer mehr Wasser verdrängt. Er hört auf zu sinken, wenn die Auftriebs- und seine Gewichtskraft gleich groß sind.

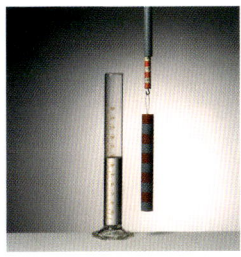 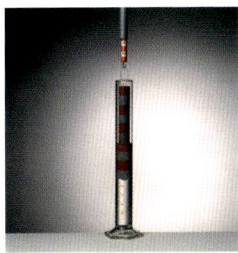 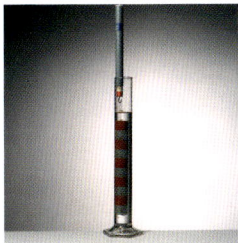

In der Abbildung zeigt der Kraftmesser eine immer geringere Kraft an, je weiter das Gewicht eintaucht. Das liegt daran, dass die Auftriebskraft wächst und entgegen der Gewichtskraft des Körpers wirkt und somit der Federkraftmesser eine immer geringere „Last" zu tragen hat. Der Gegenstand wird scheinbar leichter.

Berechnung der Auftriebskraft

$F_A = \rho \cdot V \cdot g$
ρ: Die Dichte des Stoffes, in den der Körper eintaucht
V: Volumen des verdrängten Stoffes
g: Ortsfaktor

Erklärung des archimedischen Prinzips mittels Druckdifferenz

Die Ursache der Auftriebskraft ist der unterschiedliche **Schweredruck** p (s. S. 49) in verschiedenen Tiefen eines Fluids (unter **Fluid** werden Flüssigkeiten und Gase zusammengefasst). Am einfachsten lässt sich dies mit einem regelmäßigen Körper erklären, der gleich große parallele Ober- und Unterseiten des Flächeninhalts A_1 und A_2 besitzt. Der Schweredruck p_1 an der Oberseite ist kleiner als der an der Unterseite (p_2).
Aus $A_1 = A_2$ und $p_1 < p_2$ folgt wegen $F = p \cdot A$
$p_2 \cdot A_2 > p_1 \cdot A_1 \Rightarrow F_2 > F_1$

Die auf den Körper einwirkende Auftriebskraft F_A ergibt sich dann aus der Differenz der beiden Druckkräfte:
$F_A = F_2 - F_1$

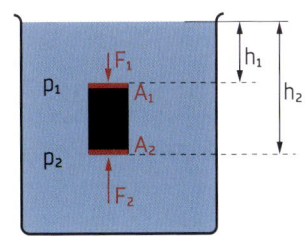

Schwimmen, sinken, schweben und steigen

Je nachdem, wie groß die Gewichtskraft eines eintauchenden Körpers und die auf ihn einwirkende Auftriebskraft sind, kann der Körper in einer Flüssigkeit oder einem Gas schwimmen, sinken, schweben oder steigen.

Der Körper taucht so weit ein, bis Auftriebskraft und Gewichtskraft gleich groß sind (oder bis er den Boden des Gefäßes erreicht hat). Da die Auftriebskraft der Gewichtskraft des verdrängten Fluids entspricht, hört der Körper also zu sinken auf, wenn seine Gewichtskraft gleich der des verdrängten Fluids ist. Da die Gewichtskraft $F_G = \rho \cdot V \cdot g$ ist, sind bei gleichem Volumen von Körper und verdrängter Flüssigkeit die beiden **Dichten** dafür verantwortlich, ob der Körper schwimmt, sinkt, schwebt oder steigt.

Sinken	Schweben	Steigen	Schwimmen
Ein Stein sinkt im Wasser nach unten.	Ein Taucher schwebt im Wasser.	Ein Fisch steigt im Wasser nach oben.	Ein Schiff schwimmt auf dem Wasser.

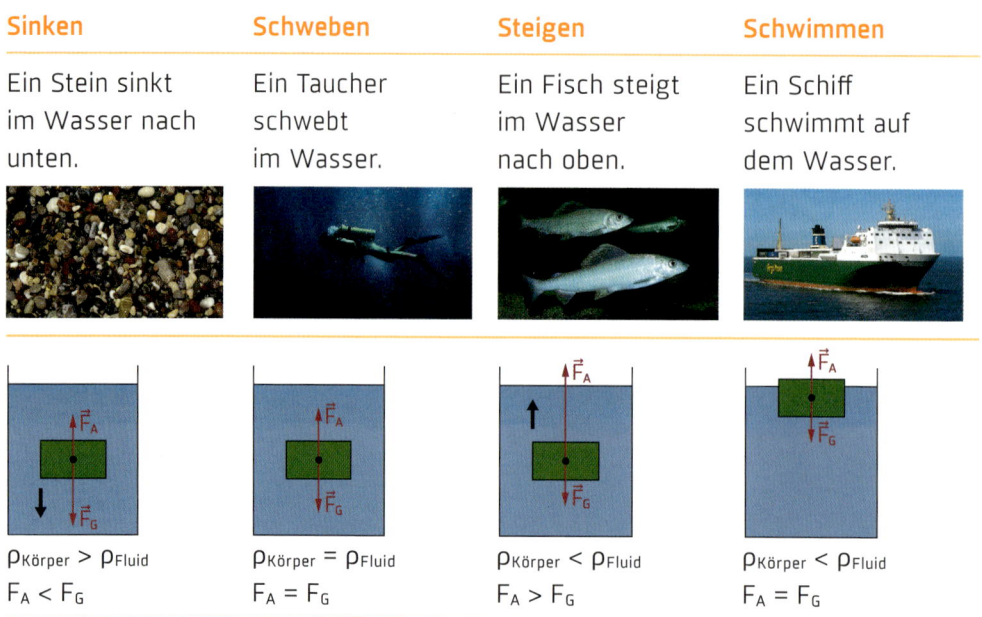

$\rho_{\text{Körper}} > \rho_{\text{Fluid}}$	$\rho_{\text{Körper}} = \rho_{\text{Fluid}}$	$\rho_{\text{Körper}} < \rho_{\text{Fluid}}$	$\rho_{\text{Körper}} < \rho_{\text{Fluid}}$
$F_A < F_G$	$F_A = F_G$	$F_A > F_G$	$F_A = F_G$

Dabei ist zu beachten, dass es immer um die **mittlere Dichte** des Körpers geht. Die Titanic beispielsweise konnte auf dem Meer schwimmen, weil das Metall in Schiffsform gebracht einen großen Hohlraum umschloss und dadurch wesentlich mehr Wasser verdrängte als in Form eines soliden Würfels. Die mittlere Dichte von Metall und umschlossener Luft war geringer als die Dichte des Meerwassers. Dadurch war die Auftriebskraft, die die Titanic erfuhr, groß genug, um sie über Wasser zu halten. Nach dem Zusammenstoß mit dem Eisberg strömte Wasser ein, wodurch sich die mittlere Dichte des Systems „Titanic + Luft + einströmendes Wasser" stetig vergrößerte. Nach 2 Stunden und 40 min war die mittlere Dichte dieses Systems endgültig größer als die Dichte des Meerwassers und die Titanic versank vollständig im Nordatlantik.

ACHTUNG, DENKFALLE!   *Die beiden häufigsten Fehlvorstellungen zum Auftrieb lassen sich wie folgt zusammenfassen: „Schwere Gegenstände sinken immer!" und „Alles, was ein Loch hat, sinkt!" Dabei übersehen die Schüler in beiden Fällen, dass es immer darauf ankommt, wie viel Wasser ein Körper verdrängt bzw. (was gleichbedeutend ist), ob seine* **mittlere Dichte** *größer ist als die Dichte des Fluids.*

RECHENBEISPIEL: Auftriebskraft berechnen

Ein Ziegelstein mit den Maßen 24 cm × 12 cm × 7 cm und einer Masse von 10 kg wird ins Wasser ($\rho = 1 \frac{g}{cm^3}$) geworfen. Welche Kraft benötigt man, um den Ziegelstein im Wasser anzuheben?

ANALYSE: Dadurch, dass der Ziegelstein im Wasser einen Auftrieb erfährt, der entgegen seiner Gewichtskraft wirkt, ergibt sich die gesuchte Kraft durch: $F = F_G - F_A$

GESUCHT: $F = F_G - F_A$

GEGEBEN: Maße Ziegelstein: 24 cm × 12 cm × 7 cm; Masse Ziegelstein: 10 kg; Dichte Wasser: $\rho = 1 \frac{g}{cm^3}$

RECHNUNG: **Volumen** Ziegelstein: $V = 24\,cm \cdot 12\,cm \cdot 7\,cm = 2016\,cm^3$
Gewichtskraft Ziegelstein:
$F_G = m \cdot g = (10\,kg) \cdot (9{,}81 \frac{m}{s^2}) = 98{,}1\,N$

Auftriebskraft:
$F_A = \rho \cdot V \cdot g = 1 \frac{g}{cm^3} \cdot (2016\,cm^3) \cdot (9{,}81 \frac{m}{s^2}) \approx 19{,}8\,N$
$\Rightarrow F = 98{,}1\,N - 19{,}8\,N = 78{,}3\,N$

ERGEBNIS: Man muss eine Kraft von 78,3 N aufbringen, um den Stein im Wasser anzuheben.

SELBST ENTDECKEN   Auftrieb von Knetmasse

DAS WIRD GEBRAUCHT: *Knete, eine Schüssel mit Wasser.*
DAS IST ZU TUN: *Aus zwei gleich großen Stücken Knete eine Kugel und eine bootähnliche Schale formen. Beide auf das Wasser setzen.*
DAS PASSIERT: *Die Knetkugel geht unter, das „Boot" schwimmt.*

Mechanische Arbeit, Leistung und Energie

Der Arbeitsbegriff in der Physik bedeutet nicht dasselbe wie das Wort „Arbeit" in der Alltagssprache, was im Extremfall dazu führen kann, dass eine anstrengende Tätigkeit keine Arbeit im physikalischen Sinne darstellt. In der Physik muss genau zwischen Energie, Arbeit und Leistung unterschieden werden, auch wenn dies in der Alltagssprache nicht immer gemacht wird.

Kräfte und Arbeit

Wirkt eine Kraft auf einen Körper, kann das dazu führen, dass der Körper bewegt oder verformt wird – in beiden Fällen wird mechanische Arbeit verrichtet.
Wird durch eine Kraft F ein Körper um eine Strecke s verschoben, ergibt sich die dabei verrichtete mechanische Arbeit W zu:
$W = F \cdot s$; Einheit: ein Joule (1 J) oder ein Newtonmeter (1 Nm),
mit $1\,J = 1\,Nm$
In dieser einfachen Form gilt die Formel nur, wenn die Kraft parallel zur Strecke ist, wie in diesen Beispielen:

Hubarbeit:

B&p'

Ein Körper der Masse m wird um die Höhe h angehoben.
Dabei muss eine Kraft aufgewendet werden, die der
Gewichtskraft (s. S. 24) entgegenwirkt, ihr also in der Größe
entspricht. Dabei wird die Arbeit W verrichtet:
$W = F_G \cdot h = m \cdot g \cdot h$

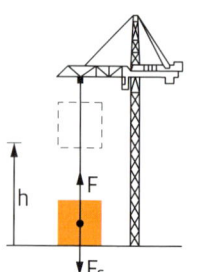

Beschleunigungsarbeit:

Um einen Körper der Masse m über eine bestimmte Strecke s
gleichmäßig zu beschleunigen, also mit einer konstanten
Beschleunigung a, muss man die Arbeit W verrichten:
$W = F \cdot s = m \cdot a \cdot s$

Reibungsarbeit:

Die Bewegung eines Körpers der Masse m wird durch konstan-
te Reibungskräfte F_R (s. S. 32) über eine Strecke s abgebremst.
Um diese Reibungskräfte zu überwinden, muss man die Arbeit W
verrichten: $W = F_R \cdot s = \mu \cdot F_N \cdot s$ (F_N = Normalkraft)
Zu beachten ist hier, dass die Reibungskraft zwar betragsmäßig proportional zur
Normalkraft ist, aber in der Bewegungsrichtung liegt (bzw. entgegengesetzt zur
Bewegung des Körpers).

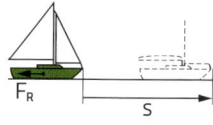

μ = Reibzahl

Wenn die Kraft nicht parallel zum Weg ist

Schiebt man einen Schrank, wird die aufgewendete Kraft i. d. R. parallel zum geschobenen Weg liegen – zieht man dagegen einen Schlitten an einem Seil, ist dies nicht mehr der Fall, da das Seil vom Schlitten zur Hand schräg nach oben führt.

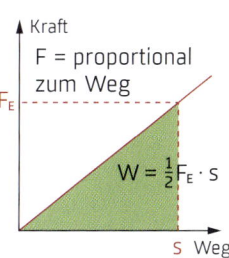

Die Kraft wirkt aber längs des Seils und bildet so einen Winkel α mit dem zurückgelegten Weg.

Längs des Weges wirkt nun nicht mehr die gesamte Kraft F, sondern nur noch ein Teil, der sich mithilfe des Winkels berechnen lässt:

$F_s = F \cdot \cos\alpha$

Die verrichtete Arbeit ist entsprechend ein kleinerer Teil, der sich ergibt zu:

$W = F_s \cdot s = F \cdot s \cdot \cos\alpha$

Wenn die Kraft nicht konstant ist

Trägt man die Kraft in ein Diagramm ein, an dessen y-Achse die Kraft und an dessen x-Achse der Weg abgetragen wird, ergibt sich für eine konstante Kraft eine Waagerechte.

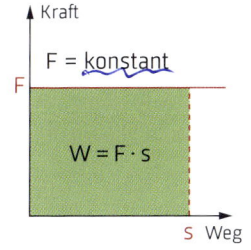

Steigt die Kraft jedoch proportional zum Weg an, ergibt sich eine Ursprungs-gerade. Die Arbeit ist in jedem Fall die **Fläche unter der Geraden,** die die Kraft in Abhängigkeit vom Weg darstellt (grün in der Abbildung). Ist die Kraft konstant, ist die Fläche ein Rechteck, dessen eine Kante gleich der zurückgelegten Strecke ist und dessen andere Kante gleich der Kraft ist, womit die Fläche sich wie zu erwarten ergibt zu: $W = F \cdot s$

Nimmt die Kraft jedoch proportional zum zurückgelegten Weg zu, ist die Fläche unter der Geraden ein Dreieck, dessen Grundseite wieder der zurückgelegte Weg ist und dessen Höhe die Kraft F_E, die am Ende des Weges aufgewendet werden muss. Die Arbeit ergibt sich daher nach der Formel für Dreieckflächen zu:
$W = \frac{1}{2} F_E \cdot s$

Ein Beispiel ist die **Federspannarbeit** – die Kraft F, die man zum Dehnen einer Feder braucht, wächst mit zunehmender Ausdehnung der Feder: $F = D \cdot s$, wobei D die Federkonstante (s. S. 18) ist. Die Federspannarbeit ist daher:
$W = \frac{1}{2} F_E \cdot s = \frac{1}{2} (D \cdot s) \cdot s = \frac{1}{2} \cdot D \cdot s^2$

Mechanische Leistung

Wie die Arbeit ist die Leistung ein Begriff, der zwar auch in der Alltagssprache vorkommt, aber in der Physik auf genau definierte Weise verwendet wird.
Die mechanische Leistung P gibt an, wie viel mechanische Arbeit W in einer bestimmten Zeiteinheit t verrichtet wird:

$P = \frac{W}{t}$; Einheit: ein Watt (1 W)

Mit dieser einfachen Gleichung kann die mechanische Leistung berechnet werden, wenn die Arbeit über die gesamte Zeitspanne gleichmäßig verrichtet wird.

RECHENBEISPIEL: Leistung einer Maschine berechnen
Eine Maschine hebt pro Sekunde 50 kg Hafer auf den Heuboden, der sich 4 m über dem Erdboden befindet. Welche durchschnittliche Leistung erbringt sie?

ANALYSE: Die Maschine verrichtet Hubarbeit. Um die Leistung zu ermitteln, muss die Hubarbeit berechnet und durch die Zeitdauer dividiert werden.

GEGEBEN: Masse: m = 50 kg
Höhe: h = 4 m
Zeit: t = 1 s

GESUCHT: die mechanische Leistung P

RECHNUNG: Hubarbeit:
$$W = m \cdot g \cdot h = 50 \text{ kg} \cdot 10 \tfrac{m}{s^2} \cdot 4 \text{ m} = 2000 \text{ J}$$
Leistung:
$$P = \frac{W}{t} = \frac{2000 \text{ J}}{1 \text{ s}} \approx 2000 \text{ W} \approx 2 \text{ kW}$$

ERGEBNIS: Die Maschine erbringt eine durchschnittliche Leistung von 2 kW.

Mechanische Energie

In Pumpspeicherkraftwerken wird Wasser in ein hoch gelegenes Becken gepumpt und dort gespeichert. Später kann das Wasser wieder aus dem Becken abgelassen werden, es fließt (aufgrund der Gravitation) hinab und kann dabei eine Turbine antreiben. Das Wasser ist also durch die Höhe, in der es gespeichert wurde, fähig, Arbeit zu verrichten (die Turbine zu drehen).
Die Fähigkeit eines Körpers, aufgrund seiner Lage oder seiner Bewegung mechanische Arbeit zu verrichten, Wärme abzugeben oder Licht auszusenden, nennt man mechanische Energie.
Die Energie aufgrund der Lage heißt Lageenergie oder potenzielle Energie, die Energie aufgrund der Bewegung heißt Bewegungsenergie oder kinetische Energie.

Potenzielle Energie:

Im Beispiel des Pumpspeicherkraftwerks hat das Wasser aufgrund seiner Lage im Gravitationsfeld Energie – Lageenergie oder potenzielle Energie.

Um das Wasser in die Höhe zu bringen, muss Hubarbeit verrichtet werden:

$W = F_G \cdot h = m \cdot g \cdot h$

Diese verrichtete Arbeit steckt anschließend als potenzielle Energie im angehobenen Wasser und kann bei Ablassen des Wassers als Arbeit zurückgewonnen werden. Die potenzielle Energie eines Körpers hängt also von seiner Masse und der Höhe ab:

$E_{pot} = m \cdot g \cdot h$ *g = Ortsfaktor*

Kinetische Energie:

Wenn das Wasser die Turbine antreibt, tut es das, weil es an den Schaufeln vorbeifließt – was letztlich die Turbine antreibt, ist also die Bewegung des Wassers. Die Energie, die ein sich bewegender Körper hat, nennt man kinetische Energie. Sie hängt ab von der Masse des Körpers und seiner Geschwindigkeit:

$E_{kin} = \frac{1}{2} \cdot m \cdot v^2$

RECHENBEISPIEL: Kinetische Energie eines Pkw von 1000 kg bei 50 km/h und 100 km/h berechnen

GEGEBEN: Masse des Pkw: 1000 kg
Geschwindigkeit: a) $50 \frac{km}{h}$ und b) $100 \frac{km}{h}$

GESUCHT: die kinetische Energie E_{kin}

RECHNUNG: Zunächst muss die Geschwindigkeit in $\frac{m}{s}$ umgerechnet werden – damit am Schluss die Einheit J oder Nm herauskommt:

a) $50 \frac{km}{h} = 50 \cdot \frac{1000\,m}{3600\,s} \approx 13{,}9 \frac{m}{s}$

b) $100 \frac{km}{h} = 100 \cdot \frac{1000\,m}{3600\,s} \approx 27{,}8 \frac{m}{s}$

Die **kinetische Energie** ergibt sich damit zu:

$E_{kin} = \frac{1}{2} \cdot m \cdot v^2 = \frac{1}{2} \cdot 1000\,kg \cdot (13{,}9 \frac{m}{s})^2 = 96\,605 \frac{kg \cdot m^2}{s^2}$
$= 96\,605\,Nm = 96\,605\,J \approx 96{,}6\,kJ$

$E_{kin} = \frac{1}{2} \cdot m \cdot v^2 = \frac{1}{2} \cdot 1000\,kg \cdot (27{,}8 \frac{m}{s})^2 = 386\,420 \frac{kg \cdot m^2}{s^2}$
$= 386\,420\,Nm = 386\,420\,J \approx 386{,}4\,kJ$

ERGEBNIS: Die Verdopplung der Geschwindigkeit hat eine Vervierfachung der kinetischen Energie zur Folge.

Mechanische Arbeit und mechanische Energie

Energie ist die Fähigkeit, Arbeit zu verrichten; andererseits wurde im Beispiel mit dem Pumpspeicherwerk schon angedeutet, dass die potenzielle Energie des Wassers durch die Hubarbeit beim Hochpumpen erhöht wird.

Ganz allgemein kann sich die mechanische Energie eines Körpers ändern, wenn er mechanische Arbeit verrichtet oder an ihm mechanische Arbeit verrichtet wird. **Die Änderung der mechanischen Energie, also die Differenz zwischen den Energien von Anfangs- und Endzustand, ist gleich der verrichteten Arbeit:**

$$W = E_{Ende} - E_{Anfang} = \Delta E$$

Differenzen werden meist mit dem griechischen Buchstaben Delta (Δ) bezeichnet.

Hubarbeit ändert die potenzielle Energie eines Körpers:

Wird ein Körper der Masse m vom Erdboden (h = 0) auf die Höhe h angehoben, wird die Hubarbeit $W = m \cdot g \cdot h$ verrichtet. Die potenzielle Energie des Körpers nimmt um $\Delta E_{pot} = m \cdot g \cdot h$ zu. *Pumpspeicherkraftwerk*

Verformungsarbeit ändert die potenzielle Energie eines Körpers:

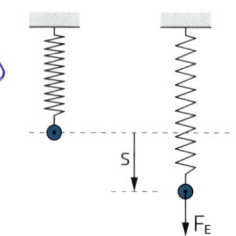

Die potenzielle Energie einer entspannten Feder ist $E_{pot} = 0$. Dehnt man die Feder um die Länge s aus, verrichtet man die Spannarbeit $W = \frac{1}{2} \cdot F_E \cdot s$.
Die potenzielle Energie der Feder nimmt dadurch zu um $\Delta E_{pot} = \frac{1}{2} \cdot F_E \cdot s$.

Beschleunigungsarbeit ändert die kinetische Energie eines Körpers:

Wird ein ruhender Körper der Masse m über eine Strecke s auf die Geschwindigkeit v beschleunigt, wird an ihm die Arbeit $W = F \cdot s$ verrichtet; seine kinetische Energie erhöht sich um $\Delta E_{kin} = \frac{1}{2} \cdot m \cdot v^2$.

Der Energieerhaltungssatz der Mechanik

Die beiden Formen der mechanischen Energie sind potenzielle Energie und kinetische Energie. Wenn keine weiteren Energieformen auftreten, ist die Summe dieser beiden Energieformen konstant.

GESETZ VON DER ERHALTUNG DER MECHANISCHEN ENERGIE

Wenn keine Umwandlung mechanischer Energie in andere Energieformen erfolgt, ist die Summe aus potenzieller und kinetischer Energie eines Körpers konstant:
$$E_{pot} + E_{kin} = \text{konstant} \quad \text{oder} \quad \Delta(E_{pot} + E_{kin}) = 0$$

Ein Beispiel für die ständige Umwandlung von potenzieller und kinetischer Energie ineinander sind Schwingungsvorgänge – wie ein Kind auf einer Schaukel oder ein Skateboardfahrer in einer Bahn wie der abgebildeten.

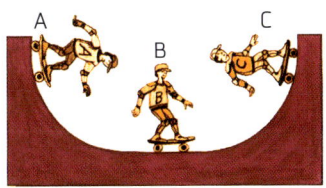

Beginnt der Skateboardfahrer links am höchsten Punkt der Bahn **(A)**, hat seine potenzielle Energie den höchsten Wert, der sich aus der Höhe des Punktes und der Masse des Skateboardfahrers ergibt. Seine kinetische Energie ist null.

Fährt er nun los, wird er beim Hinunterrollen aufgrund seiner Gewichtskraft beschleunigt – seine kinetische Energie nimmt also zu. Gleichzeitig nimmt seine Höhe ab, d.h., seine potenzielle Energie nimmt ab.

Am tiefsten Punkt der Bahn **(B)** ist seine Geschwindigkeit und damit seine kinetische Energie am höchsten. Seine potenzielle Energie ist dagegen jetzt null.

Fährt er nun die Steigung am rechten Rand hinauf, bremst ihn die Gewichtskraft ab. Seine Geschwindigkeit nimmt ab, seine Höhe dagegen nimmt zu. Damit nimmt seine kinetische Energie ab und die potenzielle Energie nimmt zu, bis am höchsten Punkt **(C)** die potenzielle Energie wieder ihren höchsten Wert erreicht hat und die kinetische Energie null ist.

Von dort fährt der Skateboardfahrer wieder hinunter und die Umwandlung der potenziellen Energie in kinetische beginnt von Neuem.

Das Bezugsniveau

Die potenzielle Energie ist am tiefsten Punkt nur dann null, wenn man diesen als Nullpunkt festlegt – was man i. d. R. tut, weil dadurch die Rechnungen vereinfacht werden. Da es nur auf die Energiedifferenzen ankommt, kann man eine der Höhen als null annehmen und die anderen auf diesen Nullpunkt beziehen.

Sparen Hebel und Flaschenzüge Arbeit ein?

Da man bei Zuhilfenahme kraftumformender Maschinen (s. S. 38) zwar Kraft einspart, aber dafür einen längeren Weg hat, bleibt die zu verrichtende Arbeit dieselbe. Denn da die Arbeit das Produkt aus Weg und Kraft ist, man aber bei halber Kraft auch doppelten Weg braucht, ist das Ergebnis unverändert.

RECHENBEISPIEL: Maximale Geschwindigkeit aus der Bahnhöhe berechnen

Wenn die Bahn am höchsten Punkt 2 m erreicht, wie schnell wird der Skateboard-fahrer am tiefsten Punkt, wenn Reibungsverluste vernachlässigt werden können?

GEGEBEN: höchster Punkt der Bahn h = 2 m

GESUCHT: größte Geschwindigkeit v

ANALYSE: Am höchsten Punkt der Bahn hat der Fahrer nur potenzielle Energie, am tiefsten Punkt nur kinetische Energie. Wegen des Energieerhaltungssatzes der Mechanik muss die potenzielle Energie am höchsten Punkt gleich der kinetischen Energie am tiefsten Punkt sein.

RECHNUNG: $E_{pot} = E_{kin} \Rightarrow m \cdot g \cdot h = \frac{1}{2} \cdot m \cdot v^2$

Auflösen nach v: $v = \sqrt{2 \cdot g \cdot h} = \sqrt{2 \cdot 10 \frac{m}{s^2} \cdot 2\,m} \approx 6,3 \frac{m}{s}$

ERGEBNIS: Der Skateboardfahrer erreicht eine Geschwindigkeit von $6,3 \frac{m}{s}$ – unab-hängig davon, wie schwer er ist, da die Masse sich herauskürzt.

Umwandlung in andere Energieformen

In der Beispielaufgabe wurde die Reibung vernachlässigt. Diese Voraussetzung ist wichtig, da bei Reibung immer Energie als Wärme abgegeben wird – dadurch ist der Energieerhaltungssatz der Mechanik aber nicht mehr erfüllt, denn damit findet eine Umwandlung in eine weitere Energieform statt.

Für den Skateboardfahrer bedeutet das, dass er bei jedem Durchgang mechanische Energie verliert und jedes Mal eine geringere Höhe und geringere Geschwindigkeiten erreicht, bis er schließlich am tiefsten Punkt zum Stillstand kommt.

In der Wärmelehre wird mit dem 1. Hauptsatz der Wärmelehre (s. S. 108) ein wei-terer Energieerhaltungssatz behandelt – wie der Energieerhaltungssatz der Me-chanik ist er ein Spezialfall des allgemeinen Energieerhaltungssatzes:

ALLGEMEINER ENERGIEERHALTUNGSSATZ

Energie kann weder vernichtet noch erzeugt werden, sondern nur in andere For-men umgewandelt werden.

In dieser allgemeinen Form ist der Energieerhaltungssatz auch für Vorgänge mit Reibung erfüllt, denn die abgegebene Reibungswärme ist ebenfalls eine Energie-form – die anfänglich vorhandene potenzielle Energie des Skateboardfahrers ist am Tiefpunkt gleich der Summe aus kinetischer Energie und Reibungswärme.

Wirkungsgrad

Der Skateboardfahrer muss den Hochpunkt der Bahn erst erreichen und dafür Energie aufwenden. Diese aufgewendete Energie kann er wie beschrieben wegen der Reibungsverluste nicht vollständig in kinetische Energie umsetzen, die nutzbringende Energie ist also kleiner als die aufgewendete. Dieses Verhältnis zwischen aufgewendeter Energie und nutzbringender nennt man **Wirkungsgrad η:**

$$\eta = \frac{E_{nutz}}{E_{auf}}$$

η wird als Dezimalzahl oder in Prozent angegeben. Für technische Geräte und auch für Lebewesen ist der **Wirkungsgrad immer kleiner als 1 bzw. 100 %.**

Spricht man von Energiegewinnung oder Energieverlusten, ist dies immer eine menschlich-praktische

chemische Energie des Kraftstoffes = aufgewendete Energie

kinetische Energie des Autos = nutzbare Energie

Wärme = nicht nutzbare Energie

Sichtweise und bezieht sich auf die nutzbare Energie. Physikalisch geht keine Energie verloren, nur lässt sich Wärme, die bspw. von einem laufenden Motor an die Umgebungsluft abgegeben wurde, nicht mehr nutzen – aus menschlicher Sicht ist dieser Teil der Energie **entwertet.** Der Grund liegt im 2. Hauptsatz der Wärmelehre (s. S. 109), der besagt, dass Wärme nicht von einem kälteren auf einen wärmeren Körper übergeht; die Wärme kann also nicht bspw. aus der Luft wieder in einen Motor zurückfließen, um dort Kolben anzutreiben.

SELBST ENTDECKEN   Münzenkatapult

DAS WIRD GEBRAUCHT: *ca. 30 cm langes Holzlineal, Stift, zwei gleiche Münzen.*
DAS IST ZU TUN: *Lineal so über den Stift legen, dass auf einer Seite 10 cm überstehen. Auf der anderen Seite die Münzen in 10 cm und 20 cm Abstand vom Stift auf das Lineal legen. Nun kräftig auf das kurze Ende schlagen.*
DAS PASSIERT: *Beide Münzen fliegen hoch, die Münze im 20-cm-Abstand ca. viermal so hoch wie die im 10-cm-Abstand. Die Münzen werden beim Schlag beide über denselben Zeitraum beschleunigt, die 20-cm-Münze legt in dieser Zeit aber den doppelten Weg zurück. Dadurch erhält sie eine doppelt so hohe Geschwindigkeit und eine viermal so hohe kinetische Energie wie die 10-cm-Münze. Aufgrund des Energieerhaltungssatzes erreicht sie demzufolge eine viermal so große Höhe.*

Mechanische Schwingungen

WOZU EIGENTLICH?   *Schwingungen begegnen einem im Alltag häufig – wie schwingende Schaukeln oder Pendel alter Uhren. Die Laute der menschlichen Stimme werden durch Schwingungen der Stimmbänder hervorgerufen. Gebäude können in Schwingung geraten durch den Wind oder Erdbeben.*

Was sind Schwingungen?

Eine mechanische Schwingung kann entstehen, wenn ein Körper aus einer Ruhelage ausgelenkt wird und es eine Kraft gibt, die ihn wieder in diese Ruhelage zurücktreibt.

Hängt man bspw. eine Masse an eine Feder, dehnt sich die Feder zunächst ein kleines Stück, bis sie die **Ruhelage** erreicht hat – also die Position, in der sich die Rückstellkraft der Feder und die Gewichtskraft des Masse die Waage halten. Zieht man nun an der Masse, wird die Feder gespannt. Sobald man die Masse loslässt, zieht sich die Feder wieder zusammen und schießt dabei aufgrund der Massenträgheit über die Ruhelage nach oben hinaus. Dabei wird die Feder gestaucht, bis die sich dabei aufbauende Spannung die Feder wieder nach unten treibt. Die Feder dehnt sich also wieder aus, auch zieht die Gewichtskraft der Masse diese nach unten – so entsteht eine Schwingung, bei der die Masse auf und ab schwingt. Hier sind also die Kraft der Feder und die Gewichtskraft der Masse die rücktreibenden Kräfte. (Man nennt diese Art Pendel ein **Federpendel.**)

Die meisten denken bei dem Wort Pendel wohl zuerst an ein **Fadenpendel,** wie bspw. Uhrenpendel, bei dem eine Masse an einem sehr dünnen Faden hin und her schwingt. Hier ist die rücktreibende Kraft eine Komponente der Gewichtskraft. Am tiefsten Punkt steht die Gewichtskraft genau senkrecht auf der Bahn, die die Masse bei der Schwingung durchläuft – hier ist die rücktreibende Kraft daher null. Ihren größten Wert erreicht sie jeweils an den beiden Umkehrpunkten (blaue Pfeile in der Abbildung).

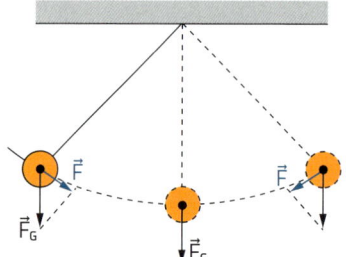

Schwingungen beschreiben

Mehrere Größen ändern sich während einer Schwingung, wobei das Charakteristische einer Schwingung ist, dass diese Änderungen periodisch sind – d.h., der Vorgang wiederholt sich nach einer bestimmten konstanten Zeitdauer. Diese Zeitdauer nennt man die **Periode T** der Schwingung.
Ein Fadenpendel schwingt mit der Periode T = 1s, wenn es in 1s einmal hin- und wieder herschwingt.
Die **Auslenkung** (auch **Elongation** genannt) und die Geschwindigkeit des Pendels ändern sich während der Schwingung periodisch.
Die **Geschwindigkeit** ist beim Durchlaufen der Ruhelage maximal, an den Umkehrpunkten (wenn die Auslenkung die Amplitude erreicht) null.

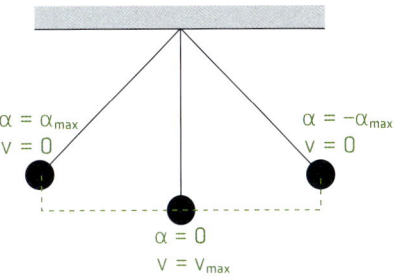

Periodische Änderung der Auslenkung bei einem Federpendel

In der Ruhelage eines Federpendels ist die Auslenkung null. Wird das Pendel nun nach unten ausgelenkt, hat es beim Punkt des Loslassens (= Beginn der Schwingung) die maximale Auslenkung nach unten $-y_{max}$. Nach dem Loslassen schwingt es zurück, durchläuft die Ruhelage (Auslenkung y = 0), schwingt darüber hinaus, erreicht die maximale Auslenkung y_{max} nach oben (die betragsmäßig genauso groß ist wie die nach unten). Dort dreht sich die Bewegungsrichtung, das Pendel schwingt wieder zurück durch die Ruhelage bis zur maximalen Auslenkung nach unten. Nun hat es den Zustand zu Beginn der Schwingung wieder erreicht und somit eine Periode durchlaufen (Abb. s. S. 68). Die nächste Schwingungsperiode beginnt und verläuft genauso.
Die maximale Auslenkung aus der Ruhelage nennt man **Amplitude** y_{max} der Schwingung.

Frequenz einer Schwingung

Die Periode ist die Zeitdauer, die für eine vollständige Hin- und Herbewegung benötigt wird. Meist möchte man jedoch wissen, wie viele vollständige Schwingungen in eine bestimmte Zeitdauer passen. Dies wird durch die **Frequenz f** angegeben:
$$f = \frac{n}{t}$$
n ist die Anzahl der Schwingungen, die in die Zeitdauer t passen. Da in die Zeitdauer einer Periode T genau eine Schwingung passt, kann die Frequenz aus der Periode berechnet werden mit:
$$f = \frac{1}{T}$$
Einheit: ein Hertz (1 Hz) oder eins pro Sekunde ($\frac{1}{s}$)

Harmonische und nicht harmonische Schwingungen

Trägt man die Auslenkung y in ein Diagramm ein, an dessen x-Achse die Zeit abgetragen wird, erhält man unter bestimmten Umständen eine spezielle Kurve, die **Sinuskurve.**

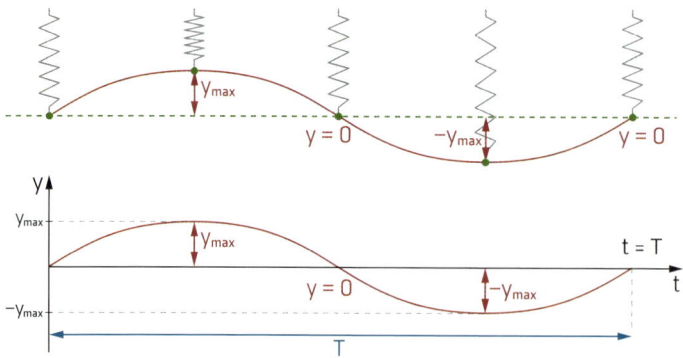

Eine solche Schwingung, die durch eine Sinusfunktion beschrieben werden kann, nennt man eine **harmonische Schwingung.** Harmonisch ist eine Schwingung dann, wenn die rücktreibende Kraft proportional zur Auslenkung ist – wenn wie bspw. bei einer Feder die rücktreibende Kraft also umso größer wird, je stärker die Feder gedehnt ist (s. S. 18).

Das Fadenpendel führt streng genommen nur für kleine Auslenkungen (d. h. für Winkel bis etwa 15°) eine annähernd harmonische Schwingung aus – wie überhaupt die meisten vorkommenden Schwingungen nicht harmonisch sind, also keinen sinusförmigen Verlauf haben, wie bspw. Schwingungen der menschlichen Stimmbänder.

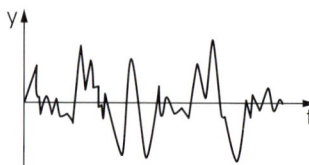

Schwingungsdauer

Für die annähernd harmonischen Schwingungen von Federpendel und Fadenpendel gibt es Formeln, mit denen sich die Periode T berechnen lässt.

Federpendel: $T = 2\pi \cdot \sqrt{\dfrac{m}{D}}$

m = Masse des schwingenden Körpers; D = Federkonstante

Fadenpendel: $T = 2\pi \cdot \sqrt{\dfrac{l}{g}}$

l = Länge des Pendels; g = Ortsfaktor

Gedämpfte und ungedämpfte Schwingungen

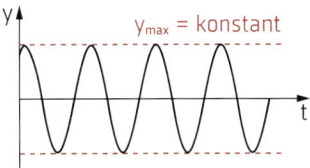

a) Ungedämpfte Schwingung: Kann man Reibungsverluste vernachlässigen, bleibt die mechanische Energie des schwingenden Körpers erhalten. Damit bleibt auch die Amplitude, also die maximale Auslenkung, konstant – da der Körper in der maximalen Auslenkung seine Bewegungsrichtung umkehrt, hat er hier die Geschwindigkeit null. Somit ist seine gesamte mechanische Energie potenzielle Energie. Diese ist aber proportional zur Höhe, also zur Amplitude – wenn also die mechanische Energie erhalten bleibt, bleibt auch die Amplitude erhalten.

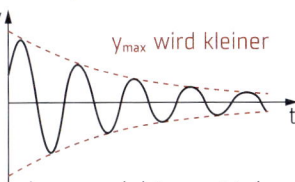

b) Gedämpfte Schwingung: Kann man die Reibungsverluste dagegen nicht vernachlässigen, wird während der Schwingung ständig Energie in Form von Wärme an die Umgebung abgegeben. Die mechanische Energie des schwingenden Körpers nimmt von Periode zu Periode ab und er erreicht von Mal zu Mal geringere maximale Auslenkungen – die Amplitude nimmt ab.

Die Resonanzkatastrophe

Stößt man einen Körper an und lässt ihn dann „in Ruhe" schwingen, führt er eine **freie Schwingung** aus. Ein frei schwingender Körper schwingt in einer ganz bestimmten Frequenz, die **Eigenfrequenz** genannt wird.
Man kann den schwingenden Körper aber ständig weiter „anstoßen", ihm also ständig weiter periodisch von außen Energie zuführen – dann führt er eine **erzwungene Schwingung** aus. Wenn nun die Frequenz dieser Energiezuführung mit der Eigenfrequenz des Schwingers übereinstimmt, wird die Amplitude der Schwingung extrem groß. Man nennt dies **Resonanz.** Von einer Resonanzkatastrophe spricht man, wenn schwingende Gebäude(teile) in Resonanz geraten und die großen Amplituden das Gebäude beschädigen. Aus diesem Grund ist es bspw. verboten, im Gleichschritt über Brücken zu marschieren.

SELBST ENTDECKEN   **Schwingungsdauer beim Fadenpendel**

DAS WIRD GEBRAUCHT: *volle und leere Getränkedose, zwei lange Fäden.*
DAS IST ZU TUN: *Zunächst die volle und die leere Dose an zwei gleich langen Fäden aufhängen und pendeln lassen. Dann die volle Dose leeren. Die eine leere Dose an dem langen, die andere an einem kürzeren Faden aufhängen und pendeln lassen.*
DAS PASSIERT: *Die unterschiedliche Masse der Dosen hat keinen Einfluss auf die Schwingungsdauer, die kürzere Fadenlänge verkürzt die Periode dagegen deutlich.*

Mechanische Wellen und Schall

WOZU EIGENTLICH? *Bei Wellen denkt man zuerst an Wasserwellen, aber auch Erdbeben rufen Wellen hervor. Das bekannteste Beispiel für Wellen sind Schallwellen – neben dem hörbaren Schall, der sich als angenehme Musik oder störender Lärm bemerkbar macht, gibt es auch nicht hörbare Schallwellen, wie den Ultraschall, der bspw. für medizinische Untersuchungen eingesetzt wird.*

Von der Schwingung zur Welle

Stellt man sich eine Kette von Kugeln vor (ähnlich den Kugelketten, mit denen Abflussstopfen befestigt sind) und versetzt nun die Kugel an einem Ende in eine Auf-und-ab-Schwingung, wird durch deren Schwingung die Nachbarkugel ebenfalls in Schwingung versetzt, wodurch deren Nachbarkugel zu schwingen beginnt usw. Weil die Kugeln in der Kette miteinander verbunden sind, folgt jede ihrer Vorgängerkugel mit leichter Verzögerung in der Schwingung – und die Schwingung kann sich als Welle über die ganze Kette ausbreiten.

Eine **Welle** entsteht also, wenn schwingungsfähige Körper vorhanden sind, zwischen denen Kräfte wirken können, und mindestens einer dieser Körper zu einer mechanischen Schwingung angeregt wird.

Die Welle breitet sich von links nach rechts durch die abgebildete Kugelkette aus – es ist aber wichtig, zu erkennen, dass sich die Kugeln nicht nach rechts bewegen! Die Kugeln schwingen lediglich von unten nach oben. **Mit der Welle wird also Energie transportiert, aber kein Stoff transportiert.**

Querwellen

Bei der Welle durch die Kugelkette bewegen sich die Kugeln von oben nach unten, die Welle bewegt sich jedoch von links nach rechts. Das bedeutet, **die Schwingungsrichtung steht senkrecht auf der Ausbreitungsrichtung** der Welle. Eine solche Welle nennt man **Querwelle** oder **Transversalwelle.**

Schwingungsrichtung der Teilchen

Ausbreitungsrichtung der Welle

Längswellen

Es gibt auch Wellen, bei denen liegen Schwingungsrichtung und Ausbreitungsrichtung parallel.

Wird die abgebildete Membran nach rechts ausgelenkt (oben links, schwarzer Pfeil), drückt sie die Luft über ihr zusammen (oben rechts, dunkler Bereich). Dichte und Druck in der Luft über der Membran steigen an. Die verdichtete Luft übt einen Druck auf die Nachbargebiete aus, wodurch hier nun Druck und Dichte ebenfalls steigen usw. – das Gebiet höherer Dichte und höheren Drucks wandert dadurch nach rechts.

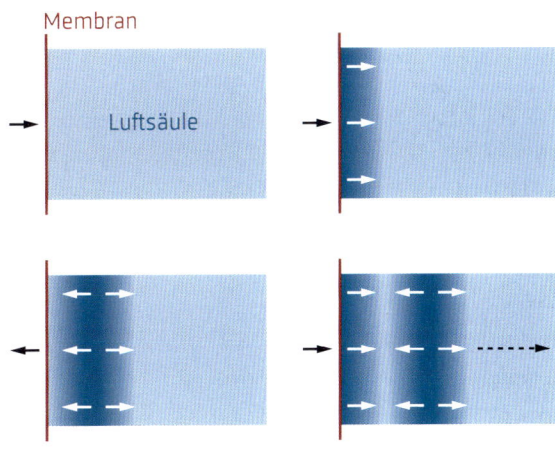

Membran

Luftsäule

Die Membran wird nun nach links ausgelenkt, die Luft über ihr erhält mehr Raum, Dichte und Druck sinken über der Membran (unten links, heller Bereich über der Membran). Als nächstes wird die Membran wieder nach rechts ausgelenkt, es entsteht wieder ein Bereich hoher Dichte.

Die aufeinanderfolgenden Bereiche hoher und niedriger Dichte bilden die nach rechts wandernde Welle, die sich senkrecht zur Membran ausbreitet (unten rechts, gestrichelter Pfeil). Die Schwingungsrichtung der Teilchen (weiße Pfeile) ist parallel zur Ausbreitungsrichtung der Welle. Eine solche Welle heißt Längswelle oder Longitudinalwelle.

Wichtig ist auch hier, dass die Teilchen zwar in der Ausbreitungsrichtung der Welle schwingen, sich aber nicht in dieser Richtung fortbewegen. Da eine Schwingung die Teilchen genauso weit nach rechts aus ihrer Ruhelage führt wie nach links, bewegen sie sich im Mittel nicht von der Stelle.

Amplitude und Wellenlänge

Wie eine Schwingung hat auch eine Welle eine maximale Auslenkung der schwingenden Teilchen, also eine **Amplitude.**
Die **Wellenlänge λ** entspricht dem Abstand zweier Teilchen, die sich im selben Schwingungszustand befinden.

Die Ausbreitungsgeschwindigkeit

Da sich die Welle ausbreitet, hat sie auch eine **Ausbreitungsgeschwindigkeit v.** Pro Periode T legt die Welle eine Wellenlänge zurück:
$v = \frac{\lambda}{T} = \lambda \cdot f$

Da die Periode sich als Kehrwert der Frequenz ergibt, gilt, dass für mechanische Wellen die **Ausbreitungsgeschwindigkeit das Produkt aus Wellenlänge und Frequenz** ist. Während die Frequenz durch den Vorgang bestimmt wird, der die Welle anregt, sind Ausbreitungsgeschwindigkeit und Wellenlänge von dem Stoff abhängig, durch den die Welle läuft.

Beispiele für die Geschwindigkeit in $\frac{m}{s}$ von Schallwellen:

Luft	Helium	Wasser	Eis ($-4\,°C$)	Buchenholz	Eisen	Marmor	Diamant
343	981	1484	3250	3300	5170	6150	18 000

Da die Schallgeschwindigkeit auch vom Zustand des Stoffes abhängig ist, bspw. von seiner Temperatur, sind die Werte für eine Temperatur von 20 °C angegeben.

Man kann Wellen auf zwei verschiedene Arten im Diagramm darstellen.

a) **Für einen bestimmten Ort** (ein bestimmtes schwingendes Teilchen) den zeitlichen Verlauf der Schwingung darstellen: Der Abstand zweier Maxima (oder zweier Minima) entspricht einer Periode T.

y-t-Diagramm
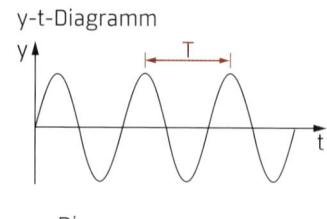

b) **Für einen bestimmten Zeitpunkt** eine Momentaufnahme der Lagen aller schwingenden Teilchen darstellen: Der Abstand zweier Maxima (oder zweier Minima) entspricht einer Wellenlänge λ.

y-x-Diagramm
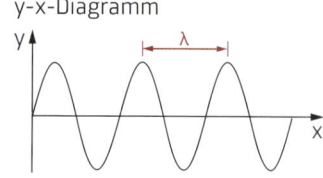

Schallwellen

Schallwellen sind ebenfalls mechanische Wellen. Dabei umfasst Schall alles, was man mit den Ohren hören kann. Was genau gehört wird, hängt jedoch davon ab, welchem Lebewesen die Ohren gehören – der Hörbereich eines Menschen umfasst Frequenzen von 16 bis 20 000 Hz, der einer Fledermaus reicht von 10 000 Hz bis 120 000 Hz. Schall mit weniger als 16 Hz nennt man Infraschall, bei mehr als 20 000 Hz spricht man von Ultraschall.

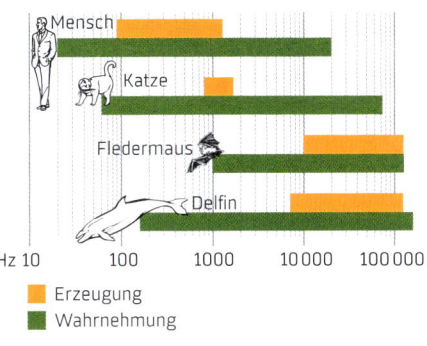

Genau wie andere mechanische Wellen auch werden Schallwellen erzeugt, indem Körper in Schwingung versetzt werden und sich von diesen ausgehend dann die Schallwellen ausbreiten. Das können Gitarrensaiten sein, die Luftsäule in einer Orgelpfeife, Stimmbänder, aber auch schwingende Teile in Motoren.
Je nach Form der Schwingung unterscheidet man:

Ton	Klang	Geräusch	Knall
sinusförmige Schwingung	periodische, aber nicht sinusförmige Schwingung	unregelmäßige Schwingung	Schwingung mit zuerst großer Amplitude, die rasch abklingt

Beispiele:

angeschlagene Stimmgabel	Musikinstrumente	Motoren	Feuerwerkskörper

Ausbreitung von Schallwellen

In Luft breitet Schall sich als **Längswelle** aus, in Festkörpern auch als Querwelle. Die Schallgeschwindigkeit ist vom Stoff, in dem der Schall sich ausbreitet, abhängig (s. S. 72). Im Vakuum kann Schall sich nicht ausbreiten, da die Welle ein Medium mit schwingenden Teilchen braucht, um sich fortzupflanzen. Explodierende Raumschiffe in Sciencefiction-Filmen dürften daher keinen Knall aussenden.

Eigenschaften des Schalls

Die **Höhe** des Tons hängt von der **Frequenz** der Schallwelle ab – je höher die Frequenz, desto höher der Ton. Die **Lautstärke** wird dagegen von der **Amplitude** bestimmt – je größer die Amplitude, desto lauter der Ton.

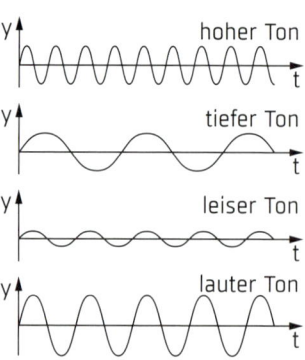

Hören und Schalldruck

Der Schall, der die Ohren erreicht, kommt in der Regel über die Luft, also als Längswelle. Die Schallwelle besteht daher aus sich abwechselnden Bereichen von hohem und niedrigem Druck (s. S. 71). Diese Druckschwankungen – der **Schalldruck** – versetzen das Trommelfell in Schwingungen, die im Gehirn in eine Schallwahrnehmung umgesetzt werden.

Je größer die Amplitude der Druckschwankungen ist, desto lauter ist der Schall. Dabei gibt man die Lautstärke nicht direkt als Schalldruck an, sondern als **Schalldruckpegel L_p** in der Einheit Dezibel (dB). Der Schalldruckpegel ist ein logarithmisches Maß. Eine Verdopplung der Lautstärke entspricht etwa einer Zunahme des Schalldruckpegels um 10 dB, d. h., der Schalldruckpegel nimmt viel langsamer zu als die Lautstärke bzw. der Schalldruck. Die logarithmische Skala des Schalldruckpegels trägt der akustischen Wahrnehmung des Menschen Rechnung.

Schallquelle bzw. Wirkung	Entfernung	Schalldruckpegel
Düsenflugzeug	30 m	150 dB
Gehörschäden nach kurzer Schalldauer	0 m	120 dB
Drucklufthammer	1 m	100 dB
Gehörschäden nach längerer Schalldauer	0 m	85 dB
Hauptverkehrsstraße	10 m	80–90 dB
sprechender Mensch	1 m	40–60 dB
ruhiges Atmen	0 m	10 dB

Elementarwellen

Die bisher behandelten Wellen breiteten sich eindimensional, also in einer Richtung aus. Nun soll eine Welle in einer Wasserfläche angeregt werden, also in einer zweidimensionalen Anordnung von Teilchen, die durch Kräfte verbunden sind:

1) Eine Welle läuft von links nach rechts durch das Becken; die dicken Linien stellen die Wellenberge dar.
2) Nun wird eine Wand mit einem Schlitz in das Wasser gestellt, der so schmal sein soll, dass nur ein Teilchen in ihm Platz hat. Die Wand hält die Welle auf, lediglich das Teilchen im Spalt wird zu Schwingungen angeregt.
3) Die Teilchen in seiner Nachbarschaft werden ebenfalls zu Schwingungen angeregt.
4) Es gibt keinen Grund, warum sich die Schwingung nur nach rechts fortpflanzen sollte, da die Bindungen zwischen den Teilchen in alle Richtungen gleich groß sind. Die Welle breitet sich daher halbkreisförmig auf der Wasserfläche aus.

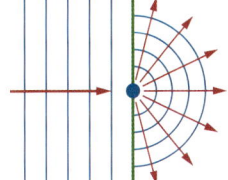

Ohne die Wand würde sich eine kreisförmige Welle bilden, wie von einem ins Wasser geworfenen Stein. Diese kreisförmigen Wellen, die von einem einzigen schwingenden Teilchen hervorgerufen werden, bezeichnet man als Elementarwellen.

Interferenz von Wellen

Nun wird (ohne Wand im Becken) das Wasserbecken am linken Rand von einer Welle getroffen. Innen am Rand sitzt eine Reihe Teilchen dicht an dicht nebeneinander. Jedes dieser Teilchen wird durch die Welle zu einer Schwingung angeregt und sendet eine halbkreisförmige Welle aus. Die einzelnen Halbkreiswellen überlagern sich. Teilchen in der Nachbarschaft bekommen dadurch bspw. von einer der Wellen das Signal „schwinge 3 Einheiten nach oben", von einer anderen „schwinge 2 Einheiten nach unten". Das Teilchen addiert daraufhin die Anweisungen und schwingt 1 Einheit nach oben.

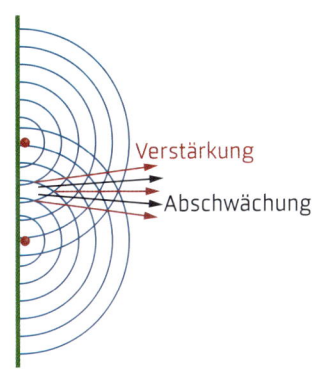

Generell überlagern sich Wellen so, dass sich ihre Auslenkungen, die am selben Ort aufeinandertreffen, addieren: Zwei Auslenkungen in dieselbe Richtung ergeben eine Verstärkung; trifft eine Auslenkung nach oben auf eine nach unten, kommt es zu einer Abschwächung. Treffen ein Maximum und ein betragsmäßig gleich großes Minimum aufeinander, löschen sich beide vollständig aus.
Man nennt diese Überlagerung unter Addition der Auslenkungen Interferenz.

Von der Elementarwelle zur ebenen Welle

Die vielen Teilchen am Beckenrand senden wie erläutert jedes eine Halbkreiswelle aus, die sich alle überlagern. Durch Verstärkung und Abschwächung der überlagerten Wellen bildet sich eine **ebene Welle,** die sich nicht mehr halbkreisförmig, sondern in eine Richtung (in der Abbildung nach rechts) fortbewegt.

In einer ebenen Welle bilden alle Punkte gleicher Laufzeit (beginnend bei der Erregung der Schwingung) eine Linie bzw. eine Ebene, die senkrecht auf der Ausbreitungsrichtung (roter Pfeil) steht (orange gestrichelt). Man spricht von einer **Wellenfront.**

Mit diesem Konzept der sich überlagernden Elementarwellen lassen sich Reflexion und Brechung anschaulich erklären. Man geht dabei davon aus, dass jeder Punkt, auf den die Welle trifft, zu einer neuen Elementarwelle angeregt wird und dass diese sich überlagern, wobei durch Interferenz die neue Wellenform entsteht.

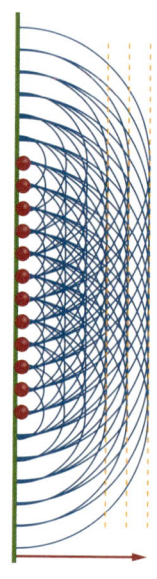

Reflexion mechanischer Wellen

Treffen mechanische Wellen auf ein Hindernis, können sie von diesem zurückgeworfen werden. Reflexionen an Berghängen bspw. sind als **Echo** zu hören.

Fällt eine Welle schräg auf die abgebildete Fläche, trifft die Wellenfront nacheinander auf die Teilchen 1 bis 4 der Fläche. Teilchen 1 wird also zuerst von der einfallenden Wellenfront erreicht und beginnt als Erstes, eine neue Elementarwelle auszusenden. Danach folgt Teilchen 2. Zu diesem Zeitpunkt hat sich die von Teilchen 1 ausgesandte Elementarwelle aber bereits ein Stück von der Fläche weg ausgebreitet. Verbindet man nun in einer Momentaufnahme die Elementarwellen 1 bis 4 zu einer neuen Wellenfront, verläuft auch diese schräg. Da die Ausbreitungsgeschwindigkeit der Welle für einfallende und reflektierte Welle gleich groß ist, muss der Ausfallswinkel gleich dem Einfallswinkel sein – da sich dadurch die gleiche, nur gespiegelte Schrägstellung der Wellenfronten ergibt.

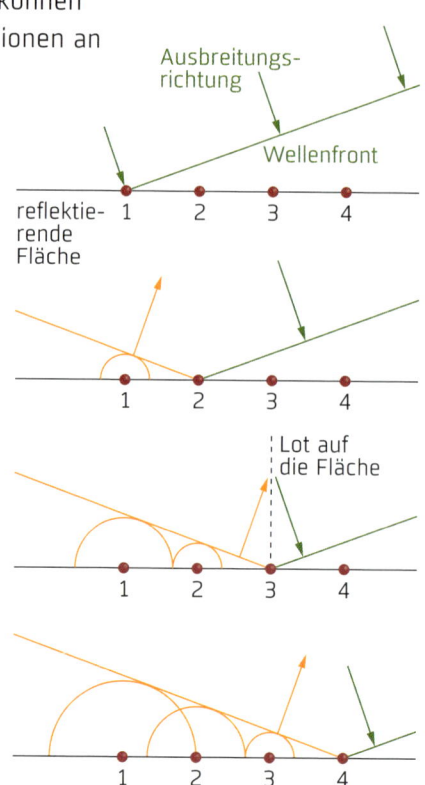

Brechung mechanischer Wellen

Beim Übergang von einem Stoff in einen anderen werden Wellen gebrochen. Das liegt an den unterschiedlichen **Ausbreitungsgeschwindigkeiten** in den Stoffen. In der Abbildung erreicht die schräg einfallende Welle aus Stoff I zuerst Teilchen 1 an der Grenzfläche und regt dieses zu Schwingungen an. Teilchen 1 sendet eine Elementarwelle aus, die sich in Stoff II bereits ein Stück ausgebreitet hat, als Teilchen 2 angeregt wird.

Ist in Stoff II die Ausbreitungsgeschwindigkeit größer als in Stoff I, hat die Welle von Teilchen 1 bereits einen längeren Weg zurückgelegt, wenn Teilchen 2 angeregt wird, als es in Stoff I der Fall gewesen wäre.

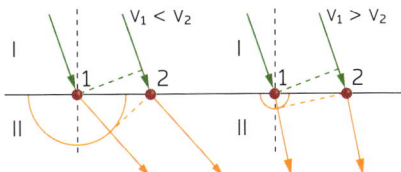

In Stoff II hat die Welle deshalb einen anderen Winkel, die Ausbreitungsrichtung knickt vom Lot weg. Entsprechend wird die Welle zum Lot hin gebrochen, wenn die Ausbreitungsgeschwindigkeit in Stoff II kleiner ist.

Beugung mechanischer Wellen

Durch die Überlagerung vieler Halbkreiswellen entsteht eine ebene Welle – dies gilt jedoch nicht für die Randbereiche. Trifft eine Welle auf ein Hindernis – das kann eine Wand mit Spalt sein, aber auch ein Gegenstand –, gibt es an den Rändern Bereiche, in denen die Wellenfront gekrümmt bleibt und die Welle sich auch in andere Richtungen als der ursprünglichen fortbewegt – die Welle wird **gebeugt.** Dadurch gelangt bspw. eine Schallwelle auch in den Bereich hinter einem Hindernis.

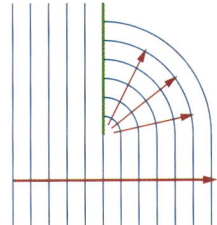

2

WÄRMELEHRE

Wärmequellen

WOZU EIGENTLICH? *Ohne Wärme gäbe es kein Leben auf der Erde. Dabei stellt die Sonne die wichtigste und lebensnotwendigste natürliche Wärmequelle zur Erhaltung und Entwicklung des Lebens auf der Erde dar.*

Wärmequellen

Alle Gegenstände und Körper, die Wärme an die Umgebung abgeben, werden als Wärmequellen bezeichnet. Hierbei unterscheidet man zwischen natürlichen Wärmequellen wie der Sonne und künstlichen Wärmequellen wie einer Herdplatte.

Natürliche Wärmequellen

Natürliche Wärmequellen sind Objekte, die in der Natur vorkommen. Neben der Sonne sind dies bspw. Vulkane, heiße Quellen und Gärprozesse.

Künstliche Wärmequellen

Im Alltag nutzt man viele Wärmequellen, die als künstliche Wärmequellen bezeichnet werden. Hierzu zählen elektrische Geräte wie eine Glühlampe, eine Herdplatte oder ein Haartrockner.
Eine weitere künstliche Wärmequelle stellen Verbrennungsprozesse, wie sie in einem Lagerfeuer, einem Feuerzeug oder einer Öllampe auftreten, dar.
Nicht zuletzt zählen Reibungsvorgänge wie das Schleifen oder Bremsen ebenfalls zu den künstlichen Wärmequellen.

Das menschliche Wärmeempfinden

Über die Haut kann man Temperaturen wahrnehmen. Der Temperatursinn ermöglicht es, Temperaturen zwischen 15 °C und 45 °C gut zu unterscheiden.

Hohe bzw. niedrige Temperaturen kann man lediglich als warm oder kalt wahrnehmen. Dabei erscheint ein Körper besonders kalt, wenn man zuvor einen wärmeren Gegenstand berührt hat. Umgekehrt erscheint ein Körper besonders warm, wenn man zuvor einen kälteren Körper berührt hat.
Um festzustellen, ob ein Körper warm oder kalt ist, vergleicht man die Temperatur des Gegenstands somit immer mit der Temperatur, die man zuvor wahrgenommen hat. Die Wahrnehmung der Temperatur eines Körpers ist daher immer subjektiv.

Die Körpertemperatur eines Menschen liegt bei etwa 37 °C. Bei dieser Temperatur sind die Temperatursinne besonders empfindlich.

SELBST ENTDECKEN   Subjektives Wärmeempfinden

DAS WIRD GEBRAUCHT: *je eine Schüssel mit kaltem, lauwarmem und warmem Wasser.*
DAS IST ZU TUN: *Eine Hand für 2 Minuten in das kalte Wasser halten, die andere in das warme. Dann beide Hände in das lauwarme Wasser tauchen.*

DAS PASSIERT: *Für die Hand, die vorher im kalten Wasser war, fühlt sich das lauwarme Wasser wärmer an als für die Hand, die vorher im warmen Wasser war.*

Temperatur und Wärme

WOZU EIGENTLICH? *Wer im Schwimmbad ins Becken springt, ohne sich vorher kalt abzuduschen, empfindet das Wasser im ersten Moment als sehr kalt und friert womöglich. Mit der Zeit gewöhnt sich der Körper an die Temperatur des Wassers und es fühlt sich wärmer an. Das menschliche Wärmeempfinden ist also kein gutes Messinstrument, um den „Grad der Wärme", die Temperatur, bestimmen zu können. Hierfür benötigt man technische Hilfsmittel.*

Arten von Thermometern

Die Temperatur eines Körpers bzw. eines Mediums wird mit Thermometern gemessen. Je nach Verwendungszweck besitzen diese unterschiedliche Messbereiche. Es existiert eine Vielzahl an Arten von Thermometern, die sich unterschiedlicher physikalischer Phänomene bedienen, um die Temperatur zu messen. Im Alltag sind vier Varianten am häufigsten.

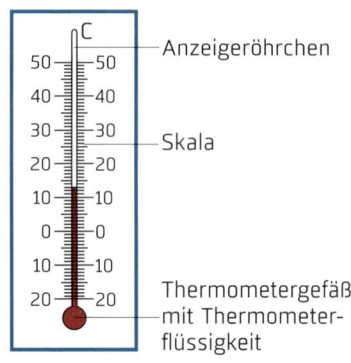

- **Flüssigkeitsthermometer** nutzen die temperaturabhängige Ausdehnung von Flüssigkeiten, um die Temperatur anzuzeigen. Die Flüssigkeit befindet sich dabei in einem Vorratsbehälter, der als Messfühler dient und von welchem sie in einem Steigrohr nach oben steigen kann. Das Steigrohr ist mit einer Skala versehen.
- **Elektronische Thermometer,** bspw. ein digitales Fieberthermometer, nutzen den Effekt, dass bestimmte Materialien elektrischen Strom unterschiedlich stark leiten, je nachdem welche Temperatur sie haben.
- In **Bimetallthermometern** befindet sich eine Metallfeder, die bei Temperaturänderungen ihre Form verändert und dabei einen Messzeiger bewegt. Einige Backofenthermometer nutzen diesen Effekt.
- **Infrarotthermometer** messen die von einem Körper ausgestrahlte Wärmestrahlung, um dessen Temperatur zu ermitteln.

Thermometerskalen und ihre Umrechnungen

In den meisten Ländern hat sich im Alltag die Celsiusskala zur Messung von Temperaturen durchgesetzt. Ihre beiden Fixpunkte, an denen jedes Thermometer geeicht wird, sind der Gefrierpunkt (0 °C) sowie der Siedepunkt (100 °C) von Wasser bei normalem Atmosphärendruck.

In der Physik verwendet man die Kelvinskala, die ohne negative Temperaturen auskommt. Sie beginnt beim absoluten Nullpunkt, der niedrigsten überhaupt möglichen Temperatur (0 K, sprich:

Skala	Formelzeichen	Einheit
Celsius	ϑ oder $\vartheta_{°C}$	°C (Grad Celsius)
Kelvin	T oder T_K	K (Kelvin)
Fahrenheit	T oder T_F	°F (Grad Fahrenheit)

„0 Kelvin", was −273,15 °C entspricht). Die Nachkommastellen des absoluten Nullpunkts werden bei der Umrechnung in der Schule aus praktischen Gründen unterschlagen.

In den USA ist im Alltag die Fahrenheitskala üblich. Sie verläuft nicht im „Gleichschritt" mit der Celsiusskala. Ein Unterschied von 1 °C entspricht 1,8 °F.

Umrechnung von ...

Celsius nach Kelvin
$T_K = \vartheta_{°C} + 273$

Kelvin nach Celsius
$\vartheta_{°C} = T_K − 273$

Celsius nach Fahrenheit
$T_F = 1,8 \cdot \vartheta_{°C} + 32$

Fahrenheit nach Celsius
$\vartheta_{°C} = (T_F − 32) : 1,8$

SELBST ENTDECKEN   Wasserthermometer

DAS WIRD GEBRAUCHT: *Gefäß mit Schraubdeckel, Trinkhalm, Tinte, Klebstoff, Schüssel, Eiswürfel, Schere.*

DAS IST ZU TUN: *Einige Tropfen Tinte in das Gefäß geben. Dieses randvoll mit Wasser füllen. Mit der Schere ein Loch in den Deckel bohren. Den Trinkhalm ein kurzes Stück nach unten hindurchstecken und festkleben, dabei das Loch um den Halm mit Klebstoff abdichten. Deckel auf das Gefäß schrauben. Das Ganze erst in die Sonne oder auf die Heizung stellen, dann in eine Schüssel mit Eiswürfeln.*

DAS PASSIERT: *In der Wärme dehnt sich das Wasser aus und steigt im Halm nach oben, in der Kälte zieht es sich wieder zusammen und sinkt wieder. Dasselbe passiert in einem Flüssigkeitsthermometer — der Trinkhalm entspricht dessen Steigrohr.*

Wärme und Energie

WOZU EIGENTLICH? *Schon aus Alltagserfahrungen heraus verknüpft man Wärme und Energie intuitiv. Reibt man z. B. im Winter die Hände aneinander, fühlt man „hautnah", wie durch mechanische Arbeit Wärme erzeugt wird – wie also Bewegungsenergie in Wärme umgewandelt wird. Mit den Begriffen „Wärme" und „Energie" befasst sich die Thermodynamik.*

Temperatur, Teilchenbewegung und thermische Energie

Das sogenannte Teilchenmodell geht vereinfacht davon aus, dass jeder Stoff aus kugelförmigen Teilchen aufgebaut ist, die stellvertretend für seine Atome bzw. Moleküle stehen. Mit dieser einfachen Modellvorstellung lassen sich viele Phänomene in der Thermodynamik sehr gut erklären und vorhersagen.

Die Teilchen eines Stoffes stehen nicht „still", sondern bewegen sich – auch auf ihren Plätzen in einem Festkörper schwingen sie hin und her. Je schneller sich die Teilchen bewegen, desto wärmer ist der Stoff. Die Temperatur eines Stoffes stellt somit ein Maß für die mittlere Geschwindigkeit seiner Teilchen dar. Aufgrund ihrer Geschwindigkeit haben die Teilchen Bewegungsenergie. Die Summe der Bewegungsenergien aller Teilchen des Stoffes ergibt seine thermische Energie. Die thermische Energie steckt also in der Bewegung der Teilchen.

Innerhalb des Teilchenmodells erklärt sich bspw. eine Temperaturerhöhung eines Stoffes dadurch, dass sich die durchschnittliche Geschwindigkeit der Teilchen, aus denen der Stoff besteht, erhöht. Bei Feststoffen heißt das, dass die Teilchen umso heftiger um ihre Ruhelage schwingen, je höher die Temperatur ist.

bei niedriger Temperatur   bei höherer Temperatur

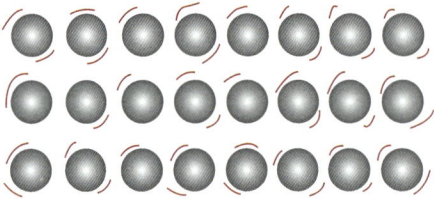 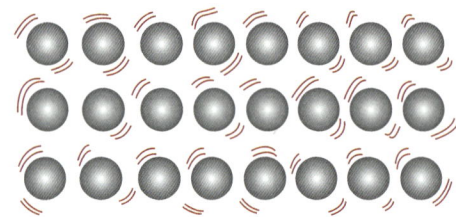

Der Begriff der Wärme in der Physik

Es kann leicht zur Verwirrung bei der Verwendung der Begriffe „Wärme" und „thermische Energie" kommen.
Wärme bezeichnet in der Physik die Menge an Energie, die von einem System hoher Temperatur auf ein anderes System niedriger Temperatur **übergeht.** Das „System" kann dabei bspw. ein Körper sein oder ein Gas.
Die **thermische Energie** (oder auch Wärmeenergie) ist die Energie, die in der Teilchenbewegung eines Stoffes steckt, also den **Zustand** eines Systems beschreibt.

Salopp gesagt: Wärme beschreibt, was an Energie dazukommt oder weggeht; thermische Energie beschreibt, welchen „Energieinhalt" der Stoff gerade hat.

Die Größe „Wärme" hat das Formelzeichen Q und die Einheit ein Joule (1 J; sprich: dschul).

Wärmeübertragung und thermisches Gleichgewicht

Haben zwei Körper (oder allgemeiner: zwei Systeme) eine unterschiedliche Temperatur, findet zwischen ihnen immer eine Übertragung von Wärme statt. Dabei wird ohne äußeres Zutun immer der Körper mit der höheren Temperatur Wärme abgeben und der Körper mit der niedrigeren Temperatur Wärme aufnehmen. Dies geschieht so lange, bis sich die Temperaturen beider Körper angeglichen haben. Man sagt dann, sie befinden sich im **thermischen Gleichgewicht.**

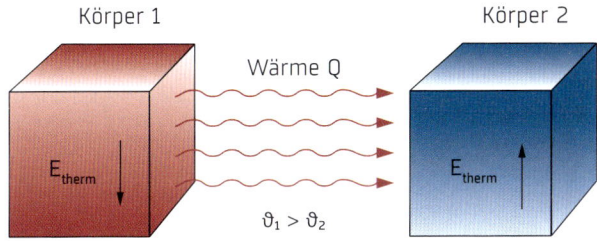

Wird einem Körper Wärme zugeführt, so kann dies unterschiedliche Auswirkungen haben, die einzeln oder gemeinsam auftreten können:

- Die **Temperatur** des Körpers erhöht sich.
- Das **Volumen** des Körpers vergrößert sich.
- Der **Druck** im Körper ändert sich.
- Der Körper ändert seinen **Aggregatzustand.**

ACHTUNG, DENKFALLE! *Für viele Lernende ist der Begriff der „Wärmeenergie"*
aus dem Alltagsgebrauch heraus mit höheren Temperaturen und einem subjektiven
„Wärmegefühl" verbunden. Für sie ist es nur schwer einsehbar, dass man einem Stoff,
der sich bei Berührung kalt anfühlt, weiterhin Wärme entziehen kann (bspw. gibt
gekühltes Wasser aus dem Kühlschrank immer noch Wärme ab, wenn es im Gefrier-
fach zu Eis gefriert). Oftmals trifft man auf die Vorstellung, dass einem Gegenstand
beim Abkühlen „Kälte" zugeführt wird. Hier geht auch der alltägliche Sprachgebrauch
an der physikalischen Realität vorbei und unterstützt diese falsche Vorstellung („Du
bringst vielleicht eine Kälte mit herein!").

Die Grundgleichung der Wärmelehre

Führt man in der Küche einige physikalische Untersuchungen durch, so kann man
Folgendes feststellen:
Eine kleine Wassermenge fängt auf derselben Heizstufe viel früher an zu kochen
als eine große. Man muss einem kleinen Topf also weniger Energie zuführen als
einem großen.
Bei gleichen Massen an Pflanzenöl und Wasser (bspw. je 1 kg) benötigt das Pflanzenöl wesentlich weniger Zeit, um im gleichen Topf mit derselben Heizstufe auf
100 °C erhitzt zu werden. (**Vorsicht:** Öl nie unbeaufsichtigt auf dem Herd stehen
lassen, es besteht die Gefahr eines Fettbrandes. Fettbrände niemals mit Wasser
löschen, sondern abdecken – Fettexplosionsgefahr!)

Diese Beobachtungen können für jeden beliebigen Stoff auch mathematisch beschrieben werden. Die sogenannte **Grundgleichung der Wärmelehre** gibt an, welche Wärmemenge einem beliebigen Körper zugeführt werden muss, um seine
Temperatur um eine bestimmte Differenz zu verändern.

GRUNDGLEICHUNG DER WÄRMELEHRE
$Q = c \cdot m \cdot \Delta T$ bzw. $Q = c \cdot m \cdot \Delta \vartheta$

m: Masse der Stoffmenge
c: spezifische Wärmekapazität des Stoffes
ΔT, $\Delta \vartheta$: Temperaturänderung in Kelvin (gelesen: delta T bzw. delta theta)

Die **spezifische Wärmekapazität** ist hierbei eine materialabhängige Konstante, die
angibt, wie viel Wärme 1 Kilogramm des Stoffes bei einer Temperaturänderung um
1 Kelvin abgibt bzw. aufnimmt.

RECHENBEISPIEL: Wasser zum Sieden bringen

Auf dem Herd steht ein Topf mit 4 Litern Wasser aus der Leitung (16 °C). Welche Wärme muss dem Wasser zugeführt werden, bis es anfängt zu sieden? Die spezifische Wärmekapazität von Wasser bei 20 °C beträgt 4,19 $\frac{kJ}{kg\,K}$, seine Dichte 1 $\frac{kg}{l}$.

GESUCHT: Wärme

GEGEBEN: Volumen V des Wassers:

$V = 4\,l \Rightarrow$ Masse: m = 4 kg

Temperaturunterschied:

$\Delta T = 84°C = 84\ K$

Wärmekapazität von Wasser:

c = 4,19 $\frac{kJ}{kg\,K}$

RECHNUNG: Grundgleichung der Wärmelehre:

$Q = c \cdot m \cdot \Delta T$

$Q = (4,19\,\frac{kJ}{kg\,K}) \cdot (4\ kg) \cdot (84\ K)$

$Q = 1407,84\ kJ \approx 1,4\ MJ$

ERGEBNIS: Dem Wasser müssen 1,4 MJ (Megajoule) = 1,4 Mio. Joule an Wärme zugeführt werden.

Die innere Energie eines Stoffes

Als innere Energie eines Stoffes bezeichnet man die gesamte in ihm vorhandene Energie. Dies schließt neben der thermischen Energie bspw. auch die chemische Energie ein, die sich aus den Bindungskräften innerhalb und zwischen seinen Atomen und Molekülen ergibt.

SELBST ENTDECKEN   Thermische Energie erhöhen

DAS WIRD GEBRAUCHT: *Kunststoffbecher mit Deckel, zwei Taschentücher, digitales Fieberthermometer.*

DAS IST ZU TUN: *Becher mit lauwarmem Wasser füllen. Becher mehrmals kräftig eine Minute lang schütteln — dabei den Becher mit Taschentüchern halten, um die Wärmeübertragung von den Händen auf den Becher zu minimieren. Temperatur messen.*

DAS PASSIERT: *Die Temperatur des Wassers erhöht sich, d. h., seine thermische Energie erhöht sich. Hier wurde jedoch keine Wärme zugeführt, sondern mechanische Energie, die über die Reibung auf die Wassermoleküle übertragen wurde, deren Bewegungsenergie erhöhte und damit auch die innere Energie des Wassers.*

Volumenausdehnung bei Temperaturänderungen

WOZU EIGENTLICH? *Die thermische Ausdehnung von Körpern und Stoffen spielt in zahlreichen Situationen im Alltag, aber auch in vielen technischen und industriellen Prozessen eine wichtige Rolle. Viele Außenthermometer messen die Temperatur mithilfe der Wärmeausdehnung von flüssigem Ethanol. Bei Verbrennungsmotoren sorgt die Ausdehnung des Kraftstoff-Luft-Gemisches bei dessen Verbrennung für den Antrieb des Kolbens. Die temperaturbedingte Ausdehnung von Festkörpern wird bspw. im Bimetallschalter im Sicherungskasten genutzt, der als thermischer Schutzschalter den Stromkreis unterbricht, sobald der Strom die Leitungen zu sehr erhitzt.*

Der Volumenausdehnungskoeffizient

Ein Körper oder ein Stoff wird sich im Allgemeinen bei Erwärmung nach allen Seiten hin ausdehnen und sich zusammenziehen, wenn er wieder abkühlt. Dies gilt sowohl für Feststoffe als auch für Flüssigkeiten und Gase, wobei Wasser eine einzigartige Besonderheit aufweist (s. S. 92).

Diese thermische Volumenänderung ist bei gleichen Bedingungen für verschiedene Stoffe unterschiedlich stark und hängt von einem **stoffspezifischen Ausdehnungskoeffizienten** γ (Einheit: K^{-1} bzw. $\frac{1}{K}$) ab, der zudem selbst temperaturabhängig ist. Für die **Volumenänderung** gilt dabei:

$\Delta V = \gamma \cdot V_0 \cdot \Delta T$ oder: $\Delta V = \gamma \cdot V_0 \cdot \Delta\vartheta$

γ: Volumenausdehnungskoeffizient; V_0: Ausgangsvolumen
ΔT, $\Delta\vartheta$: Temperaturänderung in Kelvin bzw. Grad Celsius

Während Flüssigkeiten und Feststoffe sich in ihren Ausdehnungskoeffizienten unterscheiden, dehnen sich alle Gase gleich stark aus. Vergleicht man die Angaben von festen Stoffen, Flüssigkeiten und Gasen miteinander, dann stellt man fest: Bei gleichem Ausgangsvolumen und gleicher Temperaturänderung ist

- die Volumenausdehnung von Gasen größer als diejenige von Flüssigkeiten und
- die von Flüssigkeiten größer als jene von Feststoffen.

VOLUMENAUSDEHNUNGSKOEFFIZIENT FÜR ALLE GASE:

$\gamma = \frac{1}{273\ \text{K}} = 0{,}00366\ \text{K}^{-1}$

RECHENBEISPIEL: Volumenausdehnung von Luft berechnen

Ein Luftballon wird mit der Lunge auf ein Volumen von 2,5 Liter aufgepustet. Die Luft hat dabei Körpertemperatur (37 °C). Anschließend wird der Luftballon über Nacht in den Gefrierschrank gelegt und auf dessen Temperatur (–18 °C) heruntergekühlt. Um wie viel Liter hat sich das Volumen des Luftballons vermindert?

GESUCHT: Volumenänderung ΔV

GEGEBEN: Ausgangsvolumen $V_0 = 2{,}5\ l$

Temperaturunterschied: $\Delta T = 55\,°C = 55\ K$

Ausdehnungskoeffizient von Luft:

$\gamma = 0{,}00366\ \text{K}^{-1}$

RECHNUNG: $\Delta V = \gamma \cdot V_0 \cdot \Delta T$

$\Delta V = (0{,}00366\ \text{K}^{-1}) \cdot (2{,}5\ l) \cdot (55\,K)$

$\Delta V = 0{,}50325\ l \approx 0{,}5\ l$

ERGEBNIS: Das Volumen des Luftballons verringert sich um ungefähr einen halben Liter.

Thermische Ausdehnung – Erklärung am Teilchenmodell

Die Temperatur einer bestimmten (abgegrenzten) Stoffmenge ist ein Maß für die kinetische Energie ihrer Teilchen; d.h., sie ist ein Maß dafür, wie schnell sich die Teilchen innerhalb des Raumes, den die Stoffmenge insgesamt einnimmt, durchschnittlich bewegen. Erhöht man die Temperatur dieser Stoffmenge, dann bewegen sich auch ihre Teilchen immer schneller. Mit einer höheren Geschwindigkeit benötigen die Teilchen mehr Raum, um ihre Bewegung ausführen zu können. Dadurch nimmt die gleiche Stoffmenge bei einer höheren Temperatur einen größeren Raum ein als bei einer niedrigeren Temperatur. Anders gesagt: Ihr Volumen nimmt zu, die Stoffmenge dehnt sich aus.

Kühlt die Stoffmenge ab, dann bewegen sich auch ihre Teilchen wieder langsamer: Ihr Volumen nimmt ab, die Stoffmenge zieht sich wieder zusammen.

ACHTUNG, DENKFALLE! *Von sich aus benutzen nur sehr wenige Schülerinnen und Schüler eine Teilchenvorstellung, um Wärmeerscheinungen zu erklären. Wird ihnen allerdings das Teilchenmodell zur Erklärung angeboten, so wird es von relativ vielen Schülern akzeptiert und benutzt. Jedoch ordnen Schüler den Teilchen eines Stoffes häufig makroskopische Eigenschaften zu. Im Fall der Volumenausdehnung hört man zum Beispiel oft, dass sich die Teilchen selbst ausdehnen – das ist jedoch nicht der Fall, die Teilchen selbst behalten ihr Volumen, sie werden lediglich schneller. Als Analogie kann man die Situation auf einer leeren Autobahn und in stockendem Verkehr heranziehen – in beiden Fällen haben die Autos dasselbe Volumen; bei niedriger Geschwindigkeit können sie jedoch mit sehr viel geringerem Abstand fahren.*

Warum man im Sommer sein Auto nicht übertanken sollte

Nicht wenige Autobesitzer betanken ihr Fahrzeug nach dem ersten Klacken der Zapfsäule weiter, so lange, bis der Tank randvoll ist. Hierbei rührt das zusätzliche Volumen daher, dass der Kraftstoff nicht nur den eigentlichen Tank, sondern auch die Überlauf- und Entlüftungsrohre befüllt

Der Überlauf führt dabei oft wieder in den Tank zurück, die Entlüftung hingegen nach außen ins Freie. Der Überlauf dient eigentlich dazu, dem Benzin ein wenig Raum zu lassen, damit es bei thermischer Ausdehnung zu keinem Überdruck im Tank kommt. Das Entlüftungsrohr hingegen sorgt in seiner Funktion dafür, dass die im Tank enthaltene Luft beim Betanken nach außen verdrängt werden kann.

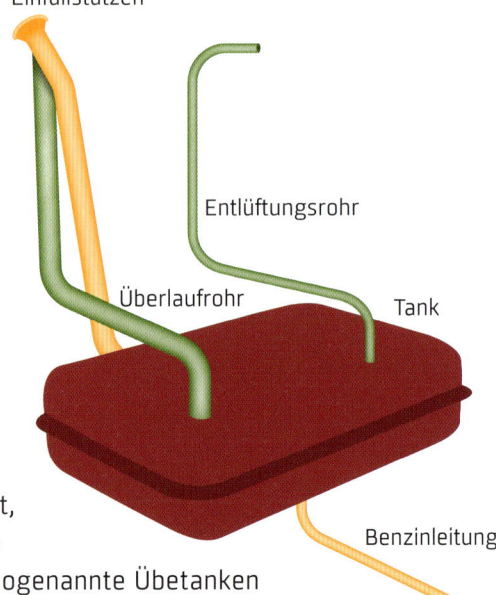

Einfüllstutzen

Entlüftungsrohr

Überlaufrohr

Tank

Benzinleitung

Beide Systeme sind nicht dafür ausgelegt, beim Überfüllen des Tankes eine größere Menge an Benzin aufzunehmen. Dieses sogenannte Übetanken birgt besonders im Sommer die große Gefahr, dass Benzin in die Umwelt entlassen und diese dadurch belastet wird.

RECHENBEISPIEL: Volumenausdehnung von Benzin berechnen

Der Tank eines typischen Mittelklassewagens fasst durchschnittlich ein Nennvolumen Benzin von 60 Litern. Durch das Übertanken können je nach Bauart des Fahrzeugs zwischen 10 und 20 Prozent zusätzlich getankt werden, insgesamt tankt man also bis zu 75 Liter. Da an der Tankstelle die Benzinvorratsbehälter ungefähr einen Meter unterhalb der Erde liegen, hat Benzin, welches morgens aus der Zapfsäule getankt wird, eine Temperatur von rund 12 °C. Um wie viel Liter würde sich das Benzin an einem heißen Sommermittag (32 °C) ausdehnen?

GESUCHT: Volumenänderung ΔV

GEGEBEN: Ausgangsvolumen $V_0 = 75$ l

Temperaturunterschied:

$\Delta T = 20\,°C = 20$ K

Ausdehnungswert von Benzin:

$\gamma = 0{,}00106$ K^{-1}

LÖSUNG: $\Delta V = \gamma \cdot V_0 \cdot \Delta T$

$\Delta V = (0{,}00106$ K$^{-1}) \cdot (75$ l$) \cdot (20$ K$)$

$\Delta V = 1{,}59$ l $\approx 1{,}6$ l

ERGEBNIS: Das Volumen des Benzins vergrößert sich um ca. 1,6 Liter. Das bedeutet ein Zusatzvolumen, welches bei einem übertankten Entlüftungsrohr nicht mehr ausgeglichen werden kann, weshalb dann Kraftstoff in die Umwelt abgegeben wird.

<hr>

SELBST ENTDECKEN   Ausdehnung von Luft

DAS WIRD GEBRAUCHT: *ein Luftballon; eine leere, kleine Getränkeflasche (0,25 l).*

DAS IST ZU TUN: *Die leere Flasche über Nacht in den Kühlschrank stellen. Am nächsten Tag den Luftballon über die Flaschenöffnung stülpen. Die Hände aneinander reiben und an die Flasche halten.*

DAS PASSIERT: *Die Wärme der Hände erwärmt die kalte Luft in der Flasche, diese dehnt sich aus und „pustet" dabei den Luftballon auf.*

Die Anomalie des Wassers

Jeder kennt das Phänomen: Man möchte eine Wasserflasche schnell kühlen und legt sie in den Gefrierschrank. Bleibt die Wasserflasche zu lange im Gefrierfach, muss man zu seinem Erschrecken feststellen, dass sie geplatzt ist.
Ein weiteres Phänomen, welches durch die Anomalie des Wassers entsteht, sind Schlaglöcher in Asphaltstraßen. Diese kommen besonders im Frühjahr nach einem nasskalten Winter zum Vorschein.

Volumenzunahme bei Temperaturabnahme

Wasser weist einige besondere Eigenschaften auf und verhält sich beim Erstarren anders als viele andere Stoffe. In der Regel ziehen sich Flüssigkeiten beim Erstarren zusammen, wodurch sich ihr Volumen verringert – Wassers hingegen dehnt sich beim Erstarren aus, wodurch das Volumen zunimmt. Dieses Phänomen wird als **Anomalie des Wassers** bezeichnet.

Kühlt man eine bestimmte Menge Wasser ab, verhält es sich zunächst, wie man es auch von anderen Materialien kennt – das Volumen nimmt mit sinkender Temperatur ab. Bei 4 °C sind schließlich das kleinste Volumen und die größte Dichte erreicht. Sinkt die Temperatur des Wassers weiter unter 4 °C, dehnt es sich wieder aus, sein Volumen nimmt wieder zu. Eis hat zudem eine geringere Dichte als flüssiges Wasser.

Wird eine Wasserflasche im Sommer also zum Kühlen in das Gefrierfach gelegt, platzt die geschlossene Wasserflasche, da sich Wasser im Temperaturbereich zwischen 4 °C und 0 °C ausdehnt und sein Volumen zunimmt. Die Volumenzunahme beträgt etwa 10 %, d. h., aus 1 Liter Wasser erhält man beim Erstarren 1,1 Liter Eis.

Frostaufbrüche auf den Straßen – wie kommen diese zustande?

Auf ähnliche Weise entstehen auch Schlaglöcher in den Straßen, wie die nachfolgenden Bilder veranschaulichen.

Durch den regen Verkehr auf den Straßen werden diese auf Dauer stark beansprucht und abgenutzt. Hierdurch entstehen feine Risse im Straßenasphalt. An regnerischen Herbsttagen dringt das Regenwasser in die Risse und das Wasser sammelt sich unter der Asphaltschicht.

Im Winter gefriert das angesammelte Wasser unter dem Asphalt und dehnt sich aufgrund der Anomalie des Wassers aus. Hierdurch wird die Straße angehoben und die Risse im Asphalt vergrößern sich.

Im Frühjahr schmilzt das Eis unter dem Asphalt, wodurch sich Hohlräume bilden. Da der Boden jedoch immer noch gefroren ist, kann das Wasser nicht abfließen, der Untergrund wird instabil und der Hohlraum bricht aufgrund des Drucks der Kraftfahrzeuge ein. Die Straße bricht an den entsprechenden Stellen auf. Jedes weitere Fahrzeug reißt den Asphalt weiter auf. Es entstehen Schlaglöcher.

Herbst

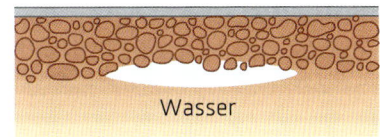
Wasser

Winter

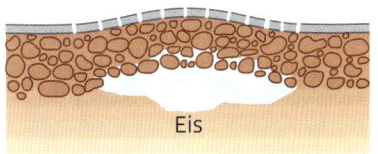
Eis

Frühling

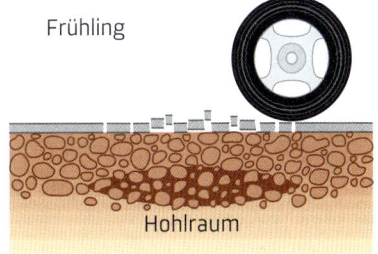
Hohlraum

SELBST ENTDECKEN   Anomalie des Wassers

DAS WIRD GEBRAUCHT: *ein altes Trinkglas; Wasser.*

DAS IST ZU TUN: *Glas randvoll mit Wasser füllen. Anschließend vorsichtig ins Gefrierfach stellen.*

DAS PASSIERT: *Das gefrorene Wasser ragt über den Glasrand hinaus, da das Eis ein größeres Volumen hat, als das flüssige Wasser hatte.*

Zustandsänderung bei Gasen

WOZU EIGENTLICH?   *Bei Gasen ändern sich in den meisten Fällen mit der Temperatur sowohl das Volumen als auch der Druck. Zu beobachten ist dies im Alltag bspw. bei einer Luftmatratze. Liegt die Matratze im Hochsommer über längere Zeit in der vollen Sonne, so erwärmt sich die Luft in ihrem Inneren und dehnt sich aus. Legt man sich dann auf die Matratze, fühlt sie sich praller an und setzt dem Körpergewicht einen größeren Widerstand entgegen. Daran kann man hautnah spüren, dass sich der Druck im Inneren der Luftmatratze erhöht haben muss.*

Das ideale Gas

Unter einem **idealen Gas** versteht man in der Physik eine idealisierte Modellvorstellung von Gasen, die von zwei Vereinfachungen ausgeht:

a) Die Gasteilchen besitzen in dieser Vorstellung **keine räumliche Ausdehnung,** werden also als idealisierte Punkte angenommen.

b) Die Gasteilchen wechselwirken **nur durch vollständig elastische Stöße** (s. S. 34) miteinander und mit der Gefäßwand.

Trotz dieser starken Vereinfachungen lässt sich mit dem Modell vom idealen Gas das Verhalten von realen Gasen bei normalen Temperatur- und Druckverhältnissen näherungsweise gut beschreiben und erklären.

Die folgenden Gesetzmäßigkeiten beschreiben den mathematischen Zusammenhang von Temperatur, Druck und Volumen von idealen Gasen. Mit diesen Gesetzen lassen sich viele thermodynamische Prozesse in der Realität verstehen und vorhersagen. Entdeckt und beschrieben wurden sie von den Naturwissenschaftlern Joseph Gay-Lussac (1778–1850), Guillaume Amontons (1663–1691) sowie Robert Boyle (1627–1691) und Edme Mariotte (1620–1684).

In vielen Fällen, wie auch im Eingangsbeispiel mit der Luftmatratze, ändern sich Druck, Volumen und Temperatur gleichzeitig. Dann gilt :

DIE ALLGEMEINE ZUSTANDSGLEICHUNG FÜR IDEALE GASE

$$\frac{\text{Druck} \cdot \text{Volumen}}{\text{Temperatur}} = \frac{p \cdot V}{T} = \text{konstant} \quad \text{oder:} \quad \frac{p_1 \cdot V_1}{T_1} = \frac{p_2 \cdot V_2}{T_2}$$

Der Index 1 bezeichnet die Ausgangsgrößen, der Index 2 die Endgrößen.

Spezielle Zustandsgleichungen

Es gibt auch thermodynamische Prozesse, bei denen jeweils eine der drei Größen konstant bleibt. Alltagsbeispiele wären:

- die Erwärmung der Luft in einem Wohnraum (Luft**druck** ist konstant),
- die Erwärmung eines Deosprays durch die Sommerhitze im Auto (**Volumen** des Gases ist konstant),
- das Aufblasen eines Luftballons (**Temperatur** der Luft bleibt konstant).

Wenn der **Druck konstant** bleibt, dann vergrößert sich mit einer Temperaturerhöhung auch das Volumen.

GESETZ VON GAY-LUSSAC:

$$\frac{V_1}{T_1} = \frac{V_2}{T_2} = \text{konstant}$$

Bleibt das **Volumen gleich,** so steigt mit der Temperatur auch der Druck an.

DAS GESETZ VON AMONTONS:

$$\frac{P_1}{T_1} = \frac{P_2}{T_2} = \text{konstant}$$

Bleibt hingegen die **Temperatur konstant,** so ist der Druck umso größer, je kleiner das Volumen ist.

DAS GESETZ VON BOYLE-MARIOTTE:

$$p_1 \cdot V_1 = p_2 \cdot V_2$$

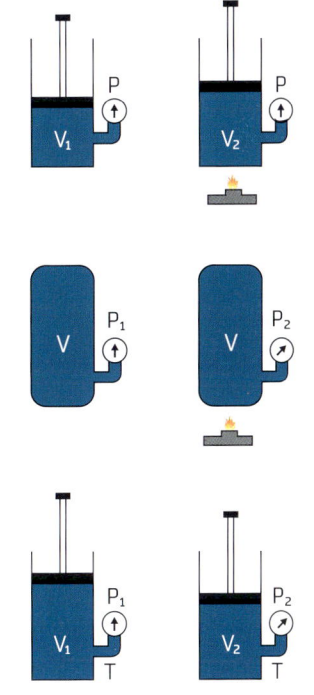

SELBST ENTDECKEN   Ausdehnung von Luft

DAS WIRD GEBRAUCHT: *zwei Luftballons*

DAS IST ZU TUN: *Die beiden Luftballons etwa auf die gleiche Größe aufpusten und sorgfältig verschließen. Einen Luftballon über Nacht auf die Heizung legen, den anderen in den Gefrierschrank.*

DAS PASSIERT: *Das Volumen des beheizten Ballons hat zugenommen, das des gekühlten hat abgenommen. Da der Außendruck (Luftdruck) konstant ist, führt eine Temperaturerhöhung (-abnahme) zu einer Volumenerhöhung (-abnahme).*

Längenausdehnung von Feststoffen

WOZU EIGENTLICH? *Die thermische Ausdehnung von Feststoffen kann in Architektur, Industrie und Technik als unerwünschter Nebeneffekt oder sogar strukturelle Bedrohung auftreten. So kann es bei alten oder schlecht gewarteten Bahnschienen passieren, dass sie sich bei großer Sommerhitze thermisch so stark aus-*

dehnen, dass der Gleisunterbau die Zug- und Spannkräfte nicht mehr ausgleichen kann. Dadurch kommt es zur Verformung der Gleise und der Streckenabschnitt ist nicht mehr befahrbar. In Brücken sind Dehnungsfugen einge-baut, die thermischen Ausdehnungen den nötigen Raum bieten und so Beschädigungen verhindern.

Unterschiedliche Längenausdehnung

Im Prinzip dehnen sich auch Festkörper bei zunehmender Temperatur in alle drei Raumrichtungen aus. Die Ausdehnung in der Länge ist jedoch meist diejenige mit der größten technischen Bedeutung. Wie stark sich ein Festkörper in seiner Länge ausdehnt, hängt von unterschiedlichen Faktoren ab:

- Bei gleicher Ausgangslänge und gleichem Stoff ist die Ausdehnung umso größer, je größer die **Temperaturänderung** ist.
- Bei gleicher Temperaturänderung und gleichem Stoff ist die Ausdehnung umso größer, je größer die **Ausgangslänge** ist.
- Bei gleicher Temperaturänderung und gleicher Ausgangslänge ist die Ausdehnung für **verschiedene Stoffe** unterschiedlich groß.

Bei Erwärmung um 100 °C wird ein 1-m-Stück

aus	länger um
Aluminium	2,4 mm
Kupfer	1,7 mm
Beton	1,2 mm
Stahl	1,2 mm
Jenaer Glas®	0,8 mm
Porzellan	0,3 mm
Papier	0,1 mm

Mathematisch wird die **Längenausdehnung** beschrieben durch die Formel:

$\Delta l = \alpha \cdot l_0 \cdot \Delta T$ oder: $\Delta l = \alpha \cdot l_0 \cdot \Delta\vartheta$

α: Längenausdehnungswert (Einheit: K^{-1}); l_0: Ausgangslänge

ΔT, $\Delta\vartheta$: Temperaturänderung in Kelvin

RECHENBEISPIEL: Längenausdehnung berechnen

Der Berliner Fernsehturm besitzt ein Gerüst aus Stahlprofilen. Er hat im Winter bei einer Temperatur von −15 °C eine Höhe von 144 m. Wie groß mag der Höhenunterschied zwischen Winter (−15 °C) und Sommer (30 °C) sein?

GESUCHT: Längenausdehnung Δl

GEGEBEN: Ausgangshöhe $l_0 = 144$ m

Temperaturunterschied: $\Delta T = 45\,°C = 45$ K

Ausdehnungswert der Stahlprofile:

$\alpha = 0{,}000\,012$ K^{-1}

LÖSUNG: $\Delta l = \alpha \cdot l_0 \cdot \Delta T$

$\Delta l = (0{,}000\,012\ K^{-1}) \cdot (144\,m) \cdot (45\,K)$

$\Delta l = 0{,}07776\ m \approx 8\,cm$

ERGEBNIS: Der Berliner Fernsehturm ist im Sommer rund 8 cm höher als im Winter.

SELBST ENTDECKEN   **Thermische Ausdehnung einer Münze**

DAS WIRD GEBRAUCHT: *eine Münze, eine Pinzette, ein Holzbrett, zwei Nägel, ein Teelicht.*

DAS IST ZU TUN: *Zwei Nägel so in das Brett schlagen, dass die Münze gerade noch quer dazwischenpasst. Die Münze* **mit der Pinzette fassen,** *über der Kerzenflamme erwärmen und versuchen, ob sie zwischen den Nägeln hindurchpasst. Münze abkühlen lassen und erneut versuchen.*

DAS PASSIERT: *Aufgrund der Wärmeausdehnung vergrößert sich der Radius der Münze, sie passt nach Erhitzen nicht mehr zwischen den Nägeln hindurch. Beim Abkühlen schrumpft sie wieder und kann nun zwischen den Nägeln hindurchgeschoben werden.*

Bimetalle und Bimetallschalter

WOZU EIGENTLICH? *Die Längenausdehnung von Feststoffen ist nicht nur ein lästiger Effekt mit u. U. zerstörerischer Wirkung. Man macht sie sich auch in vielen technischen und elektronischen Alltagsgegenständen zunutze. Besonders bei der Funktion von Thermoschaltern in Wasserkochern und Heizthermostaten, aber auch bei elektronischen Sicherungen spielt die thermische Ausdehnung von Metallen und Legierungen eine wesentliche Rolle.*

Bimetalle und Bimetallschalter

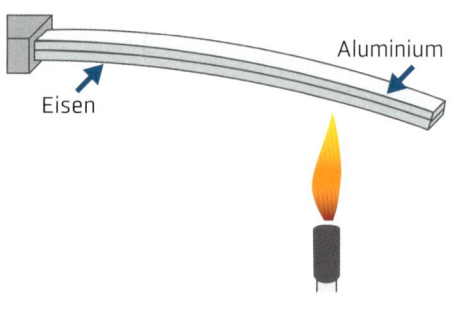

Ein Bimetall besteht aus zwei miteinander verbundenen Schichten unterschiedlicher Metalle, die unterschiedliche Ausdehnungskoeffizienten haben, bspw. Aluminium und Eisen. Wird ein Streifen aus Bimetall erhitzt, so dehnt sich die Seite mit dem größeren Ausdehnungskoeffizienten stärker aus.

Da beide Metalle fest miteinander verbunden sind, krümmt sich der Streifen in Richtung des Metalls mit dem kleineren Ausdehnungskoeffizienten. Je größer die Temperaturänderung dabei ist, desto stärker biegt sich der Bimetallstreifen.

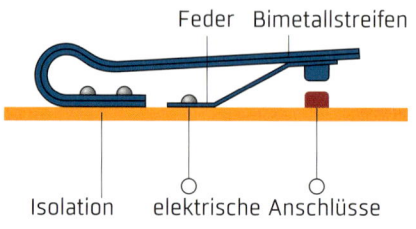

Bimetallkomponenten werden in elektrischen Geräten als **thermische Schalter** eingesetzt. Wenn sich im Bimetall die Temperatur ändert, ändert sich seine Krümmung, was dann dazu führt, dass das Bimetallstück bspw. zwei Kontakte verbindet und einen Stromkreis schließt.

Oder die Biegung führt dazu, dass zwei Kontakte eben nicht mehr elektrisch verbunden sind, sodass ab einer bestimmten Temperatur der Stromkreis unterbrochen wird – wie es in Sicherungen der Fall ist.

Das Bimetallthermometer

In dieser Art von Thermometern ist ein spiralförmig aufgewickelter Bimetallstreifen verbaut, an dessen beweglichem Ende ein Zeiger montiert ist. Bei einer Temperaturänderung dehnt sich die Bimetallspirale aus oder zieht sich zusammen.

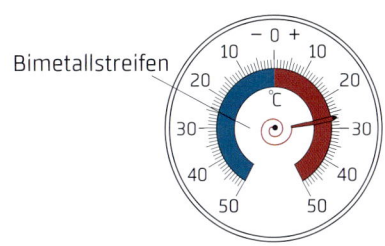

Dadurch wird der Zeiger bewegt und wandert entlang einer Messskala, an der die Temperatur abgelesen werden kann.

Temperaturregelung in Bügeleisen

Auch in Bügeleisen ist ein Bimetallstreifen als Temperaturregler eingebaut. Mit dessen Hilfe können unterschiedliche Abstände zwischen den Kontakten des Schalters eingestellt werden.

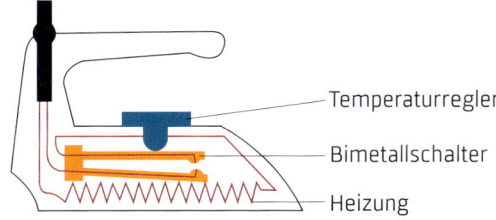

Bei Zimmertemperatur ist der Kontakt zunächst geschlossen. Wird das Bügeleisen an die Steckdose angeschlossen, erwärmt sich die Heizspirale. Mit der Erwärmung des Bügeleisens verbiegt sich der Bimetallstreifen so lange, bis die eingestellte Temperatur erreicht ist und der Kontakt unterbrochen wird.

Während der anschließenden Abkühlungsphase biegt sich der Bimetallschalter in seine Ursprungslage zurück und schließt den Kontakt wieder, so dass sich das Bügeleisen erneut bis zur eingestellten Temperatur aufheizen kann.

SELBST ENTDECKEN   Ein einfacher „Bimetall"-Streifen

DAS WIRD GEBRAUCHT: *zwei Streifen Kaugummi-Silberpapier, eine Kerze.*

DAS IST ZU TUN: *Kaugummipapier seitlich in die Nähe der Kerzenflamme halten – erst mit der Aluminiumseite zur Flamme, dann mit der Papierseite.*

DAS PASSIERT: *Der Streifen verbiegt sich in Richtung der Papierseite, weil das Aluminium sich mit steigender Temperatur stärker ausdehnt als das Papier.*

Vorsicht: *Experimente mit Feuer nur von Erwachsenen durchführen lassen!*

Aggregatzustände der Materie

WOZU EIGENTLICH? *In der Natur und im Alltag ist es vor allem Wasser, bei dem sich die Aggregatzustände beobachten lassen: als Eiszapfen, die an den Dächern hängen, als Dampf, der aus dem Kochtopf nach oben steigt, oder als Wasserpfützen auf den Straßen nach einem kräftigen Regenschauer.*

Die Aggregatzustände: fest, flüssig, gasförmig

Im Allgemeinen kann jeder Stoff drei Zustandsformen annehmen: fest, flüssig und gasförmig. Diese Zustandsformen bezeichnet man als Aggregatzustände.

Festkörper …
… passen sich einer vorgegebenen Form nicht an und haben eine Oberfläche.

Flüssigkeiten …
… passen sich einer vorgegebenen Form an und haben eine Oberfläche.

Gase …
… passen sich einer vorgegebenen Form an und haben keine Oberfläche.

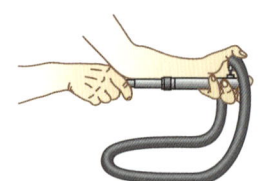

Die Temperaturen, bei denen ein Stoff seinen Aggregatzustand ändert, sind für jeden Stoff unterschiedlich.

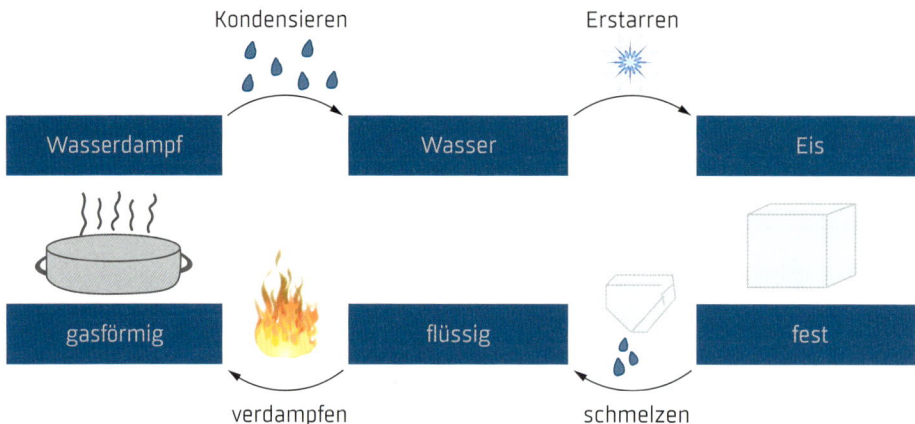

Die Temperatur, bei der ein fester Körper flüssig wird, bezeichnet man als Schmelztemperatur. Die Temperatur, bei der ein flüssiger Körper gasförmig wird, wie z.B. Wasser, das verdampft, bezeichnet man als Siedetemperatur.
Eis schmilzt bei 0 °C zu Wasser, die Schmelztemperatur von Wasser ist 0 °C.
Wasser verdampft bei 100 °C, die Siedetemperatur von Wasser ist 100 °C.

Aggregatzustände – Erklärung im Teilchenmodell

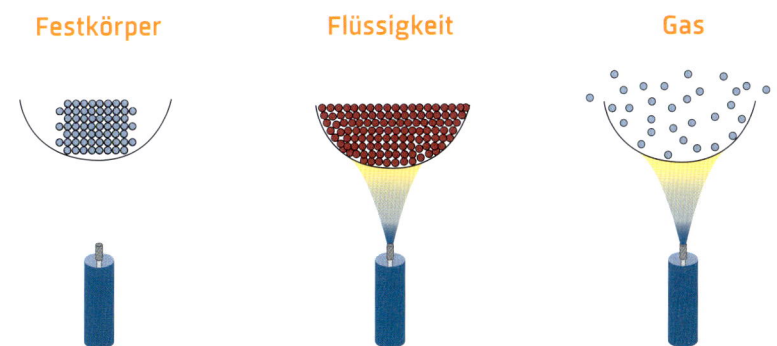

Festkörper   Flüssigkeit   Gas

In Feststoffen liegen die Teilchen dicht beieinander auf festen Plätzen und sind relativ fest aneinander gebunden. Wird der Stoff erwärmt, bewegen sich die Teilchen immer schneller auf ihren Plätzen. Irgendwann bewegen sie sich so heftig, dass die Bindungen zwischen ihnen sie nicht mehr auf den festen Plätzen halten können. Damit wird der Zusammenhalt geringer und der Stoff wird flüssig. Die Teilchen sind weiterhin aneinander gebunden, können sich nun aber umeinander bewegen. Erwärmt man den Stoff weiter, erhöht sich die Bewegungsenergie (s. S. 84) der Teilchen weiter, bis der Zusammenhalt mehr oder weniger vollständig verloren geht und der Stoff gasförmig wird. Die Teilchen verteilen sich dann im gesamten zur Verfügung gestellten Raum, sodass die Abstände zwischen den Teilchen sehr groß werden.

SELBST ENTDECKEN   **Volumenausdehnung beim Verdampfen**

DAS WIRD GEBRAUCHT: *Mikrowellengerät, Luftballon, Trichter, Wasser.*
DAS IST ZU TUN: *Mithilfe des Trichters 1 Esslöffel Wasser in den Ballon füllen. Ballon zuknoten und in das Mikrowellengerät legen. Gerät auf der höchsten Stufe etwa 1 Minute anstellen. Dann abstellen, den Ballon aber darin lassen und warten, bis er abgekühlt ist.*
Vorsicht: *Der Ballon ist über 100 °C heiß – nicht anfassen!*
DAS PASSIERT: *Der Ballon dehnt sich aus, weil das Wasser verdampft und sein Volumen deutlich zunimmt. Beim Abkühlen kondensiert der Dampf wieder und der Ballon schrumpft.*

Wärmeübertragung

WOZU EIGENTLICH? *Wer sich eine schöne Tasse frischen Tee oder Kaffee zubereitet hat, wird feststellen, dass man sich an ihr auf verschiedene Weisen seine Hände aufwärmen kann. Hält man die Hände direkt an die Tassenwand, dann läuft man vermutlich Gefahr, sich die Finger zu verbrennen. Hält man die Hände in einigem Abstand über die Tasse, merkt man, wie an ihnen der aufsteigende, heiße Wasserdampf entlangströmt. Aber auch wer die Hände bis auf wenige Zentimeter seitlich an die Tasse annähert, spürt, wie sie erwärmt werden.*

Arten der Wärmeübertragung

Wärme kann auf drei Arten von einem Körper oder Stoff auf einen anderen übertragen werden:

a) **Durch Wärmeleitung:** Hierbei erfolgt der Transport der Wärme durch einen Stoff, ohne dass dabei der Stoff selbst transportiert wird. Er stellt nur die Verbindung dar, durch die die Wärme fließt.
Fasst man bspw. die heiße Teetasse an, wird die Wärme durch das Porzellan an die Hände übertragen.

b) **Durch Wärmeströmung,** auch **Konvektion** genannt: Hierbei wird die Wärme durch einen Materietransport übertragen, d.h., der Stoff selbst bewegt sich und nimmt die in ihm enthaltene thermische Energie mit, wie z.B. der heiße Wasserdampf über der Teetasse. Konvektion tritt in Flüssigkeiten und Gasen auf.

c) **Durch Wärmestrahlung:** Hierbei erfolgt die Wärmeübertragung durch elektromagnetische Strahlung. Bei den üblicherweise auftretenden Temperaturen entspricht die Wärmestrahlung im Wesentlichen der Infrarotstrahlung. Diese ist bei der heißen Tasse (hauptsächlich) dafür verantwortlich, dass sich die Hände auch in ein wenig Abstand von der Tasse erwärmen.

Elektromagnetische Strahlung breitet sich aus, ohne dass ein Trägermedium notwendig ist. Das bekannteste Beispiel hierfür ist wohl die Sonnenstrahlung, die 150 Mio. Kilometer von unserem Zentralgestirn bis zur Erde im materieleeren Weltraum zurücklegt.

Thermisches Gleichgewicht

Um zu verhindern, dass eine Flüssigkeit wie eine heiße Suppe schnell abkühlt, muss man diese auf ein Stövchen stellen, um ständig die von der Flüssigkeit an die Umgebung abgegebene Energie durch die Wärmequelle zu ersetzen. Gleicht man einen Energieverlust nicht aus, passt sich ein Körper nach und nach der Umgebungstemperatur an, d. h., wärmere Körper geben Energie an die Umgebung ab und kältere Körper nehmen Energie aus der Umgebung auf, bis Körper und Umgebung dieselbe Temperatur haben und sich im thermischen Gleichgewicht befinden.

Wärmeleitung genauer betrachtet

Berühren sich zwei Körper unterschiedlicher Temperatur, findet ebenfalls ein Temperaturausgleich statt, indem Energie von dem Körper höherer Temperatur auf den Körper niedrigerer Temperatur übergeht. Diese Weitergabe von Wärme wird in der Physik als Wärmeleitung bezeichnet.
Wärmeleitung ist somit der direkte Wärmeübergang zwischen zwei unterschiedlich warmen Stoffen (z. B. zwischen dem Teelöffel und dem Tee, in dem er steht) oder innerhalb eines Stoffes (z. B. innerhalb des Teelöffels, dessen unterer Teil im Tee steht, während der obere in die Luft ragt: Der Löffel erwärmt sich von unten nach oben).

Gute und schlechte Wärmeleiter

Wie gut bzw. wie schlecht Wärme durch einen Stoff geleitet wird, hängt vom Stoff ab, ist somit eine materialspezifische Eigenschaft. Im Allgemeinen unterscheidet man zwischen guten Wärmeleitern wie Metallen und schlechten Wärmeleitern wie Kunststoffen. Die Tabelle listet einige Stoffe auf, die gute, mäßige und schlechte Wärmeleiter sind. Innerhalb jeder Spalte nimmt die Wärmeleitfähigkeit von unten nach oben zu, d. h., Silber leitet Wärme besser als Kupfer, Kupfer besser als Aluminium usw.

gute Wärmeleiter	mäßige Wärmeleiter	schlechte Wärmeleiter
Silber	Beton	Kork
Kupfer	Sandboden (feucht)	Styropor
Aluminium	Glas	Luft
Eisen	Wasser	Argon (Edelgas)

Wärmeisolatoren

Schlechte Wärmeleiter werden verwendet, wenn man den Transport von Wärme verhindern möchte. Diese Stoffe nennt man **Wärmeisolatoren** oder **Dämmstoffe.** Gase sind besonders gute Wärmeisolatoren. Sehr effiziente Dämmstoffe wie Styropor schließen viel Luft ein, und mehrfach verglaste Fensterscheiben sind aus mehreren Scheiben aufgebaut, zwischen denen ein Edelgas eingeschlossen ist.

Warum sich Holz warm anfühlt und Metall kalt

Ob ein Stoff ein guter oder schlechter Wärmeleiter ist, lässt sich einfach überprüfen. Berührt man bspw. eine Metallplatte, fühlt sich diese recht kalt an. Dies liegt daran, dass Metall ein guter Wärmeleiter ist und die Platte die Wärme der Hand schnell forttransportiert, wodurch die Hand abkühlt. Berührt man hingegen ein Stück Holz, fühlt sich dieses im Vergleich wesentlich wärmer an. Da Holz ein schlechter Wärmeleiter ist, führt es die Wärme der Hand nur langsam ab.

ACHTUNG, DENKFALLE! *Viele Schüler ordnen schlechten Wärmeleitern höhere und guten Wärmeleitern niedrigere Temperaturen zu, weil sie sich „warm" oder „kalt" anfühlen. So wird Metall oft als ein kälterer Stoff angesehen, Holz als wärmerer. Legt man je einen Eiswürfel auf eine Holz- und eine Metallplatte, gehen viele Schüler davon aus, dass der Würfel auf dem Holz schneller schmilzt. Tatsächlich ist es umgekehrt, da das Metall die Umgebungswärme wesentlich besser zum Eiswürfel leitet als das Holz.*

Konvektion in Flüssigkeiten

Erhitzt man Wasser einseitig in einem Glasrohr (wie in der Abbildung rechts), kommt es zur Konvektion. Das erwärmte Wasser dehnt sich aus, dabei nimmt seine Dichte ab und es wird leichter als dasselbe Volumen kälteren Wassers. Deshalb steigt es im Glasrohr nach oben. Im unteren Bereich des Rohres fließt das kältere und dichtere Wasser nach. Dabei entsteht eine Strömung, sodass das Wasser im Glasrohr zirkuliert.

Nach demselben Prinzip funktioniert auch die
Zentralheizung in einem Wohnhaus:
Im Keller wird das Wasser im Heizkessel erwärmt, wodurch sich das Wasser ausdehnt und
aufsteigt. Das kalte Wasser sinkt nach unten
und drängt dabei das warme Wasser nach oben
in die Heizkörper.
Im Heizkörper gibt das warme Wasser Wärme
ab, kühlt dabei ab und fließt zurück nach unten
in den Heizkessel.

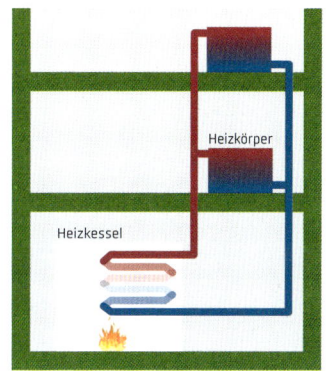

Konvektion in Gasen

In beheizten Räumen sorgt die Konvektion der Raumluft für eine fast ausgeglichene
Raumtemperatur.

Die vom Heizkörper erwärmte Luft steigt nach
oben. Dann streift die Luft an der Decke entlang und kühlt dabei nach und nach ab. Beim
Abkühlen sinkt die Luft zu Boden und strömt
anschließend am Fußboden entlang zurück
zum Heizkörper, wo die Luft erneut erwärmt
wird. Durch die Zirkulation der Luft wird der
Raum erwärmt. Die Luftströmung wird sichtbar, wenn man Kerzen oben und unten in den
geöffneten Türspalt hält – oben wird die Flamme nach außen, unten nach innen geblasen.

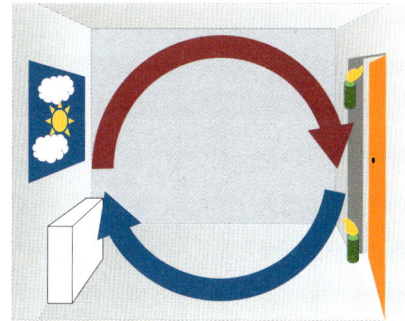

Der Transport von Wärme aus der Äquatorregion in die kalten Regionen höherer
Breiten geschieht ebenfalls über großräumige Konvektionsströmungen in der
Atmosphäre. Allerdings werden diese noch durch die Erddrehung verdreht.

Die Wolken eines Wärmegewitters bilden sich ebenfalls
durch Konvektion. Die Sonne erwärmt im Laufe eines heißen Sommertages den Boden, wodurch sich auch die Luft
über dem Boden erwärmt. Ihr Volumen nimmt zu, d.h.,
ihre Dichte nimmt ab und die Luft steigt auf. Je höher sie
kommt, desto kälter wird es, da die Temperatur in der
untersten Atmosphärenschicht mit der Höhe abnimmt.
Kalte Luft kann aber weniger dampfförmiges Wasser aufnehmen als warme – Wasser kondensiert und es bilden
sich Wolken.

Wärmestrahlung – Energietransport ohne Trägermedium

Auch wenn man als Wärmequelle in der Regel nur Körper wahrnimmt, die subjektiv gefühlt Wärme abgeben – wie Heizstrahler oder Rotlichtlampen –, sendet im Prinzip jeder Stoff oder Körper Wärmestrahlung aus – ein Eiswürfel genau wie glühendes Eisen oder die Sonne. Denn Wärmestrahlung ist eine Strahlung, die ein Körper aufgrund seiner Temperatur abgibt, und auch ein Eiswürfel hat eine Temperatur. Diese Strahlung ist elektromagnetische Strahlung.

Elektromagnetische Strahlung ist umso energiereicher, je höher ihre Frequenz ist. In welchem Frequenzbereich ein Körper die meiste Strahlung abgibt, hängt von seiner Temperatur ab. Die Wärmestrahlung der meisten Körper im Alltag hat ihr Maximum im infraroten, die Wärmestrahlung der Sonne liegt zu etwa der Hälfte im sichtbaren Bereich, der Rest setzt sich aus Infrarotstrahlung und einem kleinen Anteil UV-Strahlung zusammen.

Stoffe und Körper senden Wärmestrahlung aber nicht nur aus, sondern nehmen sie auch aus ihrer Umgebung auf.

Strahlungsgleichgewicht

Trifft Wärmestrahlung auf einen Körper, so erwärmt er sich. Gleichzeitig sendet er seinerseits auch Wärmestrahlung aus. Dieses Aufnehmen und Aussenden ist ein ständiger, ununterbrochener Prozess.

Ein Körper ist im Strahlungsgleichgewicht, wenn er beim Strahlungsaustausch mit seiner Umgebung genauso viel Energie abgibt wie aufnimmt.

Tauschen ein kalter und ein warmer Körper Strahlung aus, nimmt der kältere mehr Strahlung auf als er abgibt und der wärmere gibt mehr Strahlung ab als er aufnimmt. Es fließt netto also mehr Strahlung zum kalten Körper. Somit fließt in der Summe Wärme vom warmen zum kalten Körper – und zwar so lange, bis beide Körper dieselbe Temperatur haben und Strahlungsgleichgewicht herrscht.

Einfluss der Oberflächenbeschaffenheit

Helle und glatte Oberflächen werfen den größten Teil der einfallenden Strahlung zurück und werden deshalb von der Sonne nicht so schnell erwärmt.

Körper mit dunklen und rauen Oberflächen absorbieren die Strahlung der Sonne gut. Durch die aufgenommene Energie erwärmen sich diese Körper schneller. Diese Eigenschaft macht man sich bei **Solarkollektoren** zunutze. Durch die dunkle Oberfläche der Kollektoren wird ein großer Teil der Sonnenenergie absorbiert. Die zugeführte Energie erwärmt die Kollektorflüssigkeit. Diese wird

nun mithilfe einer Umwälzpumpe vom Kollektor zum Warmwasserspeicher befördert. Über einen Wärmetauscher gibt die Kollektorflüssigkeit ihre Wärme an das Brauchwasser im Warmwasserspeicher ab, weshalb sie selbst sich abkühlt. Anschließend wird die abgekühlte Flüssigkeit mithilfe der Pumpe zum Kollektor zurückgeführt. Scheint die Sonne an manchen Tagen nur schwach, erfolgt die Erwärmung des Warmwasserspeichers über eine zusätzliche Heizspirale, die vom Heizgerät kommt.

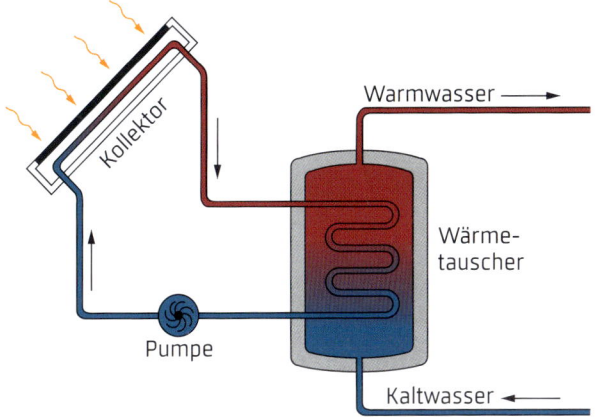

SELBST ENTDECKEN   Wärmestrahlung

DAS WIRD GEBRAUCHT: *drei Dosen, schwarzes und weißes Tonpapier, Aluminiumfolie, Wasser, Fieberthermometer*

DAS IST ZU TUN: *Eine Dose mit weißem, eine mit schwarzem Tonpapier ummanteln, die dritte mit Aluminiumfolie. Dosen mit Wasser füllen, in die Sonne stellen und nach einiger Zeit die Temperatur messen.*

DAS PASSIERT: *Das Wasser erwärmt sich unterschiedlich stark — am wärmsten wird es in der schwarzen Dose, weil schwarze Oberflächen die Strahlung am besten absorbieren; am kältesten ist es in der aluminiumumwickelten Dose, weil Aluminium die auftreffende Strahlung am stärksten zurückwirft.*

Der Hauptsätze der Thermodynamik

WOZU EIGENTLICH?   *Die vier Hauptsätze der Thermodynamik sind das Grundgerüst der Wärmelehre, mit deren Hilfe sich alle bis heute beobachtbaren thermodynamischen Prozesse ableiten und erklären lassen. Mit ihnen versteht man Wärmekraftmaschinen und dass es keine unerschöpfliche Energiequelle geben kann.*

Der nullte Hauptsatz der Thermodynamik

0. HAUPTSATZ

Besitzen zwei thermodynamische Systeme, die wärmeleitend miteinander verbunden sind, unterschiedliche Temperaturen, so findet ein Wärmeausgleich statt.

Das System mit der höheren Energie gibt so lange Energie in Form von Wärme an das System mit der geringeren Energie ab, bis sich ihre Temperaturen angeglichen haben. Dann befinden sie sich im **thermischen Gleichgewicht** (s. S. 103).

ACHTUNG, DENKFALLE!   *Schüler haben oft die Vorstellung, dass ein Gegenstand abkühlt, ohne dass er mit anderen Gegenständen oder seiner Umwelt wechselwirkt.*

Der erste Hauptsatz der Thermodynamik

Der 1. Hauptsatz der Thermodynamik, auch **Energieerhaltungssatz der Thermodynamik** genannt, bezieht sich auf die **innere Energie** eines **abgeschlossenen Systems,** also eines Systems, das keine Materie mit seiner Umgebung austauscht.

1. HAUPTSATZ

Die innere Energie eines abgeschlossenen Systems ändert sich nur, wenn es mit seiner Umgebung Wärme austauscht oder wenn in Wechselwirkung zwischen dem System und seiner Umgebung mechanische Arbeit verrichtet wird. Es gilt dann:
Änderung der inneren Energie ΔU = Wärme Q + Arbeit W

Das bedeutet: Die innere Energie eines abgeschlossenen Systems nimmt ab, wenn von ihm Wärme abgeführt wird oder es Arbeit an seiner Umgebung verrichtet; die innere Energie eines Systems nimmt zu, wenn ihm Wärme zugeführt wird oder seine Umgebung an ihm mechanische Arbeit verrichtet.

Der zweite Hauptsatz der Thermodynamik

Der 2. Hauptsatz heißt auch Entropiesatz der Thermodynamik.

2. HAUPTSATZ
Ein System mit niedrigerer Temperatur gibt niemals ohne äußeres Zutun Energie in Form von Wärme an ein System mit höherer Temperatur ab.

Um Wärme von einem kalten Körper zu einem wärmeren zu übertragen, muss stets Energie von außen zugeführt werden (wie bspw. bei Kühlschränken).

Perpetuum mobile

Lange Zeit wurde versucht, Maschinen zu konstruieren, die Arbeit verrichten, ohne dass ihnen Energie zugeführt werden muss. Ein solches Perpetuum mobile 1. Art widerspricht jedoch dem 1. Hauptsatz, denn er erlaubt nur Maschinen, die genauso viel Arbeit verrichten, wie innere Energie in ihnen gespeichert ist; ist diese aufgebraucht, muss Energie zugeführt werden. Eine solche Maschine wäre ein Perpetuum mobile 2. Art. Leider ist auch dies ist nicht möglich, da der 2. Hauptsatz nicht zulässt, dass die innere Energie eines Systems vollständig in mechanische Arbeit umgewandelt wird. Ein Teil wird immer als Wärme abgegeben und „geht verloren".

Der dritte Hauptsatz der Thermodynamik

Der 3. Hauptsatz der Thermodynamik wurde 1906 von Walter Nernst aufgestellt, weshalb er auch den Namen Nernstsches Wärmetheorem trägt.

3. HAUPTSATZ
Es existiert kein Prozess, mit dem es in unendlichen vielen Schritten möglich wäre, den absoluten Nullpunkt zu erreichen, man kann sich diesem lediglich nähern.

SELBST ENTDECKEN   Perpetuum mobile am Alltagsbeispiel Auto
Ein Perpetuum mobile 1. Art wäre ein Auto, das fährt, ohne betankt zu werden – was offensichtlich unmöglich ist. Ein Perpetuum mobile 2. Art wäre ein Auto, das die innere Energie des Benzins vollständig in Bewegungsenergie umsetzt. Tatsächlich geht ein Teil der Energie im Benzin jedoch als Wärme verloren, wie man an der Erwärmung des Motors erkennt.

Wärmekraftmaschinen und Kältemaschinen

WOZU EIGENTLICH? *Mit der Erfindung der ersten verwendbaren Dampfmaschine stellte Thomas Newcomen im 18. Jhdt. die Weichen für die industrielle Revolution und bereitete den Weg für alle Maschinen, in denen thermodynamische Prozesse genutzt werden, um Wärme in Arbeit umzusetzen oder umgekehrt. Zu den wichtigsten Beispielen gehören Verbrennungsmotoren und Wärmepumpen, aber auch Kühlschränke.*

Volumenarbeit bei konstantem Gasdruck

Wird ein Gas, das sich in einem Zylinder mit beweglichem Kolben befindet, von außen erwärmt, so dehnt es sich aus und drückt dabei den Kolben nach außen. Auf die Weise verrichtet es eine nutzbare mechanische Arbeit. Der Druck des Gases bleibt während dieses Vorgangs annähernd konstant. Für die durch den Kolben verrichtete Arbeit gilt die Formel:

Verrichtete Arbeit = Gasdruck · Volumenänderung
$$W \quad = \quad p \quad \cdot \quad \Delta V$$

Wärmekraftmaschinen

Die grundlegende Idee hinter Wärmekraftmaschinen ist, dass die Maschine Wärme von einem Ort höherer Temperatur (dem Wärmereservoir) an einen Ort niedriger Temperatur (dem Kältereservoir) überträgt. Ein Teil der übertragenen Wärme wird dabei in Form von mechanischer Arbeit an die Umgebung abgegeben und kann genutzt werden.
Dieser Prozess verläuft **zyklisch,** wodurch die Maschine so lange Arbeit verrichten kann, wie ihr Energie aus dem Wärmereservoir zugeführt wird.

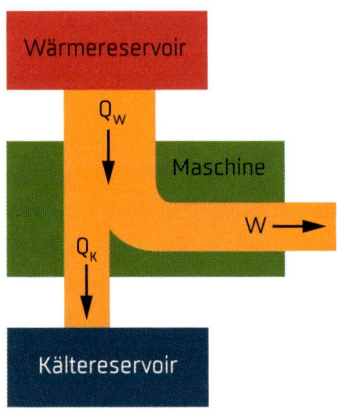

Die aus dem Wärmereservoir entzogene Wärme Q_W ist dabei so groß wie die Summe aus der von der Maschine verrichteten Arbeit W und der dem Kältereservoir zugeführten Wärme Q_K:
$$Q_W = Q_K + W$$

Wirkungsgrad

Der Wirkungsgrad η einer Wärmekraftmaschine beschreibt das Verhältnis der Arbeit, die die Maschine verrichtet, zu der Wärme, die vom Wärmereservoir abgeführt wird – also das Verhältnis von gewonnener Arbeit zu zugeführter Wärme:

$$\eta = \frac{W}{Q_W} = \frac{Q_W - Q_K}{Q_W} = 1 - \frac{Q_K}{Q_W}$$

Arbeitsweise eines Viertaktmotors

In einem **Verbrennungsmotor** wird die im Kraftstoff gespeicherte chemische Energie durch Verbrennen in thermische Energie umgewandelt und aus dieser wird mechanische Bewegungsenergie des Kolbens gewonnen. Ein Viertaktmotor wie der Ottomotor benötigt dazu vier Schritte oder Takte:

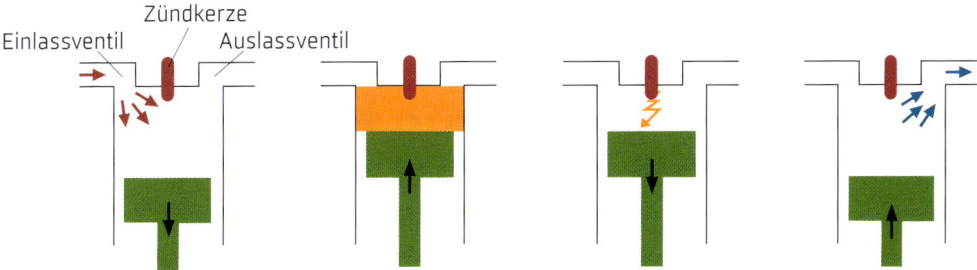

1. Takt (ansaugen): Zu Beginn befindet sich der Kolben am oberen Totpunkt (dem höchsten Punkt seiner Bewegung), er bewegt sich nach unten zum unteren Totpunkt. Dabei öffnet sich das Einlassventil, das Benzin-Luft-Gemisch wird in den Zylinder gesaugt.

2. Takt (verdichten): Im 2. Takt sind beide Ventile geschlossen. Der Kolben bewegt sich nach oben und verdichtet dabei das Gasgemisch.

3. Takt (expandieren): Ist der Kolben erneut am oberen Totpunkt angekommen, entzündet die Zündkerze das Benzin-Luft-Gemisch. Es verbrennt, dehnt sich dabei schlagartig aus und drückt den Kolben wieder nach unten.

4. Takt (ausstoßen): Erreicht der Kolben den unteren Totpunkt erneut, ist das Benzin-Luft-Gemisch vollständig verbrannt. Das Auslassventil öffnet sich und in der Aufwärtsbewegung verdrängt der Kolben die Abgase aus dem Zylinder.

Anschließend beginnt der Verbrennungsprozess mit dem 1. Takt von vorne.

Kältemaschinen und ihre Leistungszahl

Eine Kältemaschine stellt die Umkehrung einer
Wärmekraftmasche dar: Sie entnimmt Wärme aus
dem Kältereservoir und führt sie dem Wärmereservoir zu. Wärme wird also entgegen ihrer „natürlichen" Fließrichtung transportiert. Da dies nicht
von allein passiert (2. Hauptsatz, s.S.109), muss an
der Maschine von außen Arbeit verrichtet werden.
Die dem Wärmereservoir zugeführte Wärme Q_W
ist gleich der Summe aus der vom Kältereservoir
abgeführten Wärme Q_K und der an der Maschine
verrichteten Arbeit W: $Q_W = Q_K + W$.

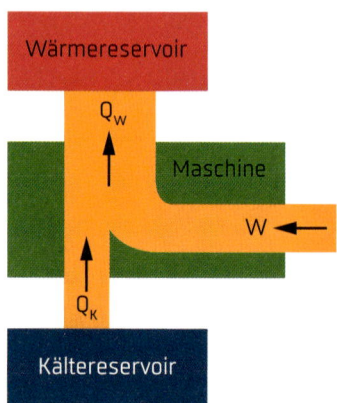

Die **Leistungszahl ε** der Kältemaschine beschreibt das Verhältnis der vom Kältereservoir abgeführten Wärme zur von der Maschine aufgenommenen Arbeit:

$$\varepsilon = \frac{Q_K}{W} = \frac{Q_K}{Q_W - Q_K}$$

Der Kühlschrank

Bei einem Kühlschrank fungiert der (gut isolierte) Innenraum als Kältereservoir; der
Raum, in dem der Kühlschrank steht, als Wärmereservoir. Am Kühlschrank ist ein
Rohrsystem verbaut, das von innen nach außen führt und mit einer Kühlflüssigkeit
gefüllt ist. Auch hier hat der Kreislauf, den das Kühlmittel durchläuft, vier Schritte.

1. Verdampfen
Die Kühlflüssigkeit besitzt eine sehr niedrige Siedetemperatur (−25 °C). Daher verdampft sie in jenem Teil des Rohrsystems, das durch das Innere des Kühlschranks
verläuft (dem Verdampfer). Der Vorgang des Verdampfens benötigt Energie, diese
holt sich die Kühlflüssigkeit in Form von Wärme aus dem Kühlschrankinnenraum.
Der Kühlschrankinnenraum wird entsprechend kälter.

2. Verdichten
Der Kompressor saugt das verdampfte Kühlmittel ab und verdichtet es. Die Sie-
detemperatur eines Stoffes ist abhängig vom Druck. Wird die Kühlflüssigkeit im
Kompressor verdichtet, steigt ihre Siedetemperatur daher auf ca. 40 °C an. Beim
Verdichten wird Arbeit an der Kühlflüssigkeit verrichtet.

3. Verflüssigen
Der Kompressor presst das Kühlmittel in den Verflüssiger, dieser liegt außen am
Kühlschrank. Da die aktuelle Temperatur der Flüssigkeit nun unter ihrem Siede-
punkt liegt, kondensiert sie. Dabei wird Wärme frei und an den Raum abgegeben.

4. Entspannen

Hinter dem Verflüssiger ist der Druck im Kühlmittel immer noch hoch. Nach Durchlaufen eines Kapillarrohrs dehnt es sich rasch aus, sodass es mit dem gleichen Druck wie zu Anfang im Verdampfer ankommt und der Zyklus von vorne beginnt.

ACHTUNG, DENKFALLE! *Am Kompressor wird an der Kältemaschine von außen Arbeit verrichtet. Das kann verwirren, weil man den Kompressor als Teil des Kühlschrankes sieht und somit den Eindruck hat, dass der Kühlschrank selbst die Arbeit verrichtet. Man muss unterscheiden zwischen der Maschine „Kühlschrank" im technischen Sinn – von der der Kompressor ein Bauteil ist – und der thermodynamischen Kältemaschine, also dem Medium „Kühlmittel", das den Kreislauf durchläuft. Analog leistet im Motor der sich ausdehnende Kraftstoff die Arbeit und nicht der Kolben – der Kolben dient lediglich als Vermittler, um diese Arbeit zu nutzen. In der Kältemaschine wird bei der Kompression Arbeit am Kühlmittel verrichtet – der Kompressor dient nur als Vermittler, um die Verdichtung zu erreichen.*

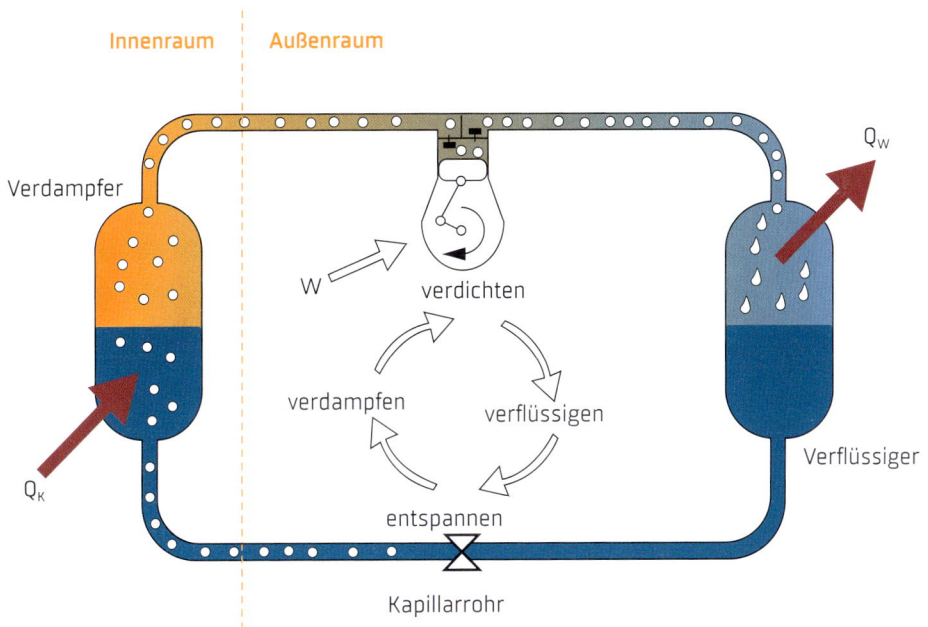

SELBST ENTDECKEN   Verdampfen braucht Energie

DAS WIRD GEBRAUCHT: *Besuch im Schwimmbad*

DAS IST ZU TUN: *Nach dem Baden nicht gleich abtrocknen.*

DAS PASSIERT: *Man friert bald. Das von der Haut verdunstende Wasser holt sich die Energie zum Verdampfen von der Haut, diese kühlt ab.*

3

OPTIK

Licht und Sehen

WOZU EIGENTLICH?   *In abgedunkelten Umgebungen findet man sich nur schwer zurecht. In einem vollständig dunklen Raum haben unsere Augen gar keine Chance mehr, sich an die Dunkelheit zu gewöhnen. Licht scheint also eine wichtige, wenn nicht die wichtigste Voraussetzung zu sein, um etwas sehen zu können.*

Lichtquellen (Selbstleuchter)

Alle leuchtenden Gegenstände und Körper, die man in Natur und Technik findet, werden als **Lichtquellen** bzw. als **Selbstleuchter** bezeichnet. Hierbei wird unterschieden zwischen natürlichen Lichtquellen, wie Sternen oder einem Anglerfisch, und künstlichen Lichtquellen, wie Glühbirnen oder Kerzen.

Beleuchtete Körper (Fremdleuchter)

Gegenstände, die lediglich beleuchtet werden und das auf sie treffende Licht zurückwerfen, bezeichnet man als **beleuchtete Körper** oder **Fremdleuchter.** Hierzu zählen viele von Menschenhand geschaffene Gegenstände – nicht nur Spiegel oder Fahrradreflektoren, sondern auch ein Tisch, ein Stuhl oder ein Buch. Andererseits fallen auch alle möglichen in der Natur vorkommenden Strukturen und Lebewesen in diese Einordnung, wie Gänseblümchen und nicht zuletzt Menschen.

Reflexion, Streuung und Absorption

Es gibt im Wesentlichen drei Arten, wie ein beleuchteter Körper das auf ihn einfallende Licht an seine Umgebung zurückwirft:

- Glatte Oberflächen wie Spiegel werfen das Licht nur in eine Richtung zurück. Man sagt: Das Licht wird **reflektiert.**
- Raue, helle Oberflächen wie weiß verputzte Wände werfen das Licht ungeordnet, in alle möglichen Richtungen zurück. Man sagt: Das Licht wird **gestreut.**
- Raue, dunkle Oberflächen **absorbieren** einen Großteil des auf sie einfallenden Lichtes. Sie werfen nur einen kleinen Teil des Lichts in die Umgebung zurück.

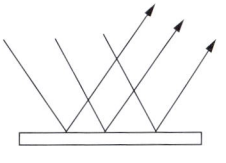

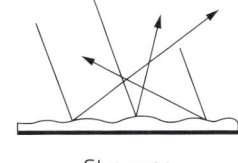

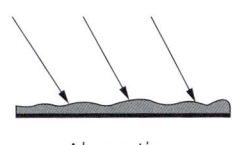

| Reflexion | Streuung | Absorption |

Streulicht und Sehen

Man nimmt eine Lichtquelle dann wahr, wenn das Licht, welches sie aussendet, ins Auge fällt. Alle Lebewesen und Gegenstände, die selbst kein Licht erzeugen, sieht man dann, wenn Streulicht von ihnen ins Auge gelangt.

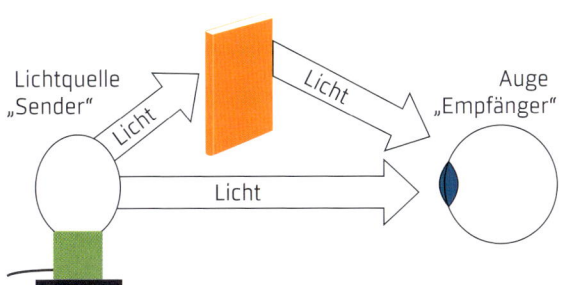

Lichtausbreitung

Licht breitet sich von einer Lichtquelle, bspw. von einer Glühbirne oder einer Kerze, gradlinig in alle Richtungen aus.
Lichtundurchlässige Gegenstände verhindern jedoch, dass sich Licht ungehindert ausbreiten kann. So schirmt z.B. das Gehäuse einer Taschenlampe einen Großteil des von der Glühbirne ausgesandten Lichtes ab und erzeugt ein sogenanntes divergentes (sich ausweitendes) Lichtbündel.
Die Begrenzungen eines Lichtbündels werden als Randstrahlen bezeichnet.

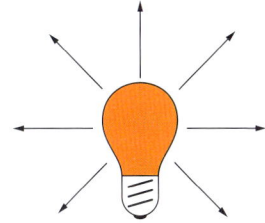

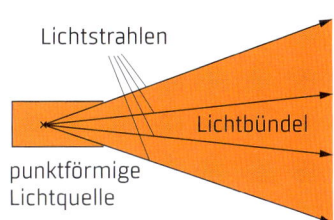

SELBST ENTDECKEN Gradlinige Ausbreitung des Lichts

DAS WIRD GEBRAUCHT: *Taschenlampe, Sieb, Nadel, Aluminiumfolie, Puder.*

DAS IST ZU TUN: *Das Sieb mit Aluminiumfolie bedecken und mit der Nadel kleine Löcher durch Öffnungen des Siebs in die Folie stechen. Den Raum verdunkeln, die Taschenlampe unter das Sieb halten und etwas Puder in die Lichtkegel pusten.*

DAS PASSIERT: *Der Lichtkegel wird sichtbar.*

Licht und Schatten

WOZU EIGENTLICH? *Was ein Schatten ist, weiß intuitiv jeder. Aber wie so oft sieht man in der Physik etwas genauer hin und muss auch beim Thema „Licht und Schatten" auf die exakte Begriffsverwendung achten.*

Schattenbild und Schattenraum

Fällt Licht auf einen lichtundurchlässigen Körper, so entsteht hinter dem Körper ein lichtfreier Bereich, der als Schatten bezeichnet wird.
In der Physik unterscheidet man diesen lichtfreien Bereich noch etwas genauer:
Der lichtfreie Raum hinter einem lichtundurchlässigen Gegenstand heißt Schattenraum; das Abbild des Gegenstandes, welches auf eine Oberfläche projiziert wird, heißt Schattenbild.

Besonders anschaulich lässt sich diese Unterscheidung an einem Sonnenschirm verdeutlichen: Spricht man im Alltag davon, dass man sich an einem heißen Sommertag in den Schatten eines Sonnenschirms setzt, dann müsste man physikalisch exakter sagen: „Wir setzen uns in den Schattenraum des Schirms."
Beim Schatten, der auf dem Boden zu erkennen ist, handelt es sich dann um das Schattenbild.

Eigentlich müsste es im Schattenraum völlig dunkel sein.
Man kann jedoch problemlos auch im Schattenraum ein Buch lesen und auch das Schattenbild ist nicht sattschwarz. Der Grund hierfür liegt darin, dass auch Luftmoleküle das Sonnenlicht streuen. Deshalb gelangt von den Seiten gestreutes Licht in den Schattenraum und erhellt diesen.

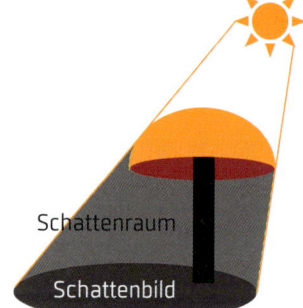

Schattenraum

Schattenbild

Konstruktion von Schattenraum und Schattenbild

Schritt 1: Zunächst werden eine Lichtquelle, ein lichtundurchlässiger Körper und ein Schirm gezeichnet.

Lichtquelle   Gegenstand   Schirm

Schritt 2: Von der Lichtquelle breitet sich das Licht geradlinig nach allen Seiten aus. Bei der Konstruktion des Schattenbildes werden jedoch nur die beiden Lichtstrahlen betrachtet, die genau am Gegenstand vorbeilaufen und den Schattenraum begrenzen (**die Randstrahlen**). Die Lichtstrahlen gehen vom Mittelpunkt der Lichtquelle aus – dem Schnittpunkt der gekreuzten Linien.

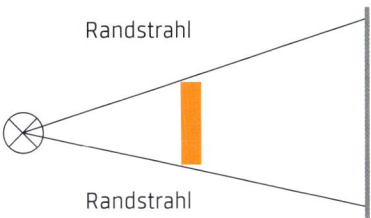

Randstrahl

Randstrahl

ACHTUNG, DENKFALLE!   *Die größte Fehlerquelle beim Konstruieren ist ungenaues Zeichnen. Die Randstrahlen müssen exakt in der Mitte der Lichtquelle beginnen und genau an den Ecken des schattenwerfenden Gegenstandes vorbeigehen.*

Die Größe des Schattens

Die Größe eines Schattens hängt von drei Faktoren ab:
- von der **Größe** des Gegenstandes, der ihn erzeugt,
- vom **Abstand** zwischen der Lichtquelle und dem Gegenstand,
- vom **Abstand** zwischen dem Gegenstand und dem Schirm, auf dem der Schatten abgebildet wird.

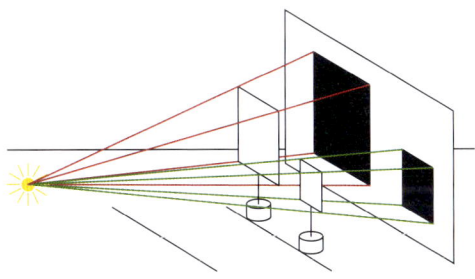

Größe von Gegenstand und Schattenbild

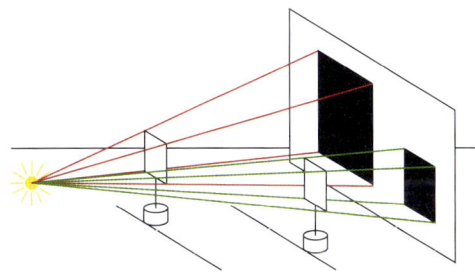

Schattenbildgrößen und Abstände

Halbschatten und Kernschatten

Wird ein lichtundurchlässiger Körper von zwei (oder mehreren) Lichtquellen beleuchtet, entstehen zwei (oder mehrere) Schatten, die sich überlagern.

Der dunkle Bereich, in den weder Licht von der roten noch Licht von der grünen Lichtquelle fällt, wird als **Kernschatten** bezeichnet. Die Bereiche, in die nur Licht von einer der beiden Lichtquellen fällt, bezeichnet man als **Halbschatten.**

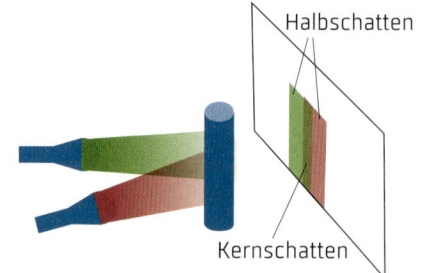

Konstruktion von Halb- und Kernschatten

Schritt 1: Zunächst werden zwei Lichtquellen, ein lichtundurchlässiger Körper und ein Schirm gezeichnet.

Schritt 2: Es werden die beiden Randstrahlen der grünen und die Randstrahlen der roten Lichtquelle eingezeichnet.

Schritt 3: Die einzelnen Schattenbereiche werden schraffiert und benannt.

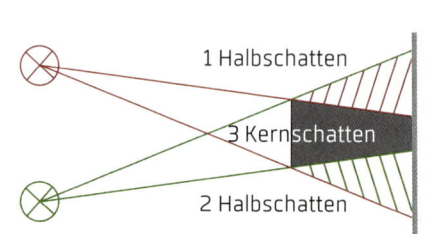

Bereich 1 (Halbschatten): In diesen Bereich fällt nur Licht der roten Lampe. Das Licht der grünen Lampe fehlt.

Bereich 2 (Halbschatten): In diesen Bereich fällt nur Licht der grünen Lampe. Das Licht der roten Lampe fehlt.

Bereich 3 (Kernschatten): In diesen Bereich fällt weder Licht von der roten noch von der grünen Lampe. Dieser Bereich ist lichtfrei.

Tag und Nacht

Ein Tag hat 24 Stunden – weil die Erde sich einmal in 24 Stunden um die eigene Achse dreht. Während der Drehung wird immer nur eine Hälfte von der Sonne beleuchtet. Auf der beleuchteten Hälfte ist Tag. Die jeweils andere Hälfte der Erde liegt im Schatten der Erdkugel, auf diesem unbeleuchteten Teil ist Nacht.

Die Mondphasen

Auch der Mond ist ein nahezu kugelförmiger Himmelskörper. Gemeinsam mit der Erde umkreist er die Sonne, weshalb der Mond ebenfalls eine Tag- und eine Nachtseite besitzt. Je nachdem, an welcher Position sich der Mond befindet, sieht ein Beobachter auf der Erde mal mehr, mal weniger von seiner beleuchteten Tagseite. Diese scheinbar wechselnde Gestalt des Mondes wird als Mondphase bezeichnet. Dabei rührt die runde Form der Mondsichel allein von der Kugelform des Mondes her.

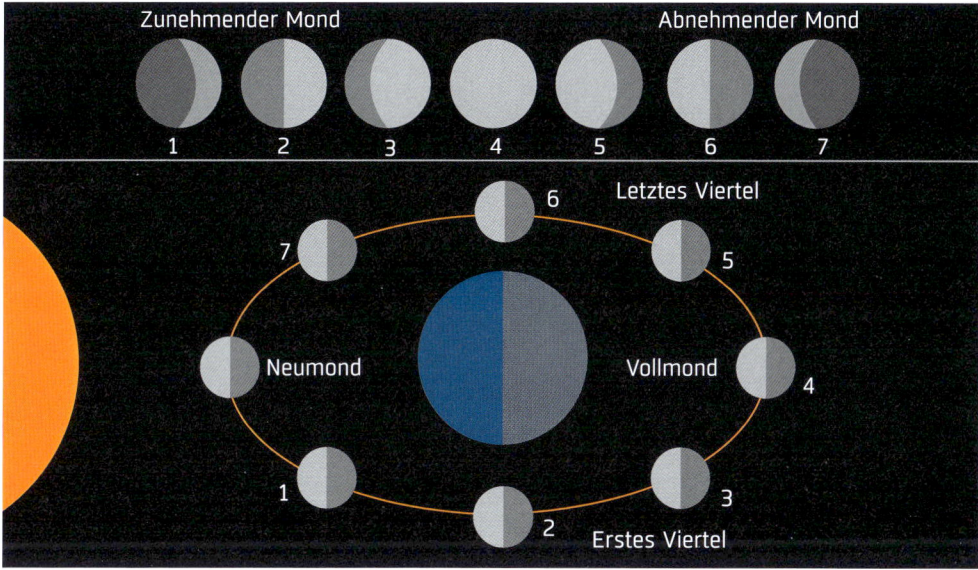

Die Mondfinsternis

Der Mond umkreist die Erde ungefähr einmal pro Monat. Die Erde wird ständig von der Sonne beleuchtet, sodass hinter der Erde ein Schattenraum liegt. Befindet sich der Mond vollständig im Kernschatten der Erde, spricht man von einer **totalen Mondfinsternis.** Durchquert der Mond die Bereiche der Halbschatten, kommt es zu einer **partiellen Mondfinsternis.** Eine totale Mondfinsternis tritt nur bei Vollmond auf, denn nur dann können Sonne, Erde und Mond auf einer Linie liegen.

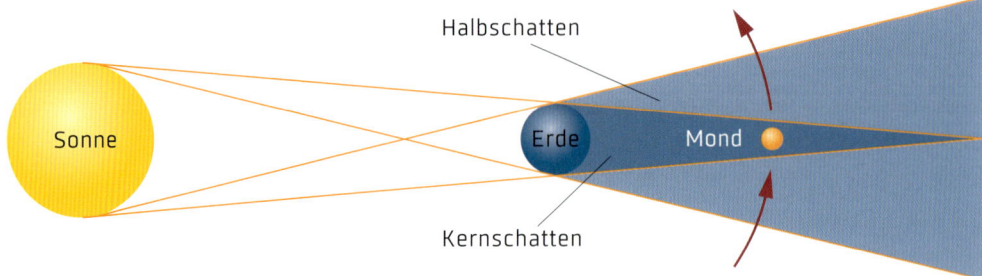

Der Mond ist bei einer totalen Mondfinsternis allerdings nicht völlig dunkel, sondern scheint in einem bräunlichen Rot. Der Grund liegt darin, dass die Lufthülle der Erde etwas Licht in den Erdschatten streut. Dieses Licht ist wie das der Dämmerung rötlich (das hängt damit zusammen, dass die verschiedenen Farben des Lichtes unterschiedlich stark gestreut werden), sodass der verfinsterte Mond rötlich braun erscheint. Bei einer partiellen Mondfinsternis sieht man das nicht, da die hellen Bereiche des unbedeckten Mondes zu hell leuchten, der im Schatten liegende Teil erscheint nun wirklich dunkel.

Die Sonnenfinsternis

Eine Sonnenfinsternis zu beobachten ist ein beeindruckendes, aber auch seltenes Erlebnis. Die Sonne verfinstert sich am hellen Tag, weil der Mond sie teilweise oder sogar vollständig verdeckt. Eine Sonnenfinsternis tritt nur bei Neumond auf, da sich der Mond in dieser Zeit zwischen der Sonne und der Erde befindet.

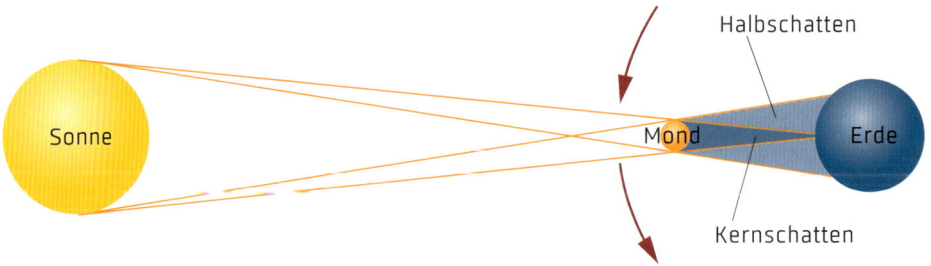

Von der Sonne aus betrachtet, gibt es hinter dem Mond zwei Schattenbereiche, den Kernschatten und die Halbschatten. Fällt der Kernschatten des Mondes auf einen Teil der Erde, so ist an diesem Ort eine totale Sonnenfinsternis zu beobachten.
Der Mond schiebt sich als schwarze Scheibe vor die Sonne und zu sehen bleibt nur die leuchtende Korona.

Weil der Kernschatten des Mondes nur etwa 200 km breit ist und somit nur eine kleine Fläche der Erde verdunkelt wird, ist eine totale Sonnenfinsternis – an einem bestimmten Ort auf der Erde – nur selten zu beobachten. Bei der letzten in Deutschland beobachtbaren, totalen Sonnenfinsternis am 11. 8. 1999 betrug die maximale Breite des Mondkernschattens sogar nur rund 110 km.

Verdeckt der Mond die Sonne nur teilweise, dann ist eine partielle Sonnenfinsternis an den Orten zu erkennen, die von den Halbschattenbereichen des Mondes bedeckt werden.

Partielle Sonnenfinsternis

SELBST ENTDECKEN   Halb- und Kernschatten

DAS WIRD GEBRAUCHT: *zwei Teelichter, Streichholzschachtel, eine Wand o. Ä. als Schirm.*
DAS IST ZU TUN: *Mit den beiden Teelichtern versuchen, Kern- und Halbschattenbereiche hinter der Streichholzschachtel zu erzeugen.*

Reflexion

In der ruhigen Oberfläche eines Bergsees spiegelt sich die Landschaft, die ihn umgibt. Dabei hängt das Spiegelbild, das ein Wanderer im See sieht, von dem Ort ab, von welchem er den See betrachtet. Welchen Gesetzmäßigkeiten dabei das Licht folgt, ist ein weiterer Gegenstand der Optik.

Der Reflexionswinkel

Trifft Licht auf eine Oberfläche, kann es gestreut, absorbiert oder reflektiert werden (s. S. 116). Reflexionen treten an glatten Oberflächen wie Spiegeln auf. Um beschreiben zu können, wie sich das Licht bei einer Reflexion verhält, braucht man einige grundlegende Begriffe:

- **Einfallslot** oder kurz **Lot:** Senkrechte zur reflektierenden Fläche im Auftreffpunkt des Lichtes,
- **Einfallswinkel:** Winkel zwischen dem einfallenden Lichtbündel und dem Lot,
- **Reflexionswinkel** oder **Ausfallswinkel:** Winkel zwischen dem reflektierten Lichtbündel und dem Lot.

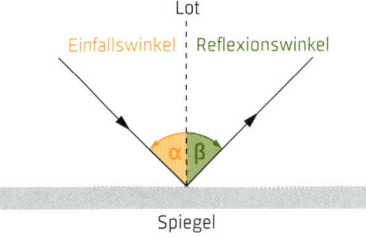

Führt man an einem ebenen Spiegel einige Messungen durch, so gelangt man sehr schnell zur Aussage des Reflexionsgesetzes:

REFLEXIONSGESETZ

Bei der Reflexion des Lichts sind der Einfallswinkel und der Reflexionswinkel stets gleich groß ($\alpha = \beta$ in der Abbildung).

Einfallendes Lichtbündel, reflektiertes Lichtbündel und Einfallslot liegen dabei in einer Ebene.

Konstruktion eines reflektierten Lichtstrahls am ebenen Spiegel

Schritt 1: Das Einfallslot wird an der Stelle eingezeichnet, an welcher der einfallende Lichtstrahl auf der Spiegeloberfläche auftrifft.

Schritt 2: Der Einfallswinkel α wird gemessen.

Schritt 3: Der Reflexionswinkel β wird an der anderen Seite des Lots angetragen.

Schritt 4: Der reflektierte Lichtstrahl wird konstruiert.

(1) Lot konstruieren

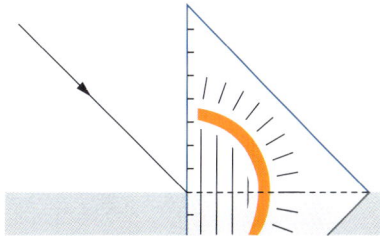

(2) Einfallswinkel messen

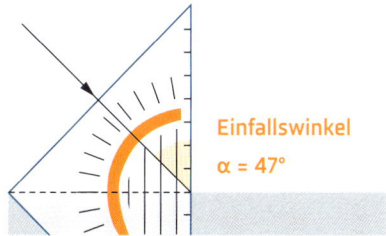

Einfallswinkel
α = 47°

(3) Reflexionswinkel konstruieren

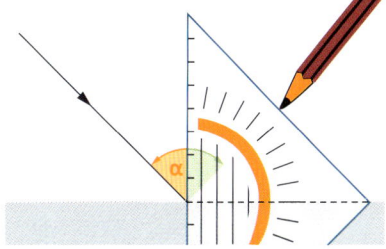

(4) Reflexionstrahl konstruieren

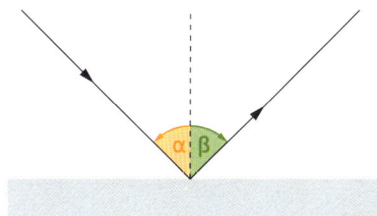

Reflexionswinkel messen

DAS WIRD GEBRAUCHT: *Spiegel, mehrere Bücher, Geodreieck, Laserpointer oder eine Taschenlampe, deren Öffnung bis auf einen kleinen Spalt abgeklebt wurde.*

DAS IST ZU TUN: *Den Spiegel zwischen einem Stapel Bücher fixieren, sodass die Spiegelfläche mit den Büchern einen rechten Winkel bildet. Das Geodreieck wie im Bild vor den Spiegel legen. Für mehrere Einfallswinkel untersuchen, in welchem Winkel der Lichtstrahl vom Spiegel reflektiert wird.*

VORSICHT! *Wird ein Laserpointer verwendet, muss unbedingt darauf geachtet werden, dass der Laserstrahl niemandem in die Augen gelangt!*

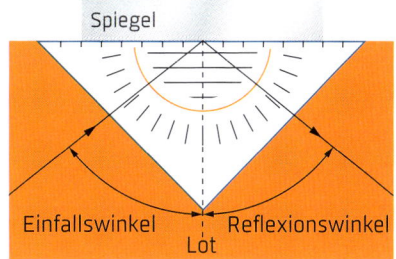

Spiegel

Einfallswinkel   Reflexionswinkel
Lot

Bilder an Spiegeln

WOZU EIGENTLICH? *Es ist nicht leicht einzusehen, dass ein Spiegelbild hinter dem Spiegel entsteht. Häufig hört man als Argument, dass der Spiegel ja „nicht durchsichtig" sei und deswegen dahinter kein Bild entstehen könne. Mithilfe der Physik erkennt man, warum es trotzdem so ist.*

Spiegelbilder an ebenen Spiegeln

Ein ebener Spiegel erzeugt ein gleich großes, aufrechtes Spiegelbild des Objektes, bei dem vorne und hinten relativ zur Spiegelebene vertauscht sind.
Original und Spiegelbild haben dabei den gleichen Abstand zum Spiegel.

Vor dem Spiegel befindet sich der rote Spielstein **vor** der Streichholzschachtel und der grüne **dahinter.** Beim Spiegelbild ist dies umgekehrt. Jedoch steht jeder Spielstein gemeinsam mit seinem Spiegelpendant auf derselben Seite der Schachteln: die grünen links, die roten rechts.

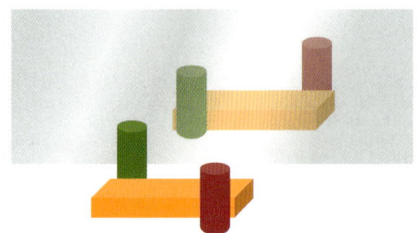

ACHTUNG, DENKFALLE! *Man unterliegt leicht der Fehlvorstellung, ein Spiegel vertausche rechts und links. Dies hat einen psychologischen Hintergrund: Wir neigen dazu, uns in unser Spiegelbild hineinzuversetzen: „Ich hebe den linken Arm, mein Spiegelbild den rechten." Das führt zu einer falschen Verallgemeinerung – ein Fehler, der mit den verschiedenfarbigen Spielsteinen nicht passiert.*

Entstehung von Spiegelbildern

Von jedem Punkt des Gegenstandes wird Licht in alle Richtungen gestreut. Jeder Lichtstrahl, der dabei vom Gegenstand ausgeht und auf den Spiegel fällt, wird am Spiegel nach dem Reflexionsgesetz zurückgeworfen.
Unser Gehirn erwartet intuitiv, dass sich Licht gradlinig ausbreitet. Daher sehen wir das Spiegelbild direkt vor uns.

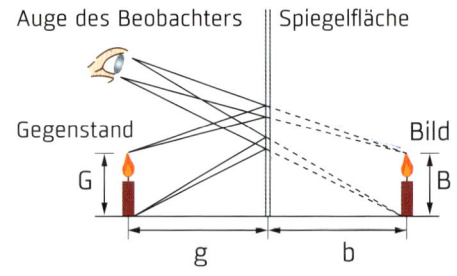

Verlängert man in der Zeichnung die in die Augen fallenden Strahlen hinter dem Spiegel, so schneiden sie sich dort, wo die jeweiligen Bildpunkte des Spiegelbildes entstehen. Das Bild entsteht also **scheinbar hinter** dem Spiegel. Es handelt sich um ein sogenanntes **scheinbares** oder **virtuelles Bild.** Virtuelle Bilder lassen sich nicht mithilfe eines Schirmes auffangen (im Gegensatz zu **reellen Bildern** wie bei einer Lochkamera).

ACHTUNG, DENKFALLE! *Für Schüler entsteht das Bild oft „auf dem Spiegel", mit dem Argument, dass der Spiegel ja nicht durchsichtig sei und deswegen dahinter kein Bild entstehen könne. Das gilt jedoch nur für reelle Bilder. Das Spiegelbild ist ein virtuelles Bild, welches sich nur **scheinbar** hinter dem Spiegel befindet.*

Hohlspiegel

Ein Hohlspiegel oder **Konkavspiegel** ist ein Spiegel, dessen spiegelnde Fläche nach innen gewölbt ist. Im Unterricht der Mittelstufe werden meist nur **sphärische Hohlspiegel,** d.h. Spiegel in Form einer Kugelkappe, betrachtet. Der Mittelpunkt der Kugel, aus der der Spiegel entstanden ist, heißt Krümmungsmittelpunkt M. Die gedachte Linie von M zum Scheitelpunkt des Spiegels heißt optische Achse.

Reflexion am Hohlspiegel

Lichtbündel, die parallel und nah zur optischen Achse verlaufen, werden von einem Hohlspiegel in einem Punkt fokussiert, dem sogenannten **Brennpunkt F.** Der Brennpunkt liegt auf der optischen Achse und sein Abstand zum Hohlspiegel ist die **Brennweite f.**
Umgekehrt wird ein Lichtbündel, welches durch den Brennpunkt verläuft, so reflektiert, dass das reflektierte Bündel parallel zur optischen Achse verläuft.

Ein Lichtstrahl, der durch den Krümmungsmittelpunkt M auf den Spiegel fällt, wird auf sich selbst reflektiert.

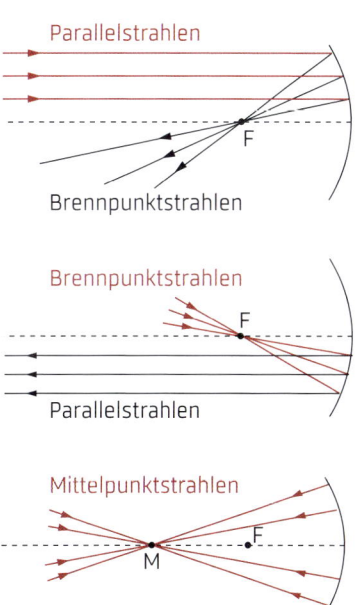

Bildentstehung am Hohlspiegel

Je nachdem, wo sich ein Gegenstand vor dem Hohlspiegel befindet, entsteht ein Bild mit unterschiedlichen Eigenschaften.

Der Gegenstand befindet sich ...

Innerhalb der Brennweite:

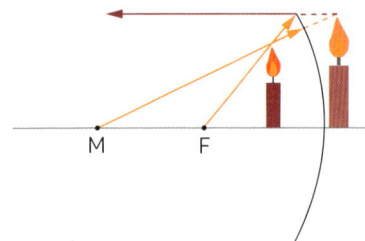

Bildeigenschaften:
vergrößert, aufrecht, virtuell

Zwischen Brennpunkt und Krümmungsmittelpunkt:

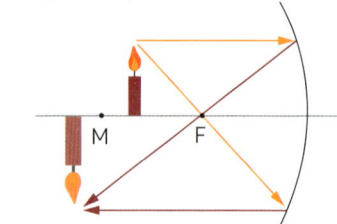

Bildeigenschaften:
vergrößert, umgekehrt, reell

Auf dem Krümmungsmittelpunkt:

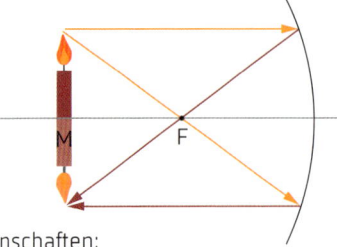

Bildeigenschaften:
gleich groß, umgekehrt, reell

Außerhalb des Krümmungsradius:

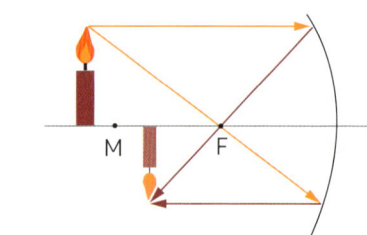

Bildeigenschaften:
verkleinert, umgekehrt, reell

Wölbspiegel

Einen Spiegel, dessen Oberfläche nach außen gewölbt ist, nennt man Wölbspiegel oder **Konvexspiegel.** Ein Wölbspiegel aus dem Alltag ist ein Verkehrsspiegel. Er sorgt für einen besseren Überblick an schlecht einsehbaren Kreuzungen und Biegungen.

Reflexion am Wölbspiegel

Wie beim Hohlspiegel werden auch beim Wölbspiegel Mittelpunktstrahlen auf sich selbst reflektiert. Achsenparallele Lichtstrahlen werden nach außen – von der optischen Achse weggehend – reflektiert. Würde man diese zerstreuten Strahlen rückwärts über den Spiegel hinaus verlängern, würden sie sich in einem gemeinsamen Punkt auf der optischen Achse treffen, dem **scheinbaren Brennpunkt F'**.

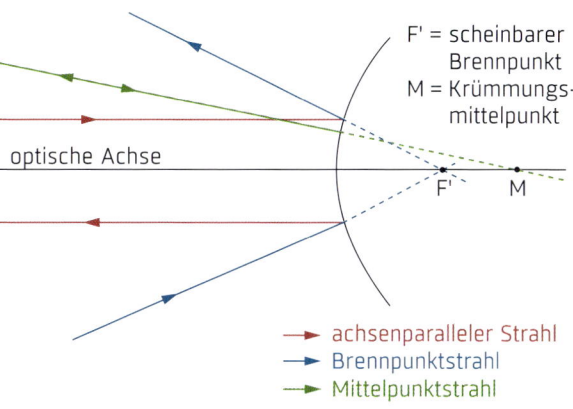

F' = scheinbarer Brennpunkt
M = Krümmungsmittelpunkt

optische Achse

→ achsenparalleler Strahl
→ Brennpunktstrahl
→ Mittelpunktstrahl

Bildentstehung am Wölbspiegel

Ein Wölbspiegel erzeugt ein **verkleinertes, aufrechtes und virtuelles** Spiegelbild, unabhängig davon, wo sich der Gegenstand vor ihm befindet.

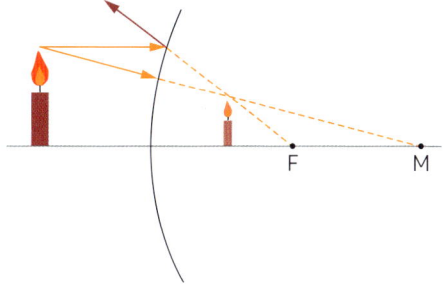

DAS WIRD GEBRAUCHT: *Spiegel (ohne Rahmen); zwei identische, neue Teelichter; Lineal.*
DAS IST ZU TUN: *Spiegel so aufstellen, dass Spiegelfläche und Tischfläche einen rechten Winkel bilden. Ein Teelicht so vor den Spiegel stellen, dass nur die Hälfte seines Spiegelbildes zu sehen ist. Das zweite Teelicht hinter dem Spiegel so lange verschieben, bis es das halbe Spiegelbild wieder zu einem ganzen Teelicht ergänzt. Nun die Abstände der beiden Teelichter zum Spiegel messen – sie sollten gleich groß sein!*

Die Brechung des Lichtes

WOZU EIGENTLICH? *Dem Phänomen der Brechung begegnet man im Alltag häufig. Schon als Kind wunderte sich der ein oder andere vielleicht, dass ein Löffel in einem Wasserglas „gebrochen" erscheint, wenn man seitlich darauf schaut.*
Dieser vermeintliche „Knick in der Optik" kommt daher, dass Licht, zumindest meistens, seine Richtung ändert, wenn es von einem Stoff in einen anderen übertritt.

Ein Knick im Lichtverlauf

Lässt man ein schmales Lichtbündel auf einen mit Wasser befüllten Glasbehälter fallen, beobachtet man, dass das Licht an der Wasseroberfläche von seinem ursprünglichen Weg abgelenkt wird. Es sieht aus, als würde der Strahl abknicken gegenüber der Richtung, die sich bei geradliniger Verlängerung der Lampenachse ergibt. Dieses Phänomen wird in der Physik als **Brechung des Lichtes** bezeichnet.

Der Brechungswinkel

Um die Brechung präziser untersuchen zu können, betrachtet man das **Einfallslot** (s. S. 124) sowie **Einfallswinkel** und **Brechungswinkel:**

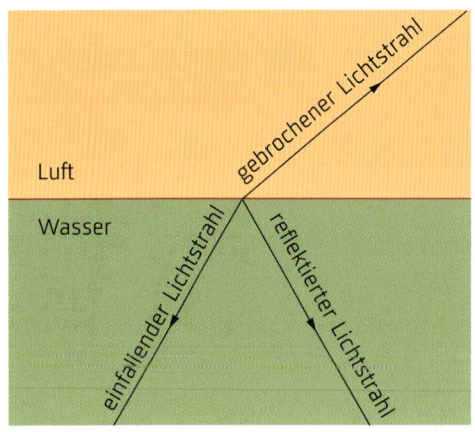

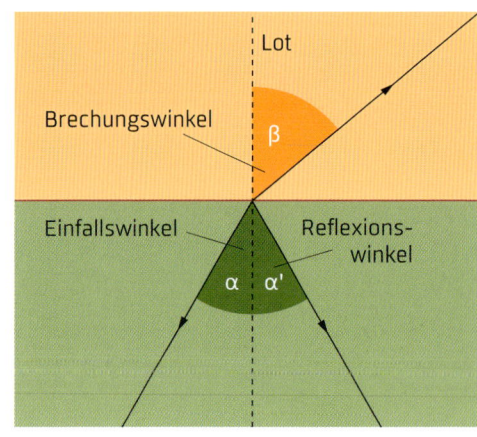

Die optische Dichte

Führt man Versuche mit unterschiedlichen Materialien durch, stellt man fest, dass Licht – je nach Material – an der Grenzfläche verschieden stark gebrochen wird. Einen Stoff, in dem der Winkel des Lichtstrahls zum Lot kleiner ist als im Vergleichsmedium, nennt man **optisch dichter.**
Umgekehrt nennt man einen Stoff, in dem der Winkel zum Lot größer ist als im Vergleichsmedium, **optisch dünner.**

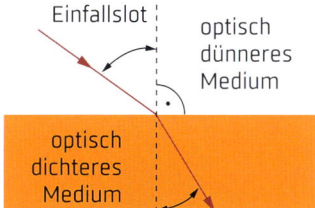 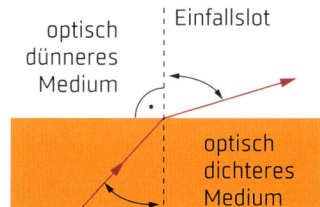

So wird ein Lichtstrahl beim Übergang von Glas zu Luft (entspricht der Situation in der rechten Abbildung) weiter vom Lot weg gebrochen. Beim Übergang von Luft zu Glas hingegen (Situation in der Abbildung links) wird er näher zum Lot hin gebrochen. Glas ist also optisch dichter als Luft bzw. umgekehrt: Luft ist optisch dünner als Glas.

DAS BRECHUNGSGESETZ (QUALITATIV)

Beim Übergang vom optisch dichten ins optisch dünnere Medium wird Licht vom Lot weg gebrochen, d. h., der Einfallswinkel ist kleiner als der Brechungswinkel. Beim Übergang vom optisch dünneren ins optisch dichtere Medium wird Licht zum Lot hin gebrochen, d. h., der Einfallswinkel ist größer als der Brechungswinkel.

SELBST ENTDECKEN   Die verschwundene Münze

DAS WIRD GEBRAUCHT: *Becher oder Tasse, Münze.*
DAS IST ZU TUN: *Münze auf den Boden des leeren Bechers legen. So hineinblicken, dass man die Münze sehen kann und dann den Kopf so weit zurücknehmen, dass man die Münze hinter der Becherwand gerade nicht mehr sieht. Kopfhaltung beibehalten und Wasser in den Becher gießen (bzw. von jemand anderem gießen lassen).*
DAS PASSIERT: *Die Lichtstrahlen, die von der Münze ausgehen, treffen ohne Wasser nicht ins Auge. Füllt man Wasser ins Glas, werden die Lichtstrahlen gebrochen, wenn sie durch die Grenzfläche Wasser–Luft treten. Durch die Richtungsänderung des Lichtes hin zu einem flacheren Winkel erscheint die Münze wieder im Blickfeld.*

Totalreflexion und Lichtleiter

WOZU EIGENTLICH? *Totalreflexion begegnet einem sowohl in der Natur, beispielsweise bei Luftspiegelungen, als auch in der täglich benutzten Technik wie Glasfaserkabeln.*

Totalreflexion als Phänomen der Lichtbrechung

Trifft Licht in einem optisch dichteren Stoff A auf eine Grenzschicht zu einem optisch dünneren Stoff B, kann es zu einem besonderen Phänomen kommen:

Überschreitet der Einfallswinkel eine bestimmte Größe (den sogenannten **Grenzwinkel der Totalreflexion**), gelangt das Licht nicht mehr durch die Grenzfläche hindurch in Stoff B, sondern wird vollständig reflektiert, zurück in Stoff A. Dieses Phänomen wird als **Totalreflexion** bezeichnet.

In den Abbildungen wird der Einfallswinkel des Lichtstrahls von links nach rechts immer größer. In der mittleren Abbildung entspricht der Einfallswinkel genau dem Grenzwinkel, der gebrochene Strahl verläuft genau in der Grenzfläche zwischen den beiden Stoffen. In der rechten Abbildung hat der Einfallswinkeln den Grenzwinkel überschritten und es kommt zur Totalreflexion.

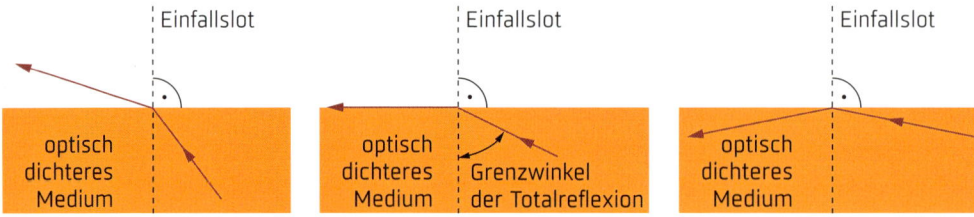

Totalreflexion in Natur und Umwelt

Im Alltag begegnet man der Totalreflexion bspw. beim Tauchen. Befindet man sich nur knapp unterhalb der Wasseroberfläche, so kann man an ihr die total reflektierten Spiegelbilder der Unterwasserumgebung sehen.

Auch die **Luftspiegelungen** über einer heißen Asphaltstraße entstehen durch Totalreflexion. Die Lichtstrahlen, die weiter vorne im Straßenverkehr extrem flach zur Straße einfallen, werden an der erhitzten Luftschicht direkt über dem heißen Asphalt total reflektiert und gelangen so in das Auge der Autofahrer weiter hinten.

Totalreflexion in der Technik: Lichtleiter

Ein technisches Bauteil, das in der Lage ist, Licht über kurze oder lange Strecken zu transportieren, nennt man Lichtleiter.
In der Telekommunikationstechnik nutzt man hierfür beispielsweise Glasfasern. Die Glasfaser ist optisch dichter als ihre Ummantelung. Da das Licht in einem großen Einfallswinkel auf die Glasoberfläche trifft, wird es innerhalb der Glasfaser an der Ummantelung totalreflektiert. Es kann deshalb nicht durch die Ummantelung hindurchtreten und bleibt in der Faser. So lässt sich das Licht auch auf gekrümmten Wegen übertragen.

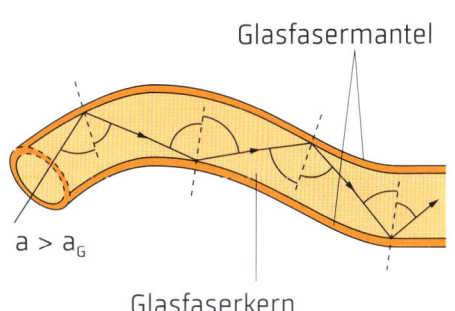

Glasfasermantel

$a > a_G$

Glasfaserkern

SELBST ENTDECKEN   Ein Wasserstrahl als Lichtleiter

DAS WIRD GEBRAUCHT: *leere PET-Flasche (1,5 l), Alufolie, Nadel, Taschenlampe.*
DAS IST ZU TUN: *Die Plastikflasche vollständig mit Aluminiumfolie umwickeln, nur am oberen Rand einen kleinen Bereich offen lassen (durch diesen wird in die Flasche hineingeleuchtet). Die Flasche randvoll mit Leitungswasser füllen und sorgfältig verschließen. Die volle Flasche in ein Waschbecken stellen und vorsichtig mit der Nadel ca. 2 cm oberhalb des Bodens ein kleines Loch in sie hineinbohren. Raum abdunkeln, von oben mit der Taschenlampe in die Flasche hineinleuchten und die Flasche sanft zusammendrücken.*
DAS PASSIERT: *Der Wasserstrahl, der unten aus dem Boden austritt, leuchtet, weil er wie ein Lichtleiter das Licht „gefangen hält".*

Licht und Farben

WOZU EIGENTLICH? *Farbe ist eine der wichtigsten Eigenschaften, die von (sehenden) Menschen an Gegenständen ihrer Umgebung wahrgenommen werden.*

Dispersion am Prisma

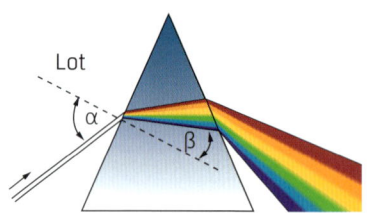

Sonnenlicht oder Licht einer Glühlampe werden als weißes Licht wahrgenommen. Es setzt sich jedoch aus einer Vielzahl Farben, den Spektralfarben Rot, Orange, Gelb, Grün, Blau, Indigo und Violett, zusammen.

Mit einem **Dreieckprisma** kann Licht in die einzelnen Farbanteile zerlegt werden, weil jeder Farbanteil beim Übergang vom optisch dünneren Medium (hier: Luft) zum optisch dichteren Medium (hier: Glas) unterschiedlich stark gebrochen wird – der rote am wenigsten und der violette am stärksten. Diese Erscheinung nennt man in der Physik **Dispersion.**

Der Regenbogen

Der Regenbogen ist eines der wohl faszinierendsten Phänomene in der Natur. Man beobachtet ihn nach einem kräftigen Regenschauer, wenn sich die Sonne hinter dem Beobachter befindet und die vor diesem liegende Regenwand beleuchtet. Besonders beeindruckend ist es, wenn neben einem kräftigen **Hauptregenbogen** zusätzlich ein schwächerer **Nebenregenbogen** zu sehen ist, dessen Farbfolge umgekehrt ist.

Ein Regenbogen entsteht durch **Brechung und Reflexion des Sonnenlichts an den Wassertropfen.** Beim Übergang vom optisch dünneren (Luft) zum optisch dichteren Medium (Wasser) wird das Licht gebrochen und dabei in die Spektralfarben zerlegt. Ein Teil des Lichts wird anschließend an der Rückwand des Tropfens reflektiert und beim Austritt aus dem Tropfen erneut gebrochen. Der Winkel zwischen einfallendem und ausfallendem Strahl beträgt 42° (Hauptregenbogen). Wird das Licht einmal im Tropfen reflektiert, entsteht der Hauptregenbogen, zweimalige Reflexion erzeugt den Nebenregenbogen mit umgekehrter Farbfolge.

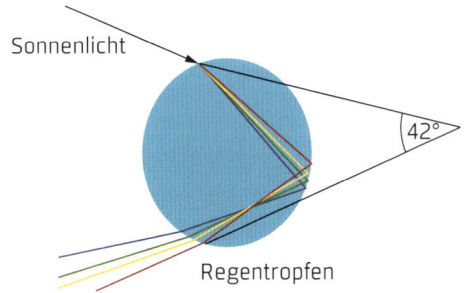

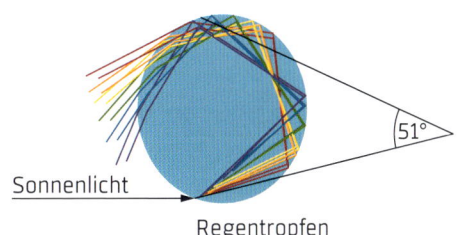

Farbmischung

Bei der **additiven Farbmischung** wird das Licht verschiedener Farben auf dieselbe Stelle gelenkt, wo es sich überlagert (addiert). Rot, Blau und Grün sind die **Grundfarben** der additiven Farbmischung, denn durch additive Mischung dieser Farben erhält man alle anderen Farben. Es gilt:

- Gegenüberliegende Farben ergeben Weiß.
- Jede Farbe des Farbkreises kommt durch Mischen der benachbarten Farben zustande.
- Beim Mischen der Grundfarben erhält man Weiß.

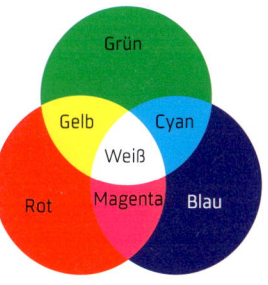

Additive Farbmischung

Bei der **subtraktiven Farbmischung** wird das auftreffende Licht verschiedener Farben durch Farbpigmente oder Farbfilter absorbiert (subtrahiert) und das restliche Licht bildet eine Mischfarbe. Die Grundfarben bei der subtraktiven Farbmischung sind Gelb, Magenta (Purpur) und Cyan (Blaugrün). Die subtraktive Farbmischung lässt sich auf **Körperfarben** anwenden, also die wahrgenommene Farbe von Objekten. Es gilt:

- Alle Farben des Farbkreises kann man durch Mischen der Grundfarben erhalten.
- Durch das Mischen aller Farben erhält man Schwarz.

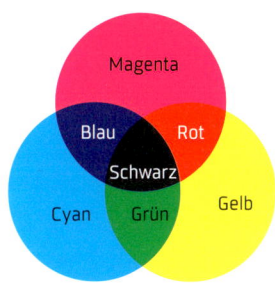

Subtraktive Farbmischung

SELBST ENTDECKEN   Dispersion am Prisma

DAS WIRD GEBRAUCHT: *Dreieckprisma; Pappe, aus der ein dünner Streifen herausgeschnitten ist (Spaltblende); LED-Taschenlampe; Schirm (weiße Wand).*
DAS IST ZU TUN: *Lochblende an die Taschenlampe halten, den schmalen Lichtstrahl durch das Prisma schicken und ein Farbspektrum auf dem Schirm erzeugen.*

Bildentstehung durch Linsen

WOZU EIGENTLICH?   *Linsen bilden die grundlegenden Bauteile aller optischen Geräte. Ihre Eigenschaften helfen bspw., Sehfehler zu korrigieren, oder ermöglichen es, Objekte, die für die natürliche Wahrnehmung zu klein oder zu weit entfernt sind, zu beobachten und zu untersuchen. Und im heimischen Beamer verbaut gestatten sie, die nächste Fußballeuropameisterschaft gemeinsam mit Freunden und Familie auf einer großen Leinwand zu verfolgen.*

Optische Linsen

Man unterscheidet im Wesentlichen zwei verschiedene Arten von optischen Linsen – Konvexlinsen oder Sammellinsen und Konkavlinsen oder Zerstreuungslinsen.

Bei **Konvexlinsen,** auch **Sammellinsen** genannt, ist mindestens eine der Seiten nach außen gewölbt. Die Krümmung ist dabei größer als oder genauso groß wie die Krümmung der anderen Seite, wie bei den folgenden Beispielen zu sehen ist.

Bikonvexe Linse   **Plankonvexe Linse**   **Konvexkonkave Linse**

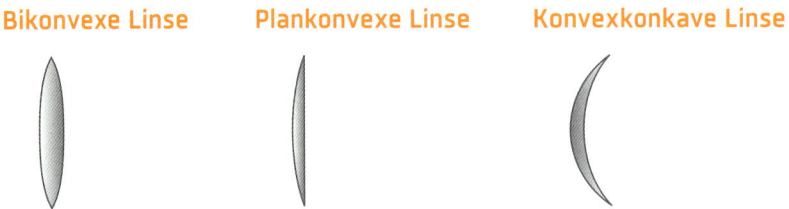

Konvexlinsen besitzen die Eigenschaft, dass sie Lichtbündel, die parallel zur optischen Achse einfallen, in einem Punkt fokussieren. Diesen Punkt nennt man den **Brennpunkt F** der Linse. Sein Abstand zur Mittelebene der Linse ist die **Brennweite f.**

Aufgrund ihrer geometrischen Symmetrie besitzen bikonvexe Linsen zwei Brennpunkte mit gleicher Brennweite. Zudem ist der Lichtweg bei Sammellinsen umkehrbar, d.h., trifft ein vom Brennpunkt ausgehendes, divergentes Lichtbündel auf eine Sammellinse, so erhält man hinter dieser ein paralleles Lichtbündel.

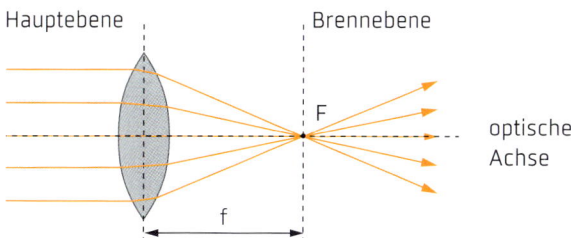

Bei **Konkavlinsen,** auch **Zerstreuungslinsen** genannt, ist mindestens eine der Seiten nach innen gewölbt. Die Krümmung dieser nach innen gewölbten Seite ist dabei wiederum größer als oder genauso groß wie die Krümmung der anderen Seite.

Bikonkave Linse   **Plankonkave Linse**   **Konkavkonvexe Linse**

Konkavlinsen zerstreuen ein parallel einfallendes Lichtbündel. Sie besitzen ebenso wie Konvexlinsen einen Brennpunkt, welcher sich allerdings auf der Seite der Linse befindet, von der das Licht einfällt. Er entsteht geometrisch, indem man die Licht-strahlen, wie sie hinter der Linse verlaufen, gedanklich rückwärts verlängert, also entgegengesetzt zum weiteren Lichtweg.

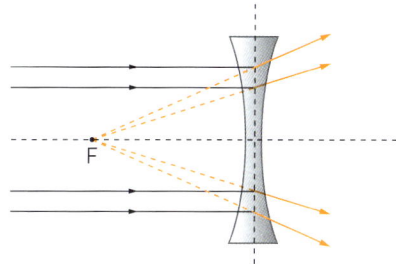

Auch bikonkave Linsen besitzen aus Symmetriegründen zwei Brennpunkte mit gleicher Brennweite.

Bilder durch optische Linsen

Hält man eine Sammellinse in einem bestimmten Abstand (**Bildweite b**) zu einem Schirm, so erzeugt man auf diesem ein seitenverkehrtes, auf dem Kopf stehendes, scharfes Bild. Dieses **reelle** Bild ist je nach Abstand des Gegenstandes zur Linse (**Gegenstandsweite g**) im Vergleich zum Original vergrößert, gleich groß oder verkleinert.

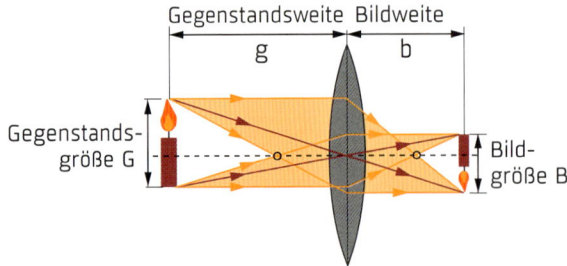

Sind Brennweite, Gegenstandsweite sowie Gegenstandsgröße bekannt, so lassen sich Bildweite und Bildgröße zeichnerisch oder rechnerisch ermitteln.

Geometrische Bildkonstruktion an dünnen Linsen

Für bestimmte Lichtstrahlen – die **Hauptstrahlen** – lässt sich deren weiterer Weg nach dem Durchgang durch die Linse vorhersagen.

- **Mittelpunktstrahl:** Alle Lichtstrahlen durch die Linsenmitte verändern ihre Richtung nicht.
- **Parallelstrahl:** Alle Lichtstrahlen, die vor der Linse parallel zur optischen Achse einfallen, verlaufen hinter der Linse durch ihren Brennpunkt.
- **Brennpunktstrahl:** Alle Lichtstrahlen, die durch den Brennpunkt vor der Linse gehen, verlaufen hinter der Linse parallel zur optischen Achse weiter.

Gehen diese Hauptstrahlen von demselben Gegenstandspunkt aus, schneiden sie sich nach Passieren der Linse im zugehörigen Bildpunkt.

Mit zwei Hauptstrahlen (in der Abbildung: Mittelpunkt- und Parallelstrahl) lässt sich für jeden Gegenstandspunkt der jeweilige Bildpunkt konstruieren.

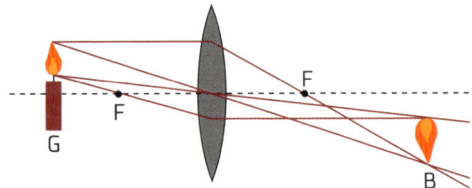

Die Abbildungsgleichung

Für Abbildungen an Linsen gilt die Beziehung:

$$\frac{1}{f} = \frac{1}{b} + \frac{1}{g}$$

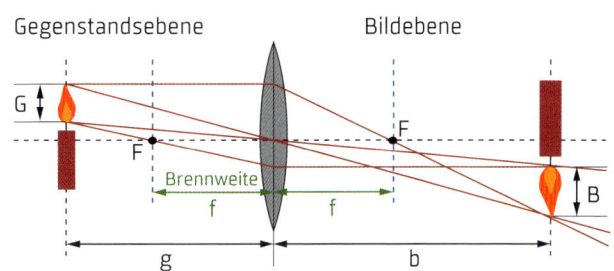

Gegenstandsebene   Bildebene

G

F

Brennweite

f   f

B

g   b

Löst man diese Gleichung nach einer der beiden Größen auf, so erhält man die Formeln:

$$f = \frac{b \cdot g}{b + g} \qquad b = \frac{f \cdot g}{g - f} \qquad g = \frac{f \cdot b}{b - f}$$

Bildeigenschaften in Abhängigkeit von Gegenstands- und Brennweite

Zerstreuungslinsen erzeugen immer verkleinerte, aufrechte und virtuelle Bilder.

Für Bilder von Sammellinsen gilt die folgende Tabelle:

Gegenstandsweite	Bildeigenschaften	Anwendung
$g > 2f$	verkleinert, auf dem Kopf stehend, reell	Fotoapparat
$g = 2f$	gleich groß, auf dem Kopf stehend, reell	
$2f > g > f$	vergrößert, auf dem Kopf stehend, reell	Diaprojektor
$g = f$	Es entsteht kein Bild.	
$g < f$	vergrößert, aufrecht, virtuell	Lupe

SELBST ENTDECKEN   Bild durch eine Lupe als Sammellinse

DAS WIRD GEBRAUCHT: *eine Lupe, eine Leselampe, eine helle Wand als Schirm.*
DAS IST ZU TUN: *Die Lampe ca. 1 m von der Wand entfernt so aufstellen, dass die Wand nicht direkt von ihr beleuchtet wird. Eine Hand oder einen anderen Gegenstand direkt vor die Lampe halten bzw. stellen und mithilfe der Lupe ein Bild auf der Wand erzeugen.*
Tipp: *Ist die Vergrößerung V der Lupe bekannt, dann kann man ihre Brennweite bestimmen mithilfe der Formel f = (25 cm) : V.*

Optische Geräte

WOZU EIGENTLICH?   *Im Grunde ist bereits das Auge ein optisches Gerät. Bezieht man sich nur auf künstlich hergestellte Geräte, ist die Brille aber fast genauso alltäglich. Die geometrische Optik hilft, zu verstehen, wie optische Geräte funktionieren.*

Das Auge

Trifft Licht auf das Auge, fällt es zunächst auf die lichtdurchlässige **Hornhaut.** Die Hornhaut wirkt wie eine Sammellinse und bricht das auftreffende Licht. Anschließend fällt das Licht auf die **Pupille,** die von der Iris umgeben ist. Die Pupille ist letztlich nur ein Loch und wirkt mit der Iris wie eine Lochblende, durch die das Licht tritt. Je nach Stärke des Lichteinfalls reguliert das Auge die Größe der Pupille. Hinter der Pupille trifft das Licht auf die **Linse** des Auges und wird ein weiteres Mal gebrochen, sodass die Brechung, die bereits an der Hornhaut stattfand, verstärkt wird. Bei diesem Vorgang entsteht nun ein scharfes, auf dem Kopf stehendes und seitenverkehrtes Bild auf der Netzhaut des Auges.

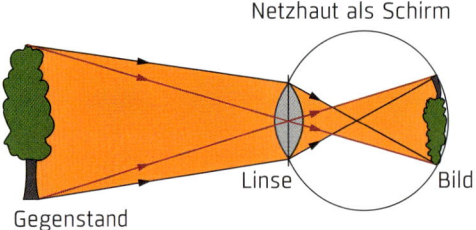

Netzhaut als Schirm

Linse   Bild

Gegenstand

Da das Auge in der Lage ist, sich an die verschiedenen Entfernungen der Gegenstände anzupassen, werden diese immer scharf auf der Netzhaut abgebildet. Diese Fähigkeit der Anpassung bezeichnet man als **Akkommodation.**
Das Gehirn verarbeitet die Signale, die es von den Sinneszellen über den Sehnerv erhält, und sorgt für ein aufrechtes und seitenrichtiges Bild.

Die Brille

Viele Menschen tragen Brillen oder Kontaktlinsen, um **Fehlsichtigkeiten** zu korrigieren. Bei einem gesunden Auge wird das vom Gegenstand kommende Licht an der Hornhaut und der Linse so gebrochen, dass ein scharfes Bild entsteht. Leidet das Auge an einer Fehlsichtigkeit, kann es keine scharfen Bilder erzeugen.

Man unterscheidet Weitsichtigkeit und Kurzsichtigkeit.

Bei einer Weitsichtigkeit ist der Augapfel zu kurz. Dies führt dazu, dass nahe Gegenstände nicht mehr scharf abgebildet werden können. Das Bild des Gegenstandes entsteht hinter der Netzhaut.

Bei einer Kurzsichtigkeit ist der Augapfel einige Millimeter zu lang, wodurch weit entfernte Gegenstände nicht mehr scharf abgebildet werden können. Das Bild entsteht vor der Netzhaut.

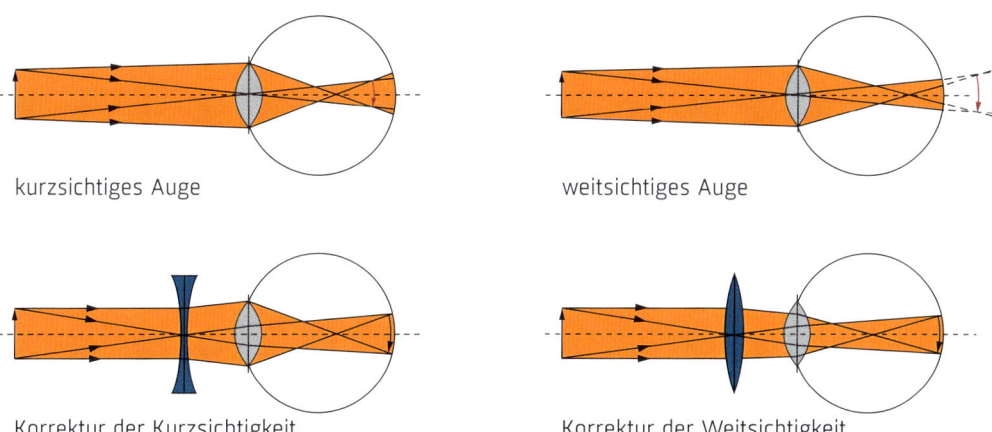

kurzsichtiges Auge

weitsichtiges Auge

Korrektur der Kurzsichtigkeit

Korrektur der Weitsichtigkeit

Mithilfe einer Brille kann die Fehlsichtigkeit des Auges korrigiert werden.

Bei Weitsichtigkeit wird eine Sammellinse als Brillenglas verwendet, wodurch die Randstrahlen des Lichtbündels stärker zusammenlaufen. Hierdurch wird die Bildweite verkleinert, sodass das Bild des Gegenstandes nun auf der Netzhaut liegt.

Bei Kurzsichtigkeit wird eine Zerstreuungslinse als Brillenglas verwendet, sodass die Randstrahlen des Lichtbündels stärker auseinanderlaufen. Hierdurch vergrößert sich die Bildweite und das Bild des Gegenstandes rückt auf die Netzhaut.

Die Lupe

Um Objekte bzw. den Sehwinkel zu vergrößern, werden Lupen verwendet. Die Lupe besteht aus einer einfachen Sammellinse mit geringer Brennweite f. Mithilfe der Lupe entsteht ein aufrechtes, vergrößertes **virtuelles Bild** des Objektes. Die Vergrößerung des Gegenstandes ist umso größer, je näher das Objekt am Brennpunkt der Lupe liegt.

Das Gehirn verlängert die ins Auge treffenden Lichtstrahlen (als hätte die Brechung in der Linse der Lupe nicht stattgefunden), weshalb man ein vergrößertes virtuelles Bild wahrnimmt.

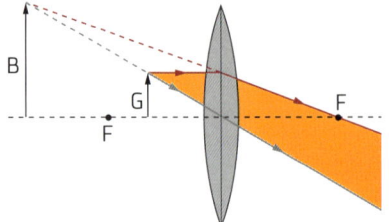

Das Mikroskop

Mikroskope werden verwendet, um starke Vergrößerungen zu erzielen. Im Gegensatz zu einer Lupe besteht das Mikroskop aus zwei Sammellinsen, dem **Objektiv** und dem **Okular.** Das Objektiv ist eine stark brechende Sammellinse, die ein vergrößertes reelles Zwischenbild im Tubus erzeugt. Das Zwischenbild wird anschließend mithilfe der zweiten Sammellinse im Okular, die wie eine Lupe wirkt, weiter vergrößert. Man beobachtet mit dem Auge durch das Okular nun ein vergrößertes, umgekehrtes, seitenvertauschtes und virtuelles Bild des betrachteten Objekts.

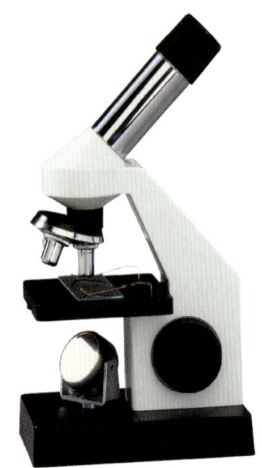

Für die **Vergrößerung** eines Mikroskops gilt:
Gesamtvergrößerung = (Vergrößerung vom Objektiv) × (Vergrößerung vom Okular)

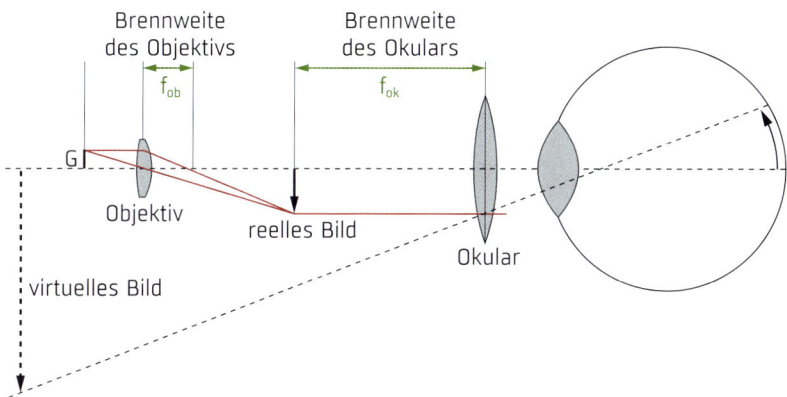

Das Kepler-Fernrohr

Ein Kepler-Fernrohr oder **astronomisches Fernrohr** besteht im Wesentlichen aus zwei Sammellinsen. Die Sammellinse mit der kleineren Brennweite bildet das Okular, jene mit der größeren Brennweite das Objektiv. Auch beim Fernrohr entsteht ein reelles Zwischenbild, welches der Beobachter durch das Okular betrachtet.

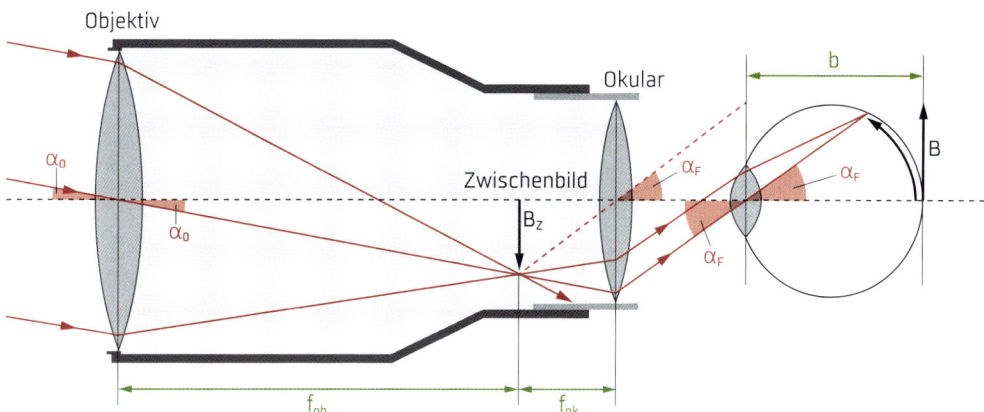

Die Vergrößerung V eines Kepler-Fernrohrs ergibt sich als Quotient der Brennweiten:

$$V = \frac{f_{Objektiv}}{f_{Okular}}$$

SELBST ENTDECKEN   Wasserstropfen als Lupe

DAS WIRD GEBRAUCHT: *Frischhaltefolie, etwas Wasser, Zeitung oder Zeitschrift.*

DAS IST ZU TUN: *Ein Stück Folie auf die Zeitung legen. Einen Finger ins Wasser tauchen und einen Tropfen auf die Folie fallen lassen.*

DAS PASSIERT: *Der Tropfen wirkt wie eine Lupe und vergrößert die Schrift unter ihm.*

4

ELEKTRIZITÄTS-LEHRE UND MAGNETISMUS

Elektrostatik

WOZU EIGENTLICH? *Fast jeder kennt das Phänomen: Man läuft über einen Teppichboden, möchte die Tür öffnen und bekommt beim Berühren der Türklinke einen elektrischen Schlag. Dieses und viele eindrucksvolle Phänomene in der Natur lassen sich auf die elektrostatische Auf- und Entladung zurückführen. Eine der wohl spektakulärsten elektrostatischen Entladungen ist der Blitz eines Gewitters.*

Elektrische Ladungen

Alle Körper sind aus **Atomen** aufgebaut. Ein Atom besteht aus Atomkern und Atomhülle. In der Atomhülle befinden sich die **negativ geladenen Elektronen,** der Atomkern setzt sich aus den **positiv geladenen Protonen** und den neutral geladenen Neutronen zusammen. Ein Atom besitzt die gleiche Anzahl an Elektronen wie Protonen und ist daher insgesamt elektrisch neutral. Nimmt ein Atom ein weiteres Elektron auf, wird es zum negativ geladenen

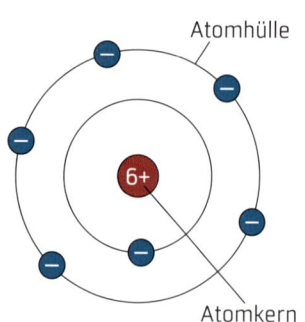

Atomhülle

Atomkern

Ion, das mehr Elektronen als Protonen besitzt. Gibt ein Atom dagegen ein Elektron ab, wird es zum positiv geladenen Ion und hat mehr Protonen als Elektronen. Das Prinzip kann auf Körper übertragen werden, denn jeder Körper besteht aus positiven und negativen Ladungen. Ist die Anzahl der Elektronen im Körper genauso groß wie die Anzahl der Protonen, ist dieser elektrisch neutral (ungeladen). Elektrisch negativ geladene Körper besitzen einen Überschuss an Elektronen, elektrisch positiv geladene Körper einen Elektronenmangel.

elektrisch neutraler Körper	negativ geladener Körper (−)	positiv geladener Körper (+)
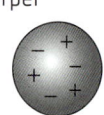	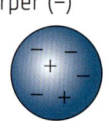	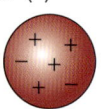

Die **elektrische Ladung** gibt an, wie groß der Elektronenüberschuss bzw. Elektronenmangel ist. Die elektrische Ladung hat das Formelzeichen Q und wird in der Einheit 1 Coulomb (1 C) angegeben.
Zur Bestimmung der elektrischen Ladung Q eines Körpers gilt:
$Q = N \cdot e$
N: Anzahl der Ladungen, e: Elementarladung
Die Elementarladung ist die kleinste in der Natur vorkommende Ladungsmenge.
Sie ist eine universelle Naturkonstante und hat einen Wert von $1{,}602 \cdot 10^{-19}$ C.

RECHENBEISPIEL: Elektrische Ladung

Ein Körper hat eine positive Ladung von 0,3 C. Wie groß ist sein Elektronenmangel?

GESUCHT: Anzahl der fehlenden Elektronen N

GEGEBEN: $Q = 0,3$ C; $e = 1,602 \cdot 10^{-19}$ C

RECHNUNG: $Q = N \cdot e \Rightarrow N = \frac{Q}{e}$

$N = \frac{Q}{e} = \frac{0,3 \text{ C}}{1,602 \cdot 10^{-19}\text{C}} = 1,87 \cdot 10^{18}$

ERGEBNIS: Der Körper hat einen Elektronenmangel von $1,87 \cdot 10^{18}$ Elektronen.

Verhalten elektrischer Ladung

Durch unterschiedliche Vorgänge können Elektronen von einem Körper auf einen anderen Körper übertragen werden. Dabei wird bei einem Transport von Elektronen auch immer elektrische Ladung übertragen. Dies kann zu einer **Ladungstrennung** oder einem **Ladungsausgleich** führen.

Durch enge Berührung bzw. das Aneinanderreiben zweier Körper können beide Körper elektrisch aufgeladen werden. Dies bezeichnet man als Berührungs- bzw. Reibungselektrizität.

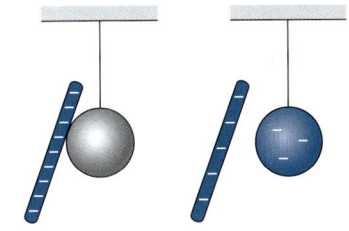

Reibt man bspw. einen Plastikstab mit einem Tuch, gehen Elektronen vom Tuch auf den Stab über, sodass sich beide Körper elektrisch aufladen. In diesem Fall spricht man von einer **Ladungstrennung.**
Nähert man den elektrisch geladenen Plastikstab anschließend einer ungeladenen Metallkugel, gehen

Elektronen auf die Metallkugel über und es erfolgt ein **Ladungsausgleich.** Die Metallkugel ist nun ebenfalls elektrisch geladen. Zu erkennen ist dies daran, dass sich die Metallkugel und der Plastikstab gegenseitig abstoßen.

Elektrische Abstoßung und Anziehung

Die gegenseitige Abstoßung der beiden Körper lässt darauf schließen, dass zwischen zwei geladenen Körpern Kräfte wirken. Dabei gilt:

- **Gleichartig geladene Körper stoßen sich gegenseitig ab.**
- **Ungleichartig geladene Körper ziehen sich gegenseitig an.**

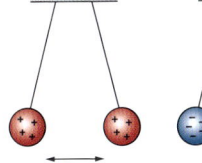 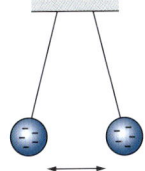 

Das coulombsche Gesetz

Wie groß die abstoßenden bzw. anziehenden Kräfte zwischen den geladenen Körpern sind, hängt von der Größe der Ladungen q_1 und q_2 sowie dem Abstand r der beiden Körper ab ab. Diese Zusammenhänge beschreibt das coulombsche Gesetz:

DAS COULOMBSCHE GESETZ

$$F = \frac{1}{4\pi\varepsilon_0} \cdot \frac{q_1 \cdot q_2}{r^2}$$

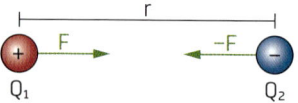

ε_0 ist die elektrische Feldkonstante und hat einen Wert von $8{,}854 \cdot 10^{-12}\frac{As}{Vm}$.

Ladungstrennung

Im Allgemeinen kann man eine Ladungstrennung durch Berührung oder Reibung herbeiführen: Dabei können Elektronen von einem auf den anderen Körper übergehen, sodass beide Körper anschließend elektrisch geladen sind. Wie die Körper geladen sind, hängt von den jeweiligen Materialien ab.
Reibt man einen Ballon an den Haaren, stehen die Haare ab und werden vom Ballon angezogen. Bei der Berührung sind Elektronen vom Ballon auf die Haare übergegangen. Der Ballon ist nun positiv und die Haare negativ geladen. Die Haare bzw. die negativen Ladungen auf ihnen stoßen sich gegenseitig ab, wodurch die Haare abstehen. Vom Ballon dagegen werden die Haare angezogen bzw. von seiner positiven Ladung.

Influenz

Es kann auch zu einer Ladungstrennung innerhalb eines Körpers kommen. Bringt man einen elektrisch geladenen Körper in die Nähe eines ungeladenen, übt der geladene Körper Kräfte auf die Elektronen im ungeladenen Körper aus. Ist der geladene Körper negativ geladen (Abbildung rechts), werden die Elektronen des ungeladenen Körpers abgestoßen

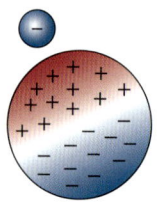

Körper ungeladen

und wandern auf die vom geladenen Körper abgewandte Seite des ungeladenen Körpers. Auf der zugewandten Seite bleiben die positiven (unbeweglichen) Ionen zurück. Der Körper bleibt als Ganzes elektrisch neutral, da er keine Ladungen aufgenommen oder abgegeben hat.
Den Vorgang, bei dem es aufgrund eines geladenen Körpers und der elektrischen Anziehung bzw. Abstoßung zur Ladungstrennung innerhalb eines elektrisch neutralen Körpers kommt, bezeichnet man als **Influenz.**

Ladungsausgleich

Ein **Gewitter** ist die bekannteste und stärkste elektrische
Erscheinung, bei der elektrische Ladung transportiert und
ausgeglichen wird.
In Gewitterwolken werden durch Reibung untereinander
die leichten Eiskristalle positiv, die schweren Graupelkörner
negativ aufgeladen. Durch starke Aufwinde werden die
leichten positiven Eiskristalle oben gehalten, die schweren
negativen Graupelkörner sinken ab – der obere Teil der
Wolke ist nun positiv und der untere Teil der Wolke negativ

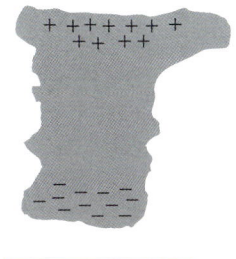

geladen. Die negative Unterkante der Wolke stößt die Elektronen im Erdboden
ab, es kommt zu einer positiven Influenzladung am Boden. Zwischen Wolkenunter-
kante und Boden findet nun ein Ladungsausgleich in Form eines Blitzes statt.

Das Elektroskop

Das Elektroskop wird zum Nachweis elektrischer
Ladung genutzt. Es besteht aus einem Metallstab und
einem mit diesem verbundenen, drehbar gelagerten
Metallzeiger. Wird ein geladener Körper mit dem Elektroskop in Berührung gebracht, findet ein Ladungsausgleich statt, wodurch sich der Metallstab des Elek-
troskops gleichnamig auflädt.
Die abstoßenden Kräfte lassen den Zeiger ausschlagen.

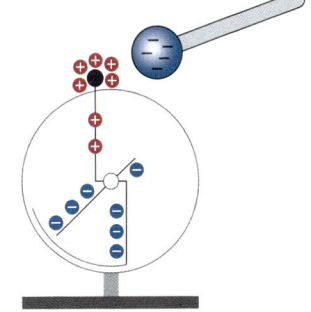

Bringt man einen elektrisch geladenen Körper nur in die Nähe des Metallzeigers,
kommt es infolge der Influenz ebenfalls zu einem Zeigerausschlag.

SELBST ENTDECKEN   Der verbogene Wasserstrahl

DAS WIRD GEBRAUCHT: *Kunststofflineal, Tuch oder Pullover,
Wasserstrahl aus einem Wasserhahn.*
DAS IST ZU TUN: *Lineal am Tuch oder Pullover reiben. In die
Nähe eines dünnen Wasserstrahls halten.*
DAS PASSIERT: *Der Wasserstrahl wird durch das elektrisch
geladene Lineal abgelenkt. (Wassermoleküle haben
eine positive und eine negative Seite, sie richten sich entsprechend aus und nähern sich dem geladenen Lineal,
wodurch der sich Strahl verbiegt.)*

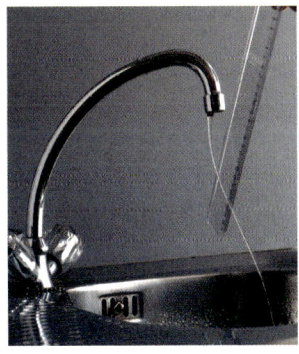

Die elektrische Leitfähigkeit

WOZU EIGENTLICH? *Der elektrische Strom ist für den menschlichen Körper sehr gefährlich. Alle Flüssigkeiten des menschlichen Körpers wie Blut, Speichel, Schweiß sowie Zellflüssigkeit leiten den elektrischen Strom sehr gut. Berührt man bspw. einen unter Spannung stehenden Leiter, fließt elektrischer Strom durch den Körper und führt zu lebensgefährlichen Verletzungen. Deshalb ist besondere Vorsicht im Umgang mit defekten Elektrogeräten, Kabeln und Steckern geboten.*

Ladungsträger und Leitfähigkeit

Die **elektrische Leitfähigkeit** ist eine physikalische Größe, die beschreibt, wie gut oder schlecht ein Material elektrischen Strom leitet. Dabei ist die elektrische Leitfähigkeit eines Stoffes bzw. eines Stoffgemisches abhängig von der Verfügbarkeit elektrischer **Ladungsträger,** den Elektronen bzw. Ionen.

Alle Stoffe bestehen aus Atomen (s. S. 226), die wiederum aus einem elektrisch positiv geladenen Kern und den elektrisch negativ geladenen Elektronen bestehen. Da ein Atom gleich viele positive wie negative Ladungen enthält, ist es als Ganzes elektrisch neutral. Unter bestimmten Bedingungen können Atome aber Elektronen abgeben oder aufnehmen. Dabei entstehen positiv oder negativ geladene **Ionen** sowie auch freie **Elektronen.** Wandern diese elektrisch geladenen Teilchen durch den Stoff, fließt ein **elektrischer Strom** (s. S. 158). Elektrischer Strom ist nichts anderes als sich bewegende Ladungen bzw. Ladungsträger, da die Ladung eine Eigenschaft der Ladungsträger ist, wie die Masse eine Eigenschaft von Körpern ist.

Größen, die den Stromfluss beeinflussen

Welche Stromstärke durch einen Stoff fließt, ist daher abhängig davon, **wie viele freie und welche Ladungsträger** er enthält.
Fließt ein Strom durch einen Stoff, behindern die Teilchen, die nicht am Stromfluss beteiligt sind – also bspw. die fest auf ihren Plätzen sitzenden Atome eines Metalls (s. S. 166) – die wandernden freien Ladungsträger (wie wenn man es eilig hat und sich durch eine Menschenmenge drängeln muss). Diese Behinderung nennt man den **elektrischen Widerstand.** Er beeinflusst den Stromfluss ebenfalls.

Da die freien Ladungsträger nicht „von allein" beginnen, sich in eine bestimmte Richtung zu bewegen, braucht man noch einen Antrieb, eine **elektrische Spannung** (s. S. 162) bzw. ein **elektrisches Feld** (s. S. 188), um einen gerichteten Stromfluss hervorzurufen.

Elektrische Leiter

Als elektrischen Leiter bezeichnet man Körper, die den elektrischen Strom gut leiten. Hierbei ist ein Leiter ein Medium, das frei bewegliche Elektronen bzw. Ionen besitzt, also Ladungsträger, die den elektrischen Strom transportieren können. Bei Festkörpern, insbesondere Metallen, besteht ein enger Zusammenhang zwischen der elektrischen Leitfähigkeit und der Wärmeleitfähigkeit. Daher ist jeder **elektrische Leiter auch ein guter Wärmeleiter.**
Fast alle Metalle sind gute elektrische Leiter, besonders Silber, Kupfer, Blei, Gold und Aluminium. Aus diesem Grund nutzt man Aluminium und Kupfer für die Herstellung von Verbindungsleitern und Kabeln.

Was bestimmt die Leitfähigkeit eines Leiters?

Die Leitfähigkeit eines elektrischen Leiters ist von drei Faktoren abhängig:
- dem **Stoff,** aus dem der Körper besteht,
- der **Länge** des Körpers,
- der **Querschnittsfläche** des Körpers.

Generell besitzt jeder elektrische Leiter einen geringen elektrischen Widerstand (s. S. 166).

Supraleiter

Einige Materialien zeigen keinen elektrischen Widerstand mehr auf, wenn sie unterhalb eine bestimmte materialabhängige kritische Temperatur abgekühlt werden. Der verschwindende elektrische Widerstand führt dazu, dass die elektrische Leitfähigkeit ins Unendliche steigt. Materialien, die diese Eigenschaft besitzen, werden als Supraleiter bezeichnet.

Halbleiter

Halbleiter (s. S. 218) sind Festkörper, deren elektrische Leitfähigkeit von mehreren Faktoren abhängig ist und über diese beeinflusst werden kann: Temperatur, Druck und Belichtung. Die Leitfähigkeit liegt immer zwischen der von Leitern und Nichtleitern (Isolatoren). Ein Beispiel für Halbleiter sind die Stoffe Silizium und Germanium.

Elektrische Nichtleiter – Isolatoren

Stoffe, die den elektrischen Strom schlecht oder gar nicht leiten, werden als Nicht-leiter bzw. **Isolatoren** bezeichnet. Isolatoren besitzen keine frei beweglichen Elek-tronen, da alle Elektronen an ihr Atom gebunden sind. Aus diesem Grund ist keine Elektronenwanderung und somit auch kein elektrischer Stromfluss möglich. (Ionen können in Festkörpern nicht wandern, da sie fest auf ihren Plätzen sitzen.) Isolatoren werden zur Isolation elektrischer Leitungen und zur Isolation bei elek-trischen Geräten genutzt. Darüber hinaus kann man sie in der Wärmeisolierung nutzen, denn wie jeder gute elektrische Leiter auch ein guter Wärmeleiter ist, sind elektrische Isolatoren auch gute Wärmeisolatoren. Gute Isolatoren sind bspw. Luft, Glas, Gummi, diverse Kunststoffe, destilliertes Wasser und viele Nichtmetalle.

ACHTUNG, DENKFALLE!   *Die gute Leitfähigkeit von Metallen kommt daher, dass ein großer Teil frei beweglicher Elektronen im Stoff vorhanden ist. Einige Schüler nehmen daher an, dass Nichtleiter bzw. das Nichtleiten von elektrischem Strom über das Fehlen von Elektronen zu erklären ist. In diesem Fall setzen Schüler Nichtleiter einem positiven Pol (Elektronenmangel) gleich. Analog dazu wird in einem Leiter ein Überschuss an Elektronen angenommen. Beides ist jedoch nicht (unbedingt) der Fall, elektrische Leiter sind elektrisch neutral – entscheidend ist nicht die tatsächliche Anzahl Ladungen, sondern die der **frei beweglichen.***

Elektrische Leitungsmechanismen

Die Art der freien Ladungsträger und ihres Zustandekommens unterscheidet sich für:
- **elektrische Leitung in Metallen**
- **elektrische Leitung in Flüssigkeiten**
- **elektrische Leitung in Gasen**
- **elektrische Leitung im Vakuum**
- **elektrische Leitung in Halbleitern** (s. S. 218)

Elektrische Leitung in Metallen

Metalle sind Festkörper, d.h., ihre Atome sitzen auf festen Plätzen, die in einem regelmäßigen Gitter angeordnet sind (dem **Kristallgitter**). Jedes Atom hat so viele Elektronen, wie sein Atomkern positive Ladungen hat, sodass es zunächst elekt-risch neutral ist. Lagern Atome sich zu Kristallen zusammen, kann es aber für die Atome energetisch günstig sein, Elektronen abzugeben oder aufzunehmen.

Bei Metallen ist es bspw. ein günstiger Zustand, wenn die Atome ein Elektron abgeben. Diese abgegebenen Elektronen können sich frei zwischen den Atomrümpfen bewegen – man nennt dies einen **Elektronensee.**
Legt man eine elektrische Spannung an ein Metall an, werden die freien Elektronen in Bewegung gesetzt und es fließt ein elektrischer Strom. **In Metallen wird der elektrische Strom von Elektronen getragen.**

Die freien Elektronen im Elektronensee bilden gewissermaßen den „Kitt", der die Atome (die ja nun einfach positiv geladene Ionen sind) zusammenhält. Man nennt diese Art der Bindung zwischen Atomen eine **metallische Bindung.**

Elektrische Leitung in Flüssigkeiten

Destilliertes Wasser ist ein Isolator, es leitet den elektrischen Strom nicht. Löst man jedoch Kochsalz darin auf, erhöht sich die elektrische Leitfähigkeit stark. Kochsalz ist ebenfalls ein Kristall, in dem Natrium und Chlor auf Gitterplätzen sitzen. Die Bindung zwischen den Atomen kommt zustande, weil die Natriumatome ein Elektron abgeben. Diese Elektronen „schwimmen" aber nicht zwischen den Atomrümpfen herum wie im Metall, sondern werden von den Chloratomen aufgenommen. Dadurch enthält der Kristall positiv geladene Natriumionen und negativ geladene Chlorionen, beide ziehen sich aufgrund der entgegengesetzten Ladungen an und bilden so das Kristallgitter. (Man spricht von einer **Ionenbindung.**)

Löst man Salz in Wasser auf, trennen sich die Ionen voneinander (bleiben aber Ionen), sodass im Wasser positive und negative Ionen vorhanden sind. Legt man eine elektrische Spannung an, werden die Ionen in Bewegung gesetzt – die positiven Ionen (**Kationen**) wandern zur negativen Elektrode (der **Kathode**), die negativen Ionen (**Anionen**) zur positiven Elektrode (der **Anode**).

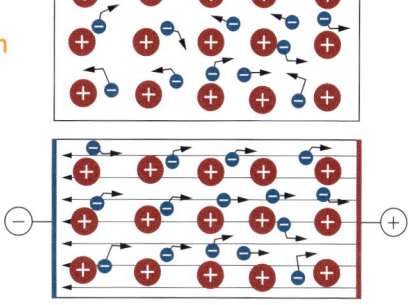

Das Beschriebene gilt für jedes Salz, nicht nur für Kochsalz, wie bspw. Kupfersulfat. Daneben zerfallen (**dissoziieren**) auch Säuren und Basen in Ionen, wenn sie in Wasser gelöst werden und rufen so eine verstärkte Leitfähigkeit hervor.
In Flüssigkeiten wird der elektrische Strom von positiven und negativen Ionen transportiert.

Elektrische Leitung in Gasen

Unter normalen Bedingungen enthält ein Gas keine freien Ladungsträger und ist – wie bspw. Luft – ein elektrischer Isolator. Nun kennt man aber von Blitzen, dass durch Luft auch sehr hohe, gefährliche Ströme fließen können.
Dies kommt zustande, wenn in dem Gas freie Ladungsträger erzeugt werden: Die Atome oder Moleküle des Gases können bspw. durch Erhitzen oder radioaktive Strahlung (s. S. 230) ionisiert werden. Dadurch entstehen positive Ionen und freie Elektronen, die beide als freie Ladungsträger dienen können.

Sind erst einige freie Elektronen entstanden und bewegen diese sich so schnell durch das Gas, dass ihre Stöße mit den Atomen heftig genug sind, um den Atomen Elektronen zu entreißen, spricht man von **Stoßionisation.** Da jeder erzeugte freie Ladungsträger seinerseits durch Stöße weitere freie Elektronen erzeugen kann, wächst die Anzahl freier Ladungsträger lawinenartig an.

Die Leitfähigkeit im **Blitzkanal** bei Gewittern wird durch Stoßionisation erzeugt: Zwischen Wolke und Erdboden baut sich ein elektrisches Feld auf, das schließlich so stark wird, dass die ersten Elektronen aus der Wolke nach unten schießen. Diese bilden den Vorblitz und ionisieren den Luftkanal, in dem sie entlangrasen.
Je näher sie dem Erdboden kommen, desto stärker wird ihre Anziehungskraft auf Ionen im Erdboden, bis diese aus dem Boden gerissen werden und im Blitzkanal als Hauptblitz nach oben rasen, wobei sie ihrerseits durch Stoßionisation die Leitfähigkeit weiter erhöhen. Da dabei die Luftmoleküle auch zum Leuchten angeregt werden (s. S. 229), sieht man einen Blitz. Dieses Auf und Ab der Ladungsträger wiederholt sich ein paarmal, was man als Flackern des Blitzes wahrnimmt.
Elektrische Ströme in Gasen werden von Elektronen und positiven Ionen getragen.

Elektrische Leitung im Vakuum

Auch im Vakuum sind zunächst keine freien Ladungsträger vorhanden und müssen erst erzeugt werden, möchte man einen elektrischen Strom durch ein Vakuum leiten.

In alten Röhrenfernsehern bspw. wird ein Verfahren genutzt, bei dem eine Kathode und eine Anode in einer evakuierten Röhre sitzen. Die Kathode wird nun so stark erhitzt, dass einige ihrer Elektronen so viel Bewegungsenergie erhalten, dass sie das Metall der Kathode verlassen können. Einmal frei, werden sie von der Anode angezogen und fliegen zu ihr hinüber. Dabei erreichen sie hohe Geschwindigkeiten, weil im Vakuum keine Teilchen sind, die einen nennenswerten elektrischen Widerstand (s. S. 166) verursachen könnten.

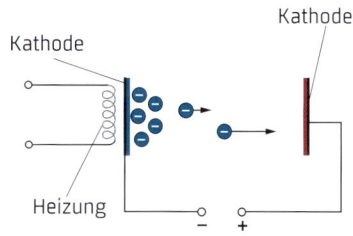

Das Fernsehbild kommt dann zustande, weil diese Elektronen durch eine Anordnung von elektrischen und magnetischen Feldern gezielt als feiner Strahl über einen Schirm hin und her gelenkt werden können. Der auftreffende Strahl bringt den Schirm an der Stelle zum Leuchten. Durch geschickte Wahl des Materials erhält man die Farben Grün, Blau, Rot, die durch Mischung alle benötigten Farbtöne ergeben (s. S. 135). Der zeilenweise Aufbau des Bildes geschieht so schnell, dass das Auge ein gleichmäßiges Bild wahrnimmt.

SELBST ENTDECKEN   Leiter oder Nichtleiter

DAS WIRD GEBRAUCHT: *Fassung, Glühbirne, Flachbatterie, drei Leitungsdrähte, zwei Krokodilklemmen, Gegenstände (z. B. Gummi, Glas, Aluminiumfolie, Gold, Silber, Holz, Bleistiftmine …)*

DAS IST ZU TUN: *Glühbirne in die Fassung schrauben. Ein Kabel mit der Fassung und der Flachbatterie verbinden, an einem zweiten Kabel eine Krokodilklemme befestigen und mit der Fassung verbinden, das dritte Kabel mit der Flachbatterie und der zweiten Krokodilklemme verbinden. Nun unterschiedliche Gegenstände mit den Krokodilklemmen berühren und das Lämpchen beobachten.*

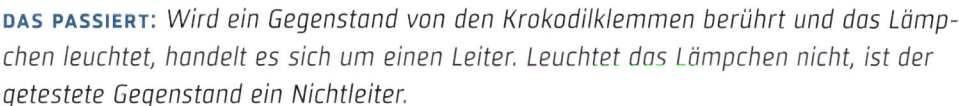

DAS PASSIERT: *Wird ein Gegenstand von den Krokodilklemmen berührt und das Lämpchen leuchtet, handelt es sich um einen Leiter. Leuchtet das Lämpchen nicht, ist der getestete Gegenstand ein Nichtleiter.*

Wirkung des elektrischen Stroms

WOZU EIGENTLICH? *Der elektrische Strom ist durch seine vielseitigen Wirkungen im Alltag nicht mehr wegzudenken. Am einfachsten lässt sich dies an einer Glühbirne veranschaulichen: Am offensichtlichsten ist die Lichtwirkung, aber wer eine noch leuchtende Glühbirne aus der Fassung drehen will, kann auch die Wärmewirkung des elektrischen Stroms schmerzlich erfahren. Hält man einen Magneten in die Nähe einer leuchtenden Glühbirne, so beobachtet man, wie der Glühdraht beginnt, heftig zu schwingen, was auf eine magnetische Wirkung des elektrischen Stroms hindeutet.*

Die Wärmewirkung

Die Wärmewirkung des elektrischen Stroms kommt in vielen alltäglichen Geräten zum Tragen – wenn man sich eine Scheibe Brot toastet oder einen Haartrockner verwendet. Auch Elektroherde, Bügeleisen und Heizlüfter beruhen auf der Wärmewirkung des elektrischen Stroms.
Diese elektrischen Geräte funktionieren alle nach

demselben Prinzip: Fließt elektrischer Strom durch einen Metalldraht, wird dieser erwärmt. Dies liegt daran, dass die Elektronen, die durch den Metalldraht fließen, mit Atomen im Inneren des Drahtes zusammenstoßen. Beim Zusammenstoß übertragen die Elektronen Bewegungsenergie auf die Atome des Drahtes. Diese beginnen, auf ihren Plätzen stärker zu „zittern". Bewegung von Atomen ist aber nichts anderes als thermische Energie (s. S. 84). Diese wird in Form von Wärme abgegeben. Die Wärmewirkung des elektrischen Stroms ist materialabhängig: Je nachdem welches Material und wie viel von diesem Material verwendet wird, ist die Wärmewirkung des elektrischen Stroms kleiner bzw. größer.

Die Lichtwirkung

Am einfachsten lässt sich die Lichtwirkung des elektrischen Stroms bei einer Heizplatte oder einer Halogenlampe beobachten. Dabei ist die Wärmewirkung des elektrischen Stroms so stark, dass der Glühdraht glüht und Licht aussendet.

Die chemische Wirkung

Die chemische Wirkung des elektrischen Stroms macht man sich u.a. beim **Galvanisieren** zunutze. Dabei wird ein Gegenstand, der elektrisch leitfähig sein muss, mit einem metallischen Überzug versehen, der ihn bspw. vor Korrosion schützt. Man taucht den Gegenstand und eine Elektrode aus dem Material, aus dem der Überzug bestehen soll (in der Abbildung: Kupfer), in einen **Elektrolyten,** also eine leitende Flüssigkeit. Ein Elektrolyt kann bspw. entstehen, wenn man ein Salz in Wasser löst, denn beim Auflösen des Salzes entstehen Ionen.

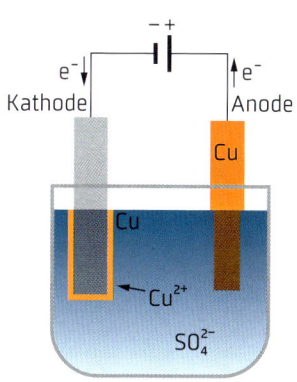

Die Kupferelektrode ist die positive Elektrode, die **Anode.** Der Gegenstand selbst stellt die zweite, negative Elektrode (die **Kathode**) dar. Schließt man die Elektroden an eine Gleichstromquelle an, wandern (im abgebildeten Beispiel) positiv geladene Kupferionen aus der Anode durch den Elektrolyten zur Kathode (dem Gegenstand). Der Stromkreis wird geschlossen, weil die an der Anode zurückgebliebenen Elektronen der Kupferionen durch den Draht zum Pluspol der Spannungsquelle wandern und aus dem Minuspol Elektronen zur Kathode wandern, wo sie die positive Ladung, die die sich ablagernden Kupferionen mitgebracht haben, ausgleichen.

Die magnetische Wirkung

Nähert man einen Magneten einer Glühlampe, beginnt der Glühdraht heftig zu schwingen. Wird die Glühlampe abgeschaltet, verschwindet der Effekt. Die magnetische Wirkung wurde also vom Strom in der Glühwendel erzeugt. Ein stromdurchflossener Leiter ist von einem Magnetfeld umgeben (s. S. 206). Die magnetische Wirkung des Stroms weist eine Besonderheit auf: Vertauscht man die Anschlüsse der Lampe an der Spannungsquelle, ändert sich die Richtung des Magnetfeldes und eine Magnetnadel dreht sich andersherum. Wärme und Licht der Lampe hingegen sind unabhängig von der Wahl der Anschlüsse.

SELBST ENTDECKEN Galvanisieren

DAS WIRD GEBRAUCHT: *Kupfermünze, Sicherheitsnadel, Schälchen (Glas oder Porzellan) mit Essig*

DAS IST ZU TUN: *Münze und Sicherheitsnadel so in den Essig legen, dass sie sich nicht berühren.* **VORSICHT:** *Essig anschließend nicht mehr verwenden.*

DAS PASSIERT: *Nach ca. 24 Stunden hat die Sicherheitsnadel einen kupfernen Überzug, weil auch ohne angelegte Spannung Kupferionen von der Münze zur Nadel wandern.*

Die elektrische Stromstärke

WOZU EIGENTLICH?   *Die elektrische Stromstärke, die elektrische Spannung und der elektrische Widerstand stellen die drei physikalischen Grundgrößen der Elektrizitätslehre dar und stehen in einem engen Zusammenhang. Kommt man mit einer Spannungsquelle in Berührung, ist die Stromstärke der wichtigste Faktor für die Auswirkungen. So drohen ab 25 mA Bewusstlosigkeit, ab 80 mA Atemstillstand und über 3 A kommt es darüber hinaus zu Verbrennungen.*

Der elektrische Strom

Im Allgemeinen spricht man von einem Strom, wenn sich irgendetwas, bspw. Wasser, in eine bestimmte Richtung bewegt. Will man eine Aussage über die Stromstärke des Wassers treffen, betrachtet man die Wassermenge, die in einer gewissen Zeit an einem bestimmten Punkt vorbeifließt. Dieses Prinzip lässt sich auf den elektrischen Stromfluss und die damit verbundene elektrische Stromstärke übertragen:

Im Leitungsdraht eines Stromkreises bewegen sich freie Ladungsträger, die Elektronen. Der elektrische Strom ist dabei eine gezielte und gerichtete Bewegung der Elektronen durch den Leiter, und die **elektrische Stromstärke I** gibt an, wie viel Ladung Q pro Zeiteinheit t durch den Leiterquerschnitt fließt.

$$I = \frac{Q}{t}$$

Die elektrische Stromstärke wird in der Einheit ein Ampere (1 A) angegeben – nach dem französischen Mathematiker und Physiker André Marie Ampère (1775–1836).
1 A = 1000 mA (Milliampere) = 1 000 000 µA (Mikroampere)

Die **elektrische Ladung Q** wird in Coulomb (C) angegeben – nach dem französischen Naturforscher Charles Augustin Coulomb (1736–1806).

Die Ladung eines Elektrons bezeichnet man als **Elementarladung,** weil sie die kleinste frei vorkommende Ladungsmenge darstellt; sie beträgt e = 1,602 · 10^{-19} C.

Elektrische Stromstärke in Natur und Technik

Kopfhörer	1 mA
Radio (batteriebetrieben)	10 mA
Lebensbedrohliche Stromstärke	> 25 mA
Haushaltsgeräte	0,1–10 A
Glühlampe einer Taschenlampe	0,2 A
Autoscheinwerfer	4,5 A
Überlandleitungen	100–1000 A
Blitz	bis 100 000 A

Messen der elektrischen Stromstärke

Um die elektrische Stromstärke zu messen, müsste man theoretisch die Elektronen zählen, die pro Sekunde durch den Querschnitt des Leiterdrahtes fließen. Da die Elektronen dafür jedoch zu klein und zu zahlreich sind, nutzt man Messgeräte, sogenannte Amperemeter. Häufig werden zur Messung Vielfachmessgeräte verwendet.
Mithilfe des Messgerätes wird die elektrische Stromstärke über die magnetische Wirkung, die der elektrische Strom hervorruft, gemessen.
Zur Messung der Stromstärke in einem elektrischen Stromkreis muss das Amperemeter in Reihe (s. S. 180) geschaltet werden. Dabei ist es besonders wichtig, ob eine Gleichstromquelle oder eine Wechselstromquelle vorliegt. Wenn es sich um eine Gleichstromquelle handelt, muss die Polarität berücksichtigt werden, d. h., der Minuspol des Messgerätes muss mit dem Minuspol der Spannungsquelle und der Pluspol des Messgerätes mit dem Pluspol der Spannungsquelle verbunden werden (siehe Abbildung).

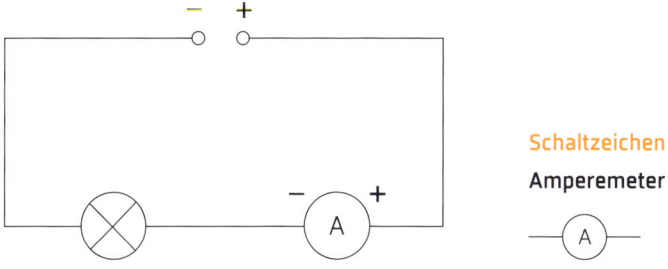

Schaltzeichen

Amperemeter

RECHENBEISPIEL: Anzahl der Elektronen pro Sekunde berechnen

Die Stromstärke in einem elektrischen Leiter soll 3 mA betragen. Wie viele Elektronen bewegen sich dann in einer Sekunde durch den Leiterquerschnitt?

ANALYSE: Es wird angenommen, dass eine konstante Stromstärke vorliegt. Die Gesamtladung ergibt sich aus der Elementarladung e eines Elektrons und der Anzahl N der Elektronen. Es gilt:

$$Q = N \cdot e$$

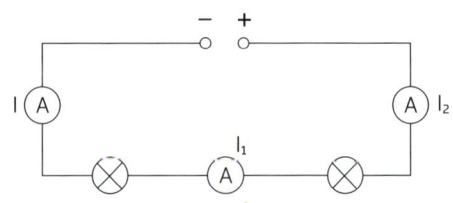

Leiterquerschnitt

GESUCHT: Anzahl der Elektronen N

GEGEBEN: $I = 3 \text{ mA} = 3 \cdot 10^{-3} \text{A}$; $t = 1 \text{ s}$;

$e = 1{,}62 \cdot 10^{-19} \text{ C}$

RECHNUNG: $I = \dfrac{Q}{t} = \dfrac{N \cdot e}{t}$

Auflösen nach N und Einsetzen der Zahlenwerte:

$N = \dfrac{I \cdot t}{e} = \dfrac{3 \cdot 10^{-3} A \cdot 1 s}{1{,}62 \cdot 10^{-19} C} = 1{,}85 \cdot 10^{16}$

ERGEBNIS: In einer Sekunde bewegen sich $1{,}85 \cdot 10^{16}$ Elektronen durch den Leiterquerschnitt.

Elektrische Stromstärke in unverzweigten Stromkreisen

Liegt eine **Reihenschaltung** vor, so spricht man von einem unverzweigten Stromkreis. Fließt in einem unverzweigten Stromkreis ein elektrischer Strom mit konstanter Stromstärke I, dann gilt:

Die Stromstärke ist an allen Stellen des Stromkreises gleich groß:

$I = I_1 = I_2$

ACHTUNG, DENKFALLE! *Viele Schüler nehmen an, dass die Stromstärke vor dem Lämpchen größer ist als hinter dem Lämpchen – dies ist jedoch falsch, die Stromstärke ist vor und hinter der Lampe gleich groß. Diese Fehlvorstellung kommt vor allem daher, dass im Alltag häufig vom Lämpchen als Verbraucher gesprochen wird. Hierdurch wird die Annahme gefördert, dass der Strom am Lämpchen „verbraucht" wird. Diese Vorstellung vom verbrauchten Strom lässt sich für Schüler gut auf den Alltag übertragen. Sie verknüpfen im Haushalt entstehende Stromkosten mit der Verbrauchsvorstellung. Oft nehmen Schüler außerdem an, dass die Stromstärke in allen Stromkreisen unabhängig von der Anzahl der in Reihe geschalteten Lämpchen gleich groß ist.*

Elektrische Stromstärke in verzweigten Stromkreisen

Generell spricht man von einem verzweigten Stromkreis, wenn eine **Parallel-schaltung** vorliegt. Fließt ein elektrischer Strom mit konstanter Stromstärke I, so gilt:

Die Summe der Teilstromstärken I_1 und I_2 ist gleich der Gesamtstromstärke:

$I = I_1 + I_2$

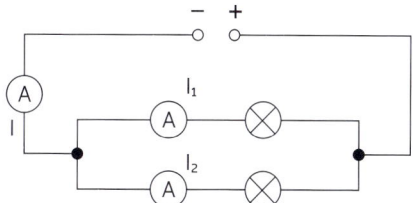

ACHTUNG, DENKFALLE!   *Viele Schüler nehmen an, dass sich der Strom in verzweigten Stromkreisen gleichmäßig auf die einzelnen Verzweigungen aufteilt (die Aufteilung hängt jedoch von der Größe der Widerstände in den Teilkreisen ab). Sie argumentieren häufig, dass der Strom an der Verzweigung noch nicht weiß, was danach kommt. Sie betrachten die Stromstärken nicht in Abhängigkeit von den in den Lämpchen auftretenden Widerständen.*

SELBST ENTDECKEN   Salzwasser als elektrischer Leiter

DAS WIRD GEBRAUCHT: *Flachbatterie (4,5 V), Glühlampe (2 W), drei Stück isolierter Draht, Trinkglas, Kochsalz*

DAS IST ZU TUN: *Glas mit Wasser füllen. Von den Enden der Drähte die Isolierung entfernen. Einen Draht mit einem Batteriepol verbinden, das andere Ende ins Wasser hängen lassen. Den 2. Draht an der Glühlampe befestigen, das andere Ende ebenfalls ins Wasser hängen lassen. Der 3. Draht verbindet die Glühlampe mit dem noch freien Batteriepol. Dann nach und nach Salz im Wasser auflösen und Lämpchen beobachten.*

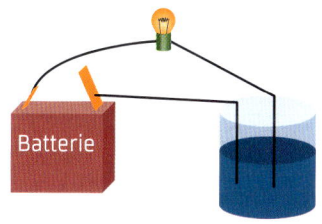

DAS PASSIERT: *Zunächst passiert nichts. Erst wenn das Salz im Wasser ist, leuchtet die Lampe und zwar umso heller, je mehr Salz im Wasser ist.*
Leitungswasser enthält nur wenige Ladungsträger, die Stromstärke reicht nicht aus, um die Lampe zum Leuchten zu bringen. Löst sich das Salz im Wasser, entstehen positive Natriumionen und negative Chlorionen, wodurch sich die Anzahl der Ladungsträger erhöht. Nun kann eine Ladungsmenge fließen, die eine genügend hohe Stromstärke ergibt, sodass die Lampe leuchtet.

Die elektrische Spannung

Damit ein elektrischer Strom fließen kann, muss eine elektrische Spannung anliegen. Je größer die angelegte Spannung ist, desto größer ist die elektrische Stromstärke.

Elektrische Spannung als Antrieb für den Strom

Die elektrische Spannung ist die Ursache für den elektrischen Strom. Da sich die im Leitermaterial vorhandenen Elektronen nicht von alleine durch den elektrischen Leiter bewegen, müssen sie angetrieben werden. Die elektrische Spannung ist somit die Fähigkeit einer Spannungsquelle, wie z.B. einer Batterie, die Elektronen (bzw. allgemein die freien Ladungsträger) anzutreiben.

Die Spannungsquelle

Eine Spannungsquelle wie eine Batterie hat einen negativen Pol (Minuspol) und einen positiven Pol (Pluspol). Das bedeutet, am Minuspol herrscht ein Elektronenüberschuss, am Pluspol ein Elektronenmangel. Da sich entgegengesetzte Ladungen anziehen, wirkt eine Kraft zwischen beiden. Solange die Pole unverbunden sind, können die Ladungen dieser Kraft aber nicht nachgeben. Erst wenn die Pole über Drähte und Geräte verbunden werden und ein geschlossener Stromkreis (s. S. 176) entstanden ist, können die Elektronen vom Minuspol über den Stromkreis zum Pluspol fließen.

Die Ladungstrennung zwischen den Polen und die zwischen ihnen wirkende Kraft bzw. das daraus resultierende elektrische Feld (s. S. 188) ist die Ursache für die „Antriebsfähigkeit" der Spannungsquelle – also für die elektrische Spannung. Am Pluspol wird durch den Stromfluss der Elektronenmangel im Laufe der Zeit ausgeglichen, ebenso der Elektronenüberschuss am Minuspol abgebaut – was der Grund dafür ist, dass eine Batterie irgendwann „leer" ist und keine Spannung mehr liefert. Ein Akku kann dagegen wieder geladen werden, dabei werden die Elektronen wieder zum Minuspol zurücktransportiert. Da sich dabei gleichnamige Ladungen anhäufen sollen, muss die Abstoßung zwischen beiden überwunden werden: Es muss Energie aufgebracht werden, um die Ladungstrennung und damit die elektrische Spannung aufzubauen. Das Ladegerät muss an die Steckdose angeschlossen sein – eine weitere Spannungsquelle, deren Spannung vom Kraftwerk ständig aufrechterhalten wird, indem dieses bspw. Kohle verbrennt und die thermische Energie in elektrische Energie umwandelt.

Der Zusammenhang zwischen Spannung und Strom

Um die elektrische Spannung zu berechnen, gilt das ohmsche Gesetz.

OHMSCHES GESETZ
$U = R \cdot I$
U: elektrische Spannung; I: elektrische Stromstärke; R: elektrischer Widerstand

Das ohmsche Gesetz besagt, dass der elektrische Strom proportional zur elektrischen Spannung ist – je höher die Spannung ist, desto höher ist auch der Strom. Die Spannung hat das Formelzeichen U und die Einheit ein Volt (1 V), benannt nach dem italienischen Physiker Alessandro Volta (1745–1827).
1 V = 1000 mV (Millivolt) = 1 000 000 µV (Mikrovolt)
Je höher die angelegte Spannung ist, desto mehr Strom kann fließen. Ein elektrischer Strom transportiert auch Energie, es fließt also auch ein Energiestrom. Bei einer konstanten Stromstärke können unterschiedliche Energieströme vorkommen, wenn die Energiequelle (z. B. eine Batterie) unterschiedliche Spannungen aufweist. Bei einer größeren elektrischen Spannung werden die Elektronen stärker angetrieben, wodurch mehr Energie pro Sekunde übertragen wird.

Elektrische Spannungen in Natur und Technik

Herz des Menschen	60–80 mV
Zink-Kohle-Batterie	1,5 V
Flachbatterie	4,5 V
Fahrraddynamo	6 V
Autobatterie	12–24 V
Max. Spannung bei Schülerexperiment	25 V
Netzspannung in Haushaltssteckdose	230 V
Hochspannung im Fernseher	bis 25 000 V
Überlandleitungen	bis 380 000 V
Blitz	bis 10^9 V

ACHTNG, DENKFALLE!   *Schwierigkeiten bereitet der Begriff der Spannung vielen Schülern, weil sie oftmals nicht in der Lage sind, zwischen Strom und Spannung unterscheiden. Sie haben zudem die Vorstellung, Spannung existiere nur im Stromkreis: Von einer Batterie und einer in den Stromkreis geschlossenen Batterie wird häufig nur die Batterie im Stromkreis als Spannungsquelle benannt.*

Messen der elektrischen Spannung

Zur Messung der elektrischen Spannung werden Spannungsmesser, sogenannte Voltmeter
verwendet. Mithilfe eines Spannungsmessers
kann die Spannung im elektrischen Stromkreis
sowohl an der Spannungsquelle als auch an
einem elektrischen Bauteil gemessen werden.
Dabei ist zu beachten, dass das Voltmeter
an den Punkten angeschlossen werden muss,

an denen man die Spannung messen will. Generell gilt: Spannungsmesser werden
immer parallel zu dem elektrischen Bauteil geschaltet, an dem die elektrische
Spannung gemessen werden soll (siehe Abbildung unten links). Der Spannungsmesser misst, wie stark die einzelnen Elektronen zwischen den beiden festgelegten Punkten von der Spannungsquelle angetrieben werden.

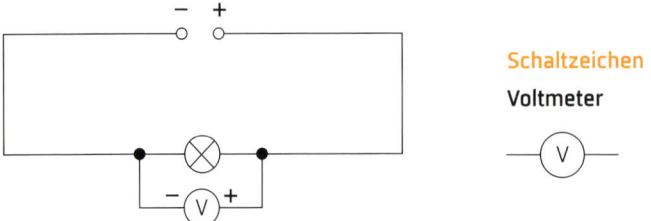

Schaltzeichen

Voltmeter

Wird die elektrische Spannung über einem elektrischen Bauteil (z. B. einem
Lämpchen) gemessen, dann ist die gemessene Spannung ein Maß dafür, wie
stark die Elektronen angetrieben werden müssen, um durch das Lämpchen zu
strömen. Der Glühdraht des Lämpchens ist jedoch um einiges dünner als der
Leitungsdraht. Dennoch muss im ganzen Stromkreis dieselbe Stromstärke herr-
schen (s. S. 160). Es müssen also genauso viele Elektronen pro Zeiteinheit durch
einen Leiterquerschnitt des dünnen Glühdrahts wie des dicken Leitungsdrahts
fließen. Deshalb muss die Geschwindigkeit der Elektronen im Glühdraht wesent-
lich höher sein, damit der Elektronenstrom an jeder Stelle gleich ist.
Nun verteilt sich aber die Spannung, die von der Batterie geliefert wird, auf die
Drähte und das Lämpchen (s. S. 165) – und das tut sie genau so, dass der Elek-
tronenfluss überall derselbe ist. Über dem Lämpchen muss daher eine größere
Spannung abfallen als über den Drähten, da die Elektronen für eine größere
Geschwindigkeit einen größeren
Antrieb benötigen. Aus diesem
Grund ist die Spannung über dem
Lämpchen größer als über dem
Leitungsdraht.

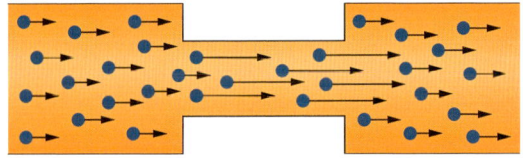

Die elektrische Spannung in unverzweigten Stromkreisen

Bei einer Reihenschaltung von elektrischen Bauteilen verteilt sich die elektrische Spannung auf die einzelnen Bauteile.

Die Summe der Teilspannungen U_1 und U_2 ergibt die Gesamtspannung U:

$U = U_1 + U_2$

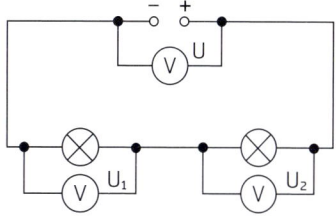

Die Beträge der einzelnen Teilspannungen, die an den elektrischen Bauteilen anliegen, sind vom elektrischen Widerstand R der Bauelemente abhängig. Das Bauelement, welches den größten elektrischen Widerstand aufweist, besitzt die größte Teilspannung bei konstanter Stromstärke.

Die elektrische Spannung in verzweigten Stromkreisen

Bei einer Parallelschaltung von elektrischen Bauteilen ist die Spannung an allen Bauelementen gleich groß.

$U = U_1 = U_2$

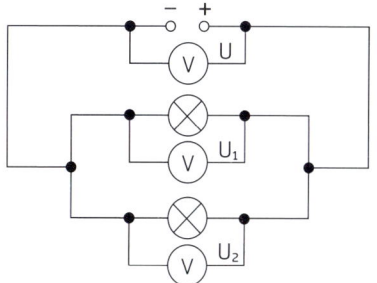

Aufgrund dieser Tatsache sind die elektrischen Geräte im Haushalt parallel geschaltet. Auf diese Weise kann sichergestellt werden, dass an jedem elektrischen Gerät die Betriebsspannung von 230 V anliegt.

ACHTUNG, DENKFALLE!   *Viele Schüler nehmen an, dass die Spannung bei einer Reihenschaltung von elektrischen Bauteilen, wie z.B. Lämpchen, an jeder Stelle gleich ist. Da die elektrische Stromstärke an allen Stellen gleich ist, wird dies von den Schülern auch für die Spannung angenommen.*

SELBST ENTDECKEN   Die Zitronenbatterie

DAS WIRD GEBRAUCHT: *Zitrone, Zinkblech und Kupferblech bzw. Nagel und Kupfermünze, LED-Leuchte*

DAS IST ZU TUN: *Bleche so in die Zitronen stecken, dass sie sich nicht berühren. Anschlüsse der LED-Leuchte an die beiden Bleche halten.*

DAS PASSIERT: *Die Zitrone mit den Blechen stellt eine Batterie dar, deren Spannung bei etwa 0,5–1 V liegt und die die LED-Leuchte zum Leuchten bringt.*

Der elektrische Widerstand

WOZU EIGENTLICH?
Ohne eine elektrische Spannung fließt kein elektrischer Strom – aber wie groß der elektrische Strom ist, den eine bestimmte Spannung hervorruft, hängt noch vom elektrischen Widerstand der Bauteile und Materialien ab, durch die der Strom fließt.

Die Ursache des elektrischen Widerstandes

Eine elektrische Spannung treibt die Elektronen an und lässt sie durch den Leiter wandern. Das geht jedoch nicht reibungslos, denn das Metall des Leiters besteht aus Atomen, mit denen die einzelnen Elektronen zusammenstoßen. Dabei werden sie abgebremst.

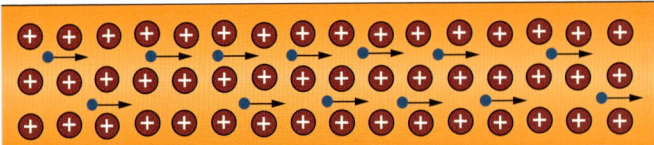

● Elektronen   ⊕ Atome, denen Elektronen fehlen (Atomrümpfe)

Dem Elektronenfluss wirkt somit ein Widerstand entgegen. Bei den Zusammenstößen der Elektronen mit den Atomen werden die Elektronen abgebremst und die Atome in Schwingungen versetzt. Das bedeutet, Bewegungsenergie der Elektronen geht auf die Atome über. Die Bewegungen der Atome sind aber nichts anderes als thermische Energie (s. S. 84). Der Leiter erhitzt sich also und gibt Wärme ab. Die Elektronen verlieren kinetische Energie, der Strom nimmt ab.

Generell gilt, je größer der Widerstand ist, desto stärker wird der Stromfluss (Elektronenfluss) behindert. Die elektrische Spannung hingegen, die im Stromkreis anliegt, gewährleistet eine bestimmte elektrische Stromstärke, da sie die Elektronen antreibt und den Stromfluss entgegen dem Widerstand aufrechthält.

Der **elektrische Widerstand** eines elektrischen Bauteils bzw. Geräts ist somit ein Maß dafür, welche elektrische Spannung U nötig ist, um eine bestimmte elektrische Stromstärke I durch den elektrischen Leiter fließen zu lassen.
Der elektrische Widerstand hat das Formelzeichen R und die Einheit ein Ohm (1 Ω). Die Einheit wurde nach Georg Simon Ohm (1789–1854) benannt.

Elektrische Widerstände in Natur und Technik

Verlängerungskabel	0,1 Ω
Heizplatte im Herd	66 Ω
100-W-Glühlampe	530 Ω
60-W-Glühlampe	880 Ω
Körperwiderstand des Menschen (von Hand zu Hand)	ca. 1000 Ω

Der elektrische Widerstand eines Leiters ist umso größer, je kleiner die Querschnittsfläche des Leitungsdrahtes und je länger der Leitungsdraht ist. Diese Tatsache kann man sich leicht veranschaulichen, indem man sich vorstellt, dass es schwieriger ist, einen Elektronenstrom durch einen dünnen und langen Draht zu drücken als durch einen breiten und kurzen.

Der elektrische Widerstand R eines Leiters kann nach dem Widerstandsgesetz ermittelt werden. Dieses stellt einen Zusammenhang zwischen dem elektrischen Widerstand und dem Aufbau des elektrischen Leiters her. Für einen geraden elektrischen Leiter des Querschnitts A und der Länge l gilt daher folgende Beziehung:

WIDERSTANDSGESETZ

$$R = \rho \cdot \frac{l}{A}$$

ρ: spezifischer elektrischer Widerstand
l: Länge des Leiters
A: Querschnittsfläche des Leiters

Der **spezifische elektrische Widerstand ρ** (griech.: rho) ist eine temperaturabhängige Stoffkonstante, also eine Eigenschaft des Stoffes – er ist umso größer, je höher die Temperatur ist. Er hat die Einheit $\frac{\Omega \cdot mm^2}{m}$.
Das wird anschaulich, wenn man sich verdeutlicht, wie der Widerstand zustandekommt (s. S. 166), denn eine hohe Temperatur bedeutet ein heftiges Schwingen der Atome des Leiters. Je heftiger aber die Atome schwingen, desto häufiger stoßen die Elektronen auf ihrem Weg durch den Leiter mit ihnen zusammen und desto größer wird der Widerstand.

Der Kehrwert des spezifischen Widerstandes gibt die **elektrische Leitfähigkeit σ** (griech.: sigma) an.
$$\sigma = \frac{1}{\rho}$$

Spezifischer Widerstand ausgewählter Materialien bei 20 °C

Material	Spezifischer Widerstand in $\frac{\Omega \cdot mm^2}{m}$
Aluminium	$2{,}65 \cdot 10^{-2}$
Kupfer	$1{,}721 \cdot 10^{-2}$
Gold	$2{,}214 \cdot 10^{-2}$
Eisen	$1{,}0 \cdot 10^{-1}$ bis $1{,}5 \cdot 10^{-1}$
Kochsalzlösung (10 %)	$7{,}9 \cdot 10^{4}$
Wasser (Leitungswasser)	$2 \cdot 10^{8}$
Blut	$1{,}6 \cdot 10^{6}$
Glas	$1 \cdot 10^{16}$ bis $1 \cdot 10^{21}$

Doppeldeutigkeit des Begriffs „Widerstand"

Der Begriff des elektrischen Widerstandes muss jedoch differenziert werden: Neben der physikalischen Größe „elektrischer Widerstand", als **Eigenschaft** elektrischer Bauteile, gibt es auch Widerstände selbst als **Bauteile.** Solche Bauteile lassen sich in fast jeder elektrischen Schaltung finden.

Schaltzeichen
elektrischer Widerstand

ACHTUNG, DENKFALLE! *Viele Schüler nehmen an, dass sich die elektrische Stromstärke hinter dem Widerstand verringert. Sie verknüpfen diese Annahme mit der Vorstellung, dass Strom an einem Widerstand (z. B. einer Glühbirne) verbraucht wird. Des Weiteren bewegen sich die Elektronen nach der Vorstellung vieler Schüler mit Lichtgeschwindigkeit durch den Leiter, weil sie aus Erfahrung wissen, dass ein eingeschaltetes Gerät sofort läuft. Tatsächlich haben die einzelnen Elektronen jedoch nur eine Geschwindigkeit von einem Zehntel Millimeter pro Sekunde bei angelegter Spannung. Da die Spannung über über den ganzen Stromkreis anliegt, setzen sich alle Elektronen gleichzeitig in Bewegung – damit auch die direkt vor dem Gerät, wodurch der elektrische Strom hier sofort zu fließen beginnt.*

RECHENBEISPIEL: Elektrischen Widerstand berechnen

Ein Leiter aus Kupfer ist 450 m lang und hat eine Querschnittsfläche von 150 mm².
Wie groß ist sein elektrischer Widerstand bei einer Raumtemperatur von 20 °C?

ANALYSE: Es wird angenommen, dass eine konstante Stromstärke vorliegt. Den
Wert für den spezifischen Widerstand von Kupfer entnimmt man einer
Tabelle. Der Widerstandes des Leiters ergibt sich dann aus:

$R = \rho \cdot \frac{l}{A}$

GESUCHT: elektrischer Widerstand R

GEGEBEN: $\rho = 0{,}017 \frac{\Omega \cdot mm^2}{m}$

l = 450 m

A = 150 mm²

RECHNUNG: $R = \rho \cdot \frac{l}{A} = 0{,}017 \frac{\Omega \cdot mm^2}{m} \cdot \frac{450\ m}{150\ mm^2} = 0{,}051\ \Omega$

ERGEBNIS: Der elektrische Widerstand R des Leiters beträgt 0,051 Ω.

Messung des elektrischen Widerstandes

Bei der Messung des elektrischen Widerstandes unterscheidet man zwischen der
direkten und der indirekten Widerstandsmessung.
Die direkte Ermittlung des Widerstandes erfolgt mithilfe von Widerstandsmess-
geräten bzw. Vielfachmessgeräten.

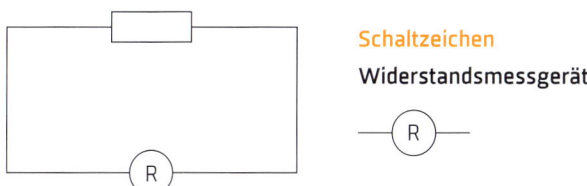

Schaltzeichen

Widerstandsmessgerät

Bei der indirekten Widerstandsmessung müssen
die elektrische Spannung, die am Widerstand
anliegt, und die elektrische Stromstärke, die durch
den Widerstand fließt, zunächst gleichzeitig gemessen und anschließend der Widerstand mithilfe
des ohmschen Gesetzes berechnet werden.

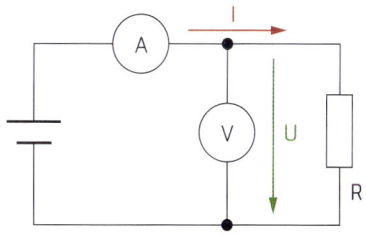

Üblicherweise erfolgt die Widerstandsmessung auf direkte Weise, da auf diese
Weise Ungenauigkeiten vermieden werden können.

Das ohmsche Gesetz

Nach dem ohmschen Gesetz (s. S. 163) sind Strom I und Spannung U zueinander proportional und die Proportionalitätskonstante ist der Widerstand R:

$R = \frac{U}{I}$

Dieses Gesetz gilt nur dann, wenn der Widerstand unabhängig von Strom und Spannung ist. Einen solchen Widerstand bezeichnet man als **ohmschen Widerstand.**

Der elektrische Widerstand in unverzweigten Stromkreisen

In einer **Reihenschaltung** von elektrischen Widerständen ist der Gesamtwiderstand größer als die Teilwiderstände. Er ergibt sich als Summe der Teilwiderstände R_1 und R_2:

$R_{Gesamt} = R_1 + R_2$

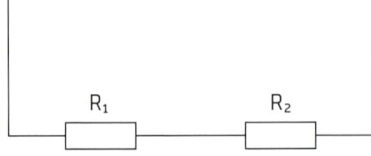

ACHTUNG, DENKFALLE! *Viele Schüler argumentieren folgendermaßen: Je mehr Widerstände in Reihe geschaltet werden, desto kleiner ist der Gesamtstrom und desto kleiner sind die Ströme durch die einzelnen Widerstände. Dies deutet häufig darauf hin, dass der Einfluss von Reihenwiderständen auf den Gesamtstrom nicht erkannt wurde – der Strom ist im unverzweigten Stromkreis und damit in jedem der Widerstände überall gleich groß.*

Der elektrische Widerstand in verzweigten Stromkreisen

In einer **Parallelschaltung** von Widerständen ist die Bestimmung des Gesamtwiderstandes komplizierter. Prinzipiell gilt, dass der Gesamtwiderstand immer kleiner ist als der kleinste Teilwiderstand.

$\frac{1}{R_{Gesamt}} = \frac{1}{R_1} + \frac{1}{R_2}$

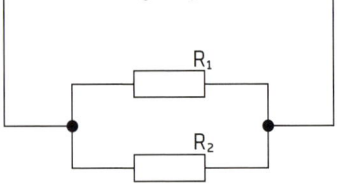

ACHTUNG, DENKFALLE! *Häufig glauben die Schüler, die Stromquelle liefere immer einen konstanten Strom, der sich bei einer Parallelschaltung gleichmäßig aufteilt. Hierbei übersehen die Schüler den Einfluss der Teilwiderstände in der Parallelschaltung. Tatsächlich ist in jeder Verzweigung die Spannung dieselbe und der Strom ergibt sich jeweils aus U = R · I, abhängig von R.*

RECHENBEISPIEL: Widerstand im verzweigten Stromkreis berechnen

Es sollen der Gesamtwiderstand, die Teilstromstärken I_1, I_2 und I_3 sowie die Gesamtstromstärke des abgebildeten Stromkreises berechnet werden. Die elektrische Spannung beträgt 10 V.

GESUCHT: R_{Gesamt}, I_1, I_2, I_3 und I_{Gesamt}

GEGEBEN: $U = 10$ V; $R_1 = 1\,\Omega$; $R_2 = 4\,\Omega$; $R_3 = 5\,\Omega$

RECHNUNG: Es handelt sich um eine Parallel- schaltung von Widerständen, daher gilt die Gleichung:

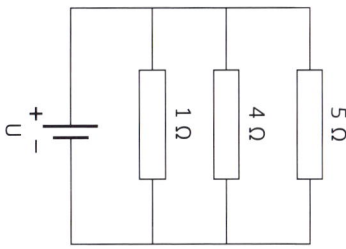

$$\frac{1}{R_{Gesamt}} = \frac{1}{R_1} + \frac{1}{R_2} + \frac{1}{R_3}$$

Daraus folgt für das Beispiel:

$$\frac{1}{R_{Gesamt}} = \frac{1}{1\,\Omega} + \frac{1}{4\,\Omega} + \frac{1}{5\,\Omega} = \frac{20}{20\,\Omega} + \frac{5}{20\,\Omega} + \frac{4}{20\,\Omega} = \frac{29}{20\,\Omega} = \frac{1,45}{\Omega}$$

Der Kehrwert liefert $R_{Gesamt} = 0,6897\ \Omega$

Die Stromstärken ergeben sich aus dem ohmschen Gesetz:

$$I = \frac{U}{R} \rightarrow I_1 = \frac{U}{R_1} = \frac{10\,V}{1\,\Omega} = 10\,A;\ I_2 = \frac{U}{R_2} = \frac{10\,V}{4\,\Omega} = 2,5\,A;\ I_3 = \frac{U}{R_3} = \frac{10\,V}{5\,\Omega} = 2\,A$$

$$I_{Gesamt} = I_1 + I_2 + I_3 = 10\,A + 2,5\,A + 2\,A = 14,5\,A$$

ERGEBNIS: Der Gesamtwiderstand beträgt 0,6897 Ω, die Teilstromstärken sind $I_1 = 10$ A, $I_2 = 2,5$ A und $I_3 = 2$ A. Die Gesamtstromstärke beträgt 14,5 A.

SELBST ENTDECKEN   **Bleistiftmine als Widerstand**

DAS WIRD GEBRAUCHT: *Bleistiftmine (ca. 10 cm lang, 2 mm dick), Glühbirnchen (z. B. aus einer Fahrradlampe), evtl. Fassung, Batterie, Kabel oder Drähte*

DAS IST ZU TUN: *Kabel an beiden Anschlüssen der Glühbirne anbringen, eines davon mit dem Pluspol der Batterie verbinden, das andere ggf. abisolieren und als Schleifkontakt verwenden. Mit zwei weiteren Kabeln die Enden der Bleistiftmine mit den Batteriepolen verbinden. Nun mit dem Schleifkontakt die Mine berühren in unterschiedlichen Abständen von dem Ende, das mit dem Minuspol verbunden ist.*

DAS PASSIERT: *Der elektrische Widerstand der Mine ist abhängig von ihrer Länge. Über einem kurzen Stück der Mine fällt dementsprechend nur ein Teil der Spannung ab. Je nachdem, ob der Glühbirnen-Stromkreis über ein längeres oder kürzeres Stück Bleistiftmine geschlossen wird, fällt mehr oder weniger Spannung ab und die Birne leuchtet mehr oder weniger hell.*

Vorsicht: *Die Bleistiftmine erhitzt sich durch den Stromfluss, nicht zu lange mit der Batterie verbunden lassen!*

Elektrische Energie, Arbeit und Leistung

WOZU EIGENTLICH?   *Man nutzt im Alltag viele verschiedene Formen von Energie. Die elektrische Energie stellt jedoch wegen ihrer Vielseitigkeit die wichtigste aller Energieformen dar. Wie bedeutend die elektrische Energie für das tägliche Leben ist, bemerkt man bereits, wenn aufgrund eines Unwetters Schäden im Energieversorgungsnetz auftreten und der Strom ausfällt.*

Elektrische Energie

In der Physik versteht man unter dem Begriff der **elektrischen Energie** die Fähigkeit des elektrischen Stroms, mechanische Arbeit zu verrichten, Wärme abzugeben oder Licht auszusenden. Die elektrische Energie kann somit auf vielseitige Weise in andere Energieformen umgewandelt werden.

Lampen, wie bspw. ein Kronleuchter, senden Licht aus, wodurch Räume hell beleuchtet werden.
Die elektrische Energie wird in **Lichtenergie** umgewandelt.

Elektroherde und Backöfen geben über das Kochfeld bzw. über die Heizstäbe im Ofen Wärme ab, die zum Kochen und Backen genutzt wird.
Die elektrische Energie wird in **Wärmeenergie** umgewandelt.

Mithilfe eines Mixers kann Teig geknetet werden. Der Mixer wandelt die elektrische Energie in **mechanische Energie** (Bewegungsenergie) um.

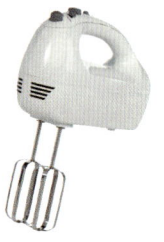

Elektrische Energie messen:
Die genutzte elektrische Energie kann mit einem Messgerät bestimmt werden. Im Alltag verwendet man hierfür sogenannte **Kilowattzähler,** auch Elektrizitäts- oder **Energiezähler** genannt.

Unter der Bedingung, dass die elektrische Spannung (s. S. 162) und die elektrische Stromstärke (s. S. 158) konstant sind, kann die **in einem elektrischen Stromkreis umgewandelte Energie** berechnet werden:

$E = U \cdot I \cdot t$

U: elektrische Spannung

I: elektrische Stromstärke

t: Zeit

Die Energie hat das Formelzeichen E und die Einheit ein Joule (1 J) bzw. eine Wattsekunde (1 Ws). Die Einheit Joule wurde nach dem englischen Physiker Joseph Joule (1818–1889) benannt.

Die angegebene Formel zeigt, dass in einem Stromkreis umso mehr elektrische Energie umgewandelt wird, je größer die Stromstärke I und die Spannung U sind und je länger der elektrische Strom fließt.

Elektrische Arbeit

Wird elektrische Energie in andere Energieformen wie Licht, Wärme oder mechanische Arbeit umgewandelt, verrichtet der elektrische Strom elektrische Arbeit. Dabei ist die elektrische Arbeit ein Maß dafür, wie viel Energie des elektrischen Stroms in andere Energieformen umgewandelt wurde. Die vom Stromkreis verrichtete elektrische Arbeit ist gleich der umgewandelten elektrischen Energie:

Elektrische Arbeit W = umgewandelte elektrische Energie ΔE

Die elektrische Arbeit hat das Formelzeichen W und ebenfalls die Einheit 1 Joule.

Da der Kilowattzähler die umgewandelte elektrische Energie misst, misst er auch die verrichtete elektrische Arbeit. Entsprechend kann sie auch wie die elektrische Energie berechnet werden:

$W = U \cdot I \cdot t$

Elektrische Arbeit in Natur und Technik

Gerät	Elektrische Arbeit
Energiesparlampe (15 W); 1 Std. Betriebszeit	15 Wh (0,015 kWh)
75-W-Glühbirne; 1 Std. Betriebszeit	75 Wh (0,075 kWh)
Mikrowelle (80 W); 10 min Betriebszeit	133 Wh (0,133 kWh)
Waschmaschine (2 kW); 1 Std. Betriebszeit	2 kWh
Herdplatte (1 kW); 100 Std. Betriebszeit	100 kWh

Elektrische Leistung

Auf elektrischen Geräten findet man in der Regel Angaben zur Betriebsspannung und zur elektrischen Leistung (z.B. auf dem Haarföhn 230V/800W). Dabei gilt, je höher die elektrische Leistung eines elektrischen Geräts oder Bauteils ist, desto mehr elektrische Energie wandelt das Gerät in einer bestimmten Zeit in andere Energieformen um. Eine 1000-Watt-Bohrmaschine leistet in der gleichen Zeit also mehr als eine 500-Watt-Bohrmaschine. Wie die mechanische Leistung (s. S. 60) ist auch die elektrische Leistung die in einer bestimmten Zeitspanne verrichtete Arbeit:

$P = \frac{W}{t}$

Die elektrische Leistung kann mithilfe von **Leistungsmessern** direkt gemessen werden. Eine weitere Möglichkeit ist, elektrische Spannung und Stromstärke zu bestimmen und die Leistung zu berechnen. Denn je größer die gemessene elektrische Spannung und Stromstärke sind, desto größer ist die elektrische Leistung.

Man berechnet die elektrische Leistung mit folgender Formel aus elektrischer Spannung und elektrischer Stromstärke:

$P = U \cdot I$

U: elektrische Spannung
I: elektrische Stromstärke

Die elektrische Leistung hat das Formelzeichen P und die Einheit ein Watt (1 W). Die Einheit wurde nach dem schottischen Erfinder James Watt (1736–1819) benannt.

Elektrische Leistung in Natur und Technik

Gerät	Elektrische Leistung
Fernsehgerät im Stand-by-Betrieb	0,5 W
Fahrraddynamo	3 W
Telefon beim Telefonieren	5 W
Energiesparlampe im Haushalt	5–20 W
Glühlampe im Haushalt	25–100 W
Autoscheinwerfer	60 W
Fernsehgerät bei normalem Betrieb	80 W
Mikrowelle	800 W
Waschmaschine	2000 W

RECHENBEISPIEL: Elektrische Energie berechnen

Ein Fernsehgerät im Stand-by-Betrieb benötigt etwa 0,5 W. Wie viel Energie wird „verbraucht", wenn vier Millionen Fernsehapparate nachts acht Stunden im Stand-by-Betrieb laufen? Was kann man aus dem Ergebnis schließen?

ANALYSE: Die „verbrauchte" elektrische Energie ist die umgewandelte Energie und diese ist gleich der verrichteten Arbeit. Die Anzahl der Fernsehgeräte muss bei der Berechnung berücksichtigt werden und wird mit dem Formelzeichen N angegeben.

GESUCHT: elektrische Energie E_{el}

GEGEBEN: P = 0,5 W; N = 4 000 000 Fernsehgeräte; t = 8 h

RECHNUNG: $W = U \cdot I \cdot t = P \cdot t$

Elektrische Energie für 1 Fernsehapparat:

$E_{el} = 0,5 \text{ W} \cdot 8 \text{ h} = 4 \text{ Wh}$

Elektrische Energie für 4 Mio. Apparate:

$E_{el\,gesamt} = 4 \text{ Wh} \cdot 4 000 000 = 16 000 000 \text{ Wh} = 16 000 \text{ kWh} = 16 \text{ MWh}$

ERGEBNIS: Vier Millionen Fernsehgeräte verursachen im Stand-by-Betrieb einen „Energieverbrauch" von 16 MWh. Dafür benötigt man ein Kleinkraftwerk von 2 MW Leistung, das 8 h lang Strom erzeugt. Wegen dieses hohen Energiebedarfs sollten die Geräte abgeschaltet werden, wenn sie längere Zeit nicht in Betrieb genommen werden.

SELBST ENTDECKEN   **Wie funktioniert ein Energiezähler („Stromzähler")?**

Der sogenannte Ferraris-Zähler enthält zwei Spulen – durch die eine fließt der Strom, den man gerade verbraucht, an der anderen liegt die Spannung an. Beide erzeugen in „ihrer" Spule ein Magnetfeld – eins proportional zum Strom, das andere proportional zur Spannung. Da man es im Haushalt mit Wechselstrom zu tun hat, schwanken auch die beiden Spulenmagnetfelder mit derselben Frequenz. Zwischen den Spulen ist eine Metallscheibe drehbar gelagert – man sieht die drehende Scheibe beim Blick auf den Energiezähler. Die schwankenden Magnetfelder der Spulen induzieren (s. S. 196) in der Scheibe elektrische Ströme, sogenannte Wirbelströme. Zwischen den Wirbelströmen und den Magnetfeldern wirken Kräfte, die die Scheibe in Drehung versetzen – deren Drehgeschwindigkeit ist von den beiden Spulenmagnetfeldern abhängig und daher proportional zu Spannung und Strom, also zur Leistung P = U · I. Gezählt wird nun die Anzahl Umdrehungen n. Da die Drehgeschwindigkeit den Umdrehungen pro Zeit entspricht, erhält man n aus „Drehgeschwindigkeit mal Zeit" – damit ist die Anzahl Umdrehungen aber auch proportional zu P · t = U · I · t, also zur elektrischen Arbeit.

Der elektrische Stromkreis

WOZU EIGENTLICH? *Unsere Kultur und Zivilisation ist von der technischen Nutzung elektrischer Geräte geprägt und ein Leben ohne Elektrizität wäre heutzutage nicht mehr denkbar. Umso wichtiger ist es, sich die notwendigen Kenntnisse zum Aufbau und zur Funktionsweise elektrischer Stromkreise anzueignen.*

Der einfache elektrische Stromkreis

In der Physik versteht man unter einem elektrischen Stromkreis einen Zusammenschluss von elektrischen bzw. elektromechanischen Geräten.
Der einfache elektrische Stromkreis besteht in der Regel aus einer **elektrischen Quelle** und einem elektrischen Gerät (z.B. einem Lämpchen), die durch zwei Kabel, sogenannte **elektrische Leiter,** miteinander verbunden sind.
In den meisten einfachen Stromkreisen ist zusätzlich ein Schalter eingebaut, mit dem man den elektrischen Stromkreis öffnen und schließen kann.
Die elektrische Quelle in einem Stromkreis bezeichnet man auch als Strom- bzw. Spannungsquelle. **Spannungsquellen** besitzen zwei Pole, einen **Minuspol** (–) und einen **Pluspol** (+). Zu den Spannungsquellen zählen u. a. Batterien, Generatoren und Akkumulatoren (Akkus).

Für die elektrischen Bauteile des Stromkreises gibt es verschiedene Schaltsymbole, mit denen ein Stromkreis vereinfacht dargestellt und schnell gezeichnet werden kann. Die Darstellung des elektrischen Stromkreises mithilfe von **Schaltsymbolen** bezeichnet man als **Schaltskizze.**

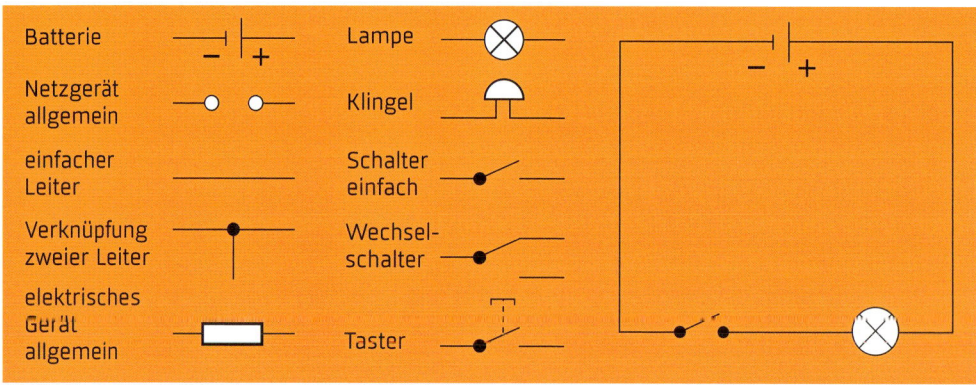

Mithilfe der elektrischen Leiter können Elektronen und mit ihnen elektrische Ladung übertragen werden. Die gerichtete Bewegung von Ladungen (z. B. von Elektronen) durch einen elektrischen Leiter bezeichnet man als Elektronenstrom bzw. **elektrischen Strom** (s. S.158). Damit jedoch ein elektrischer Strom fließen kann, muss der elektrische Stromkreis geschlossen sein.

Das Wassermodell

Für die Wahrnehmung des elektrischen Stroms besitzt der Mensch kein Sinnesorgan, weshalb man den elektrischen Strom und die Prozesse, die im Stromkreis vor sich gehen, auch nicht sehen kann. Die Erscheinungen im elektrischen Stromkreis lassen sich aber im **Wassermodell** veranschaulichen. Das Wassermodell ist ein sehr einfaches Modell, in dem wichtige elektrische Bauteile des Stromkreises durch sinnvolle Entsprechungen ersetzt werden. Das ermöglicht es, schwer verständliche und nicht wahrnehmbare Zusammenhänge im Stromkreis sichtbar zu machen. Dabei greift man auf Gegenstände zurück, die jedem aus dem Alltag bekannt sind.

Der elektrischer Stromkreis (Elektronenmodell)

Das Wassermodell

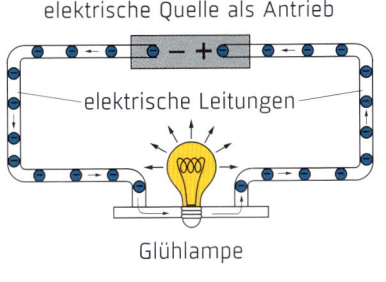

elektrische Quelle als Antrieb

elektrische Leitungen

Glühlampe

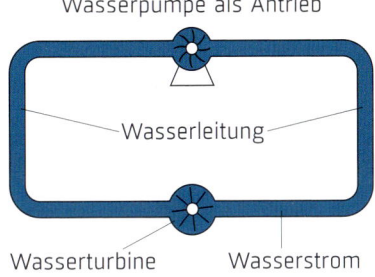

Wasserpumpe als Antrieb

Wasserleitung

Wasserturbine   Wasserstrom

Elektrische Leitungen (Kabel)	Wasserschlauch (-leitung)
Elektrische Quelle (Batterie)	Wasserpumpe
Elektrisches Gerät (Lämpchen)	Wasserrad (-turbine)
Elektronen	Wasserteilchen
Elektrischer Strom (Elektronenstrom)	Wasserstrom
Schalter	Ventil
Elektrischer Widerstand	Verengung im Schlauch

Ein einfacher Stromkreis im Wassermodell

Ein einfacher Kreislauf im **Wassermodell** besteht aus einer Wasserpumpe, Wasserleitungen und einem Wasserrad. Die Wasserpumpe in der Abbildung pumpt die Wassermoleküle von der rechten Wasserleitung zur linken. Dadurch entstehen ein Wasserüberschuss in der linken und ein Wassermangel in der rechten Leitung.
Die Wasserschläuche entsprechen im Wassermodell den Leitungen, in denen sich das Wasser bzw. die Wasserteilchen frei bewegen können.

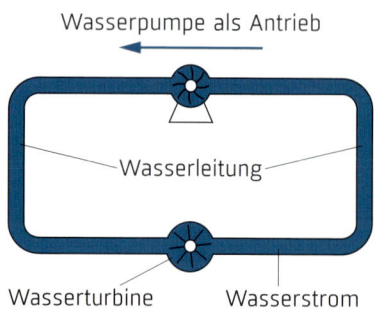

Wasserpumpe als Antrieb

Wasserleitung

Wasserturbine   Wasserstrom

Ist der Wasserkreislauf geschlossen, kann das Wasser von der linken Leitung in die rechte fließen, um den Druckunterschied abzubauen. Der Wasserstrom treibt dabei die Turbine an, sodass sich diese dreht und den Wasserstromfluss anzeigt.

Ähnlich kann man sich nun den Vorgang im (einfachen) **elektrischen Stromkreis** vorstellen: Die Batterie, die die Elektronenpumpe darstellt, sorgt dafür, dass im linken Kabel, also am Minuspol, ein Elektronenüberschuss und im rechten Kabel, am Pluspol, ein Elektronenmangel entsteht. Die Kabel sind die elektrischen Leitungen, in denen sich die Elektronen frei bewegen können.

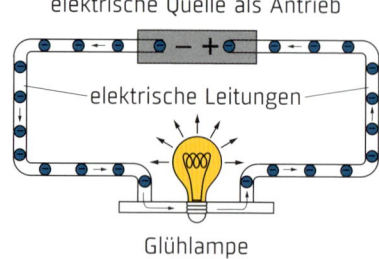

elektrische Quelle als Antrieb

elektrische Leitungen

Glühlampe

Ist der Stromkreis geschlossen, werden die Elektronen nun von der Batterie angetrieben, wodurch ein Elektronenfluss entsteht. Der Elektronenfluss treibt das Lämpchen im Stromkreis an, sodass es leuchtet. Das Lämpchen zeigt den Elektronenstromfluss, also den elektrischen Stromfluss an.

Der Stromkreis muss geschlossen sein

Wichtig ist, dass ein Strom nur fließen kann, wenn der Stromkreis geschlossen ist, der Strom also von der Spannungsquelle über die Leitung zum Gerät und über eine zweite Leitung zur Spannungsquelle zurückfließen kann.
Auch im Wasserkreis fließt nur Wasser, wenn der Kreislauf geschlossen ist.

ACHTUNG, DENKFALLE!   *Viele Schüler gehen davon aus, dass ein einziges Kabel /
einziger Draht ausreicht, um ein Lämpchen mithilfe einer Batterie zum Leuchten zu
bringen. Diese Vorstellung ist darauf zurückzuführen, dass sie aus Erfahrung wissen,
dass sie nur ein Kabel (die zwei inneren Leitungen sind ja nicht sichtbar) in die Steckdose stecken müssen, damit ein elektrisches Gerät funktioniert.*
*Weiterhin glauben einige Schüler, dass zwei Kabel nur nötig wären, um das Lämpchen
von beiden Seiten von der Batterie mit Strom zu versorgen, weil nur dann genug Strom
vorhanden ist, damit die Lampe leuchtet.*
*Nicht zuletzt nehmen Schüler an, dass der Strom verbraucht wird, wie das bei Energie-
trägern wie Kohle oder Öl der Fall ist. Sie sehen den Stromfluss nicht als einen Prozess
an, sondern betrachten den Strom als eine Substanz. Dabei verknüpfen sie diese Annahme mit der Vorstellung, dass die Batterie den Strom liefert. Ist die Batterie „leer",
dann ist der Strom in der Batterie verbraucht.*

Die Richtung des Stroms

Je nachdem, wie die Pole der Spannungsquelle im Stromkreis angeschlossen sind,
ändert sich die Richtung des Stroms. Im Physikunterricht betrachtet man **die Fließrichtung der Elektronen,** also einen Stromfluss vom Minus- zum Pluspol. In der
Elektrotechnik hingegen wird oft die sogenannte **technische Stromrichtung** verwendet. Diese zeigt entgegengesetzt: vom Pluspol zum Minuspol.

SELBST ENTDECKEN   **Der einfache Stromkreis**

DAS WIRD GEBRAUCHT: *Fassung, Glühbirne, Flachbatterie, zwei Leitungsdrähte (bzw. Kabel)*
DAS IST ZU TUN: *Verschiedene Möglichkeiten finden,
ein Lämpchen zum Leuchten zu bringen:*
*a) Das Lämpchen besitzt am unteren Ende einen
Schraubsockel mit einem Kontaktplättchen.
Verbindet man einen Pol der Batterie mit dem
Kontaktplättchen des Lämpchens und den
anderen Pol mit dem Schraubsockel, leuchtet
das Lämpchen.*
*b) Das Lämpchen leuchtet ebenfalls, wenn die Pole
umgekehrt Kontakt zum Lämpchen haben.*
*c) Eine weitere Möglichkeit besteht darin, die Glühbirne über
zwei Drähte mit den Polen der Batterie zu verbinden.*

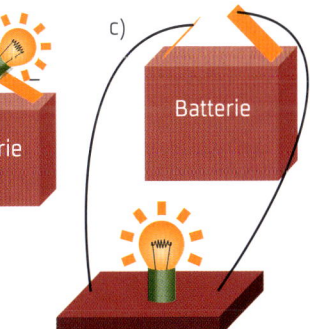

Elektrische Schaltungen

WOZU EIGENTLICH?   *Im täglichen Leben hat man es mit vielen elektrischen Schaltungen zu tun, ohne dass man sich dessen bewusst ist. So stellt bspw. die Straßenbeleuchtung eine Parallelschaltung vieler Straßenlaternen dar. Auch vordere und hintere Fahrrad-beleuchtung sind als Parallelschaltung ausgeführt. Bei der Autobatterie hingegen werden 6 Zellen in Reihe zu 12 V hintereinandergeschaltet.*

Parallel und in Reihe

In vielen Anwendungsbereichen elektrischer Schaltungen werden mehrere elektrische Bauteile im Stromkreis zusammengeschaltet. Dabei gibt es zwei Möglichkeiten, wie die einzelnen Bauteile im Stromkreis geschaltet werden können. Man unterscheidet hierbei zwischen **Reihenschaltung** und **Parallelschaltung.**

Die Reihenschaltung

Die Reihenschaltung wird auch als **Serienschaltung** bezeichnet. Bei einer Reihenschaltung werden mehrere elektrische Bauteile aneinandergereiht, man sagt „in Reihe" geschaltet. Zur Veranschaulichung kann man sich unter einer Reihenschaltung eine Menschenkette vorstellen, in der jede Person ihre beiden Nachbarn an den Händen hält.

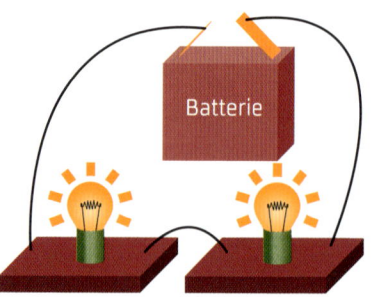

Zwei oder mehrere elektrische Bauteile sind in Reihe geschaltet, wenn deren Verbindung keine Abzweigungen aufweist. Aus diesem Grund spricht man auch von einem **unverzweigten Stromkreis.** Die Anzahl und die Art der in Reihe geschalteten elektrischen Bauteile ist beliebig. Es muss lediglich darauf geachtet werden, baugleiche Materialien (Lämpchen etc.) zu verwenden, da sonst möglicherweise die Lämpchen unterschiedlich hell leuchten oder sogar durchbrennen.

Schaltskizzen von Reihenschaltungen

Zwei in Reihe geschaltete Spannungsquellen
(Batterien): Damit erzielt man eine größere Spannung. Dieses Prinzip macht man sich z. B. in Solarzellen zunutze.

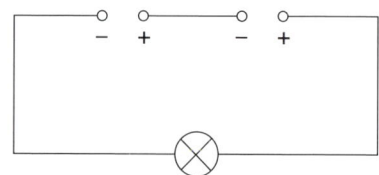

Zwei in Reihe geschaltete Lämpchen: Die beiden Lämpchen leuchten gleich hell, aber dunkler als ein Lämpchen alleine. Je mehr Lämpchen in Reihe geschaltet werden, desto dunkler leuchten die Lämpchen, aber alle Lämpchen leuchten gleich hell.

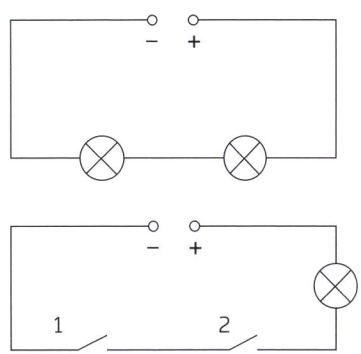

Zwei Schalter in Reihe geschaltet: Nur wenn Schalter 1 **und** Schalter 2 geschlossen sind, ist der Stromkreis geschlossen und die Lampe leuchtet. Aus diesem Grund wird diese Schaltung auch UND-Schaltung genannt. Die Anwendungsbereiche einer UND-Schaltung findet man bspw. in Motorsägen, Rasenmähern, Mikrowellen undAufzügen, um die Sicherheit zu erhöhen. Bei der Mikrowelle ist neben dem Einschaltknopf die Tür ein weiterer Schalter. Nur wenn diese geschlossen ist, kann das Gerät eingeschaltet werden.

Eigenschaften von Reihenschaltungen

Eine Reihenschaltung ist anfällig für technische Ausfälle. Ist ein elektrisches Bauteil der Schaltung defekt, fallen auch alle anderen in Reihe geschalteten Geräte aus. Diesen Effekt kann man anschaulich an der Lichterkette verdeutlichen. Die einzelnen Lämpchen der Kette sind in Reihe geschaltet. Dreht man ein Lämpchen aus der Fassung heraus, leuchten die anderen Lämpchen der Kette auch nicht mehr. Dies liegt daran, dass alle Lämpchen einen gemeinsamen Stromkreis besitzen und dieser durch das Herausdrehen eines Lämpchens unterbrochen wird.

Die Parallelschaltung

Die Parallelschaltung wird auch als **Nebenschaltung** bezeichnet. Elektrische Geräte sind parallel geschaltet, wenn die gleichnamigen Pole zweier oder mehrerer elektrischer Geräte miteinander verbunden sind. Zur Vereinfachung kann man sich die Parallelschaltung an einer Polonaise verdeutlichen: In einer Polonaise haben die Personen immer zwei Berührungspunkte mit ihrem Vorgänger und ihrem Nachfolger. Bei einer Parallelschaltung entstehen mehrere Verzweigungen zwischen den Bauteilen, weshalb man auch von einem **verzweigten Stromkreis** spricht.

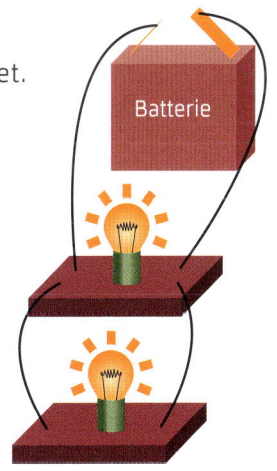

Schaltskizzen von Parallelschaltungen

Zwei parallel geschaltete Lämpchen: Die beiden Lämpchen leuchten gleich hell. Die Helligkeit der Lämpchen ändert sich auch bei zunehmender Anzahl der Lämpchen nicht.

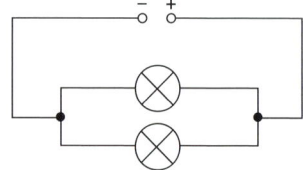

Zwei parallel geschaltete Spannungsquellen (Batterien): Durch diese Art der Schaltung können die Lebensdauer und die Leistungsfähigkeit der Batterie gesteigert werden. Gleichzeitig kann ein größerer Strom erzielt werden.

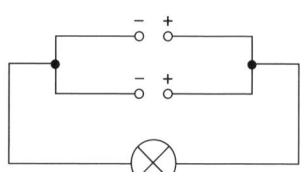

Zwei Schalter parallel zueinander geschaltet:
Schließt man Schalter 1 **oder** Schalter 2, ist der Stromkreis geschlossen und das Lämpchen leuchtet.
Aus diesem Grund nennt man diese Schaltung auch ODER-Schaltung. Anwendungsbereiche der ODER-Schaltung sind bspw. die Ampelschaltung, die Licht-

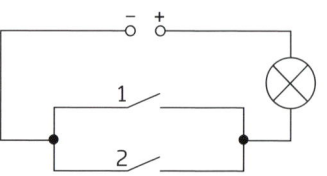

schalter im Hausflur und die Innenbeleuchtung im Auto. Im Hausflur soll bspw. das Licht in allen Stockwerken unabhängig voneinander eingeschaltet werden können.

Eigenschaften von Parallelschaltungen

Im Haushalt sind alle elektrischen Geräte parallel geschaltet, wodurch an jedem Gerät die Netzspannung von 230 V anliegt. In einer Parallelschaltung können elektrische Bauteile hinzugefügt oder entfernt werden, ohne dass die anderen Geräte ausfallen. Diesen Effekt kann man im Haushalt beobachten: Brennt eine Glühbirne im Zimmer durch, so leuchten die anderen Lampen weiter. Jedes parallel geschaltete Bauteil besitzt einen eigenen Stromkreis, sodass der Ausfall eines elektrischen Bauteils keinen Einfluss auf die anderen elektrischen Geräte hat.

Kurzschluss- und Leerlaufschaltung

Prinzipiell gilt, dass der elektrische Strom den Weg des geringsten Widerstandes nimmt. Hat der elektrische Strom die Möglichkeit, den Weg direkt von einem Pol der Spannungsquelle zum anderen zu nehmen – ohne bspw. den „Umweg" über ein Gerät –, dann wird er dies auch tun. In diesem Fall spricht man von einem **Kurzschluss.**

Wegen der mit einem Kurzschluss verbundenen Gefahr ist besondere Vorsicht geboten im Umgang mit defekten Isolierungen an elektrischen Geräten. Durch die schadhafte Isolierung können elektrische Leitungen miteinander in Berührung kommen – damit eröffnet sich dem Strom quasi eine Abkürzung, er fließt nicht mehr

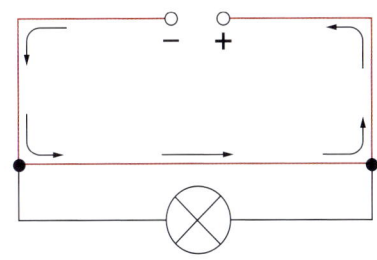

durch das Gerät, sondern gleich über die Berührungsstelle zur Spannungsquelle zurück: Es kommt zu einem Kurzschluss. Das elektrische Gerät arbeitet nicht mehr (hier fließt ja kein Strom mehr entlang), der elektrische Widerstand des Gerätes fällt weg und der Strom in der Leitung und in der Spannungsquelle kann so enorm ansteigen, dass sich diese sehr stark erwärmen und hierdurch Brände hervorgerufen werden können.

Zum Schutz vor den gefährlichen Wirkungen des Stroms verwendet man daher Sicherungen, die den Stromkreis bei bestimmten Stromstärken unterbrechen. Eine spezielle Form der Sicherung sind Fehlerstromschutzschalter, sogenannte FI-Schalter.

Ist ein elektrisches Gerät bspw. durch einen offenen Schalter an einer oder mehreren Stellen von der Spannungsquelle getrennt, kann das Gerät ebenfalls nicht mehr arbeiten. In diesem Fall spricht man von einem Leerlauf.

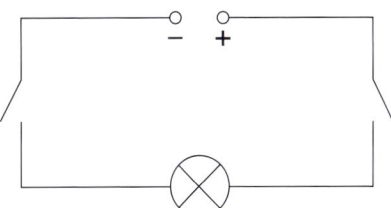

SELBST ENTDECKEN   Wirkung verschiedener Schaltungen

DAS WIRD GEBRAUCHT: *zwei Fassungen, zwei Glühbirnen, Flachbatterie, vier Kabel*

DAS IST ZU TUN: *Zunächst ein, dann zwei Lämpchen in Reihe schalten und die Helligkeit der Lämpchen beobachten. Dann eine Parallelschaltung mit den zwei Lämpchen bauen und wieder die Helligkeit der Lämpchen beobachten. Evtl. die Reihenschaltung und die Parallelschaltung mit weiteren Lämpchen erweitern und erneut beobachten.*

DAS PASSIERT: *In der Reihenschaltung leuchtet das eine Lämpchen heller als die zwei in Reihe geschalteten Lämpchen. Beide Lämpchen leuchten jedoch gleich hell. In der Parallelschaltung leuchten beide Lämpchen so hell wie das einzelne Lämpchen in der Reihenschaltung.*

Der Kondensator

WOZU EIGENTLICH? *Der Kondensator ist ein elektrisches Bauteil, mit dem elektrische Ladung gespeichert werden kann. Die Speicherfähigkeit von Kondensatoren macht man sich z.B. bei Blitzlichtgeräten von Fotoapparaten zunutze. Hierbei wird der Kondensator aufgeladen und kurzzeitig entladen, wobei der Entladungsstrom den Blitz auslöst.*

Prinzipieller Aufbau von Kondensatoren

Ein Kondensator ist ein elektrisches Bauelement, mit dem elektrische Energie in Form von elektrischer Ladung gespeichert werden kann. Da jede elektrische Ladung von einem elektrischen Feld umgeben ist, speichert der Kondensator neben der elektrischen Ladung auch das elektrische Feld.

Der Kondensator besteht aus zwei leitfähigen Flächen, den **Elektroden,** zwischen denen sich ein isolierendes Material, das sogenannte **Dielektrikum,** befindet. Das Dielektrikum trennt die beiden Elektroden voneinander.

Der Kondensator kann sehr unterschiedlich aufgebaut sein:

Bei dem einfachsten Kondensator, dem **Plattenkondensator,** bestehen die Elektroden aus zwei sich gegenüberstehenden Platten. Zwischen den Platten befindet sich ein Dielektrikum, meist Luft.

Bei einem **Elektrolytkondensator** ist die eine Elektrode ein Aluminiumbecher, die andere eine leitende Flüssigkeit, ein Elektrolyt (in einem saugfähigen Papier).

Bei einem **Wickelkondensator** (Blockkondensator) bilden zwei dünne Metallfolien die Elektroden, zwischen denen sich eine Isolierschicht aus Kunststoff befindet. Die drei Schichten werden zu einem Block aufgewickelt.

Schaltzeichen

Kondensator

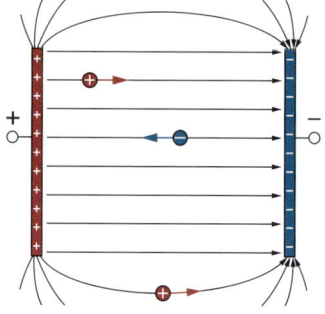

Plattenkondensator

Der **Drehkondensator** ist ein Kondensator mit veränderbarer Kapazität. Er besteht aus einem festen und einem drehbar gelagerten Plattensatz, die durch Luft voneinander isoliert sind. Dreht man den drehbaren Plattensatz in den feststehenden Plattensatz hinein, nimmt die **Kapazität** (s. S. 186) zu. Drehkondensatoren werden z.B. in Radios zur Sendereinstellung (Abstimmung) benutzt.

Funktionsweise des Kondensators

Der Aufladevorgang

Der Kondensator wird an eine Gleichstromquelle angeschlossen. Dabei fließt ein Ladestrom, d.h., vom Minuspol der Spannungsquelle strömen Elektronen zur nächstgelegenen Kondensatorelektrode.

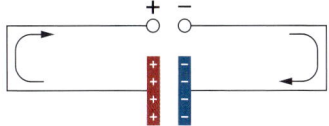

Laden eines Kondensators

Dort können sie die Isolierschicht nicht überwinden und sammeln sich auf der Elektrode, die damit eine negative Ladung erhält. Von der anderen Elektrode fließen die Elektronen ab zum Pluspol der Spannungsquelle. Diese Elektrode lädt sich positiv auf.

Der Kondensator baut damit eine Spannung auf, wodurch ein **elektrisches Feld zwischen den Kondensatorelektroden** entsteht. Ist die Spannung an den Elektroden gleich der angelegten Spannung, ist der Kondensator vollständig aufgeladen. Nun können keine weiteren Elektronen mehr vom Minuspol der Spannungsquelle zur negativen Elektrode fließen, da die Energie der Spannungsquelle nicht mehr ausreicht, um die Abstoßung durch die bereits vorhandene negative Ladung zu überwinden.

Für die positiv aufgeladene Elektrode und den Pluspol gilt analog das Gleiche.

Damit kann also kein Strom mehr fließen, d.h., der Stromfluss ist unterbrochen. Das bedeutet, dass ein Kondensator Gleichstrom sperrt. Trennt man den Kondensator nun von der Spannungs- bzw. Gleichstromquelle, bleiben die Ladungen auf den Elektroden sitzen, die Spannung des Kondensators bleibt also erhalten. Die an die Elektroden gebundene Ladung ist im Kondensator gespeichert.

Der Entladevorgang

Schließt man ein elektrisches Bauteil an den geladenen Kondensator an, können die Elektronen von der negativ aufgeladenen Elektrode abfließen und als elektrischer Strom durch das Bauteil strömen und dieses betreiben.

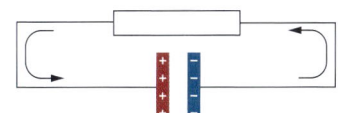

Entladen eines Kondensators

Dabei wird die im Kondensator gespeicherte elektrische Energie durch das Bauteil entnommen, infolgedessen nimmt das elektrische Feld und somit die Spannung im Kondensator ab.

Der Entladestrom fließt so lange, bis der Kondensator vollständig entladen ist.

Die Entladung sollte immer über einen Widerstand erfolgen, damit die elektrische Stromstärke bei der Entladung nicht zu groß werden kann.

Die elektrische Kapazität des Kondensators

Jeder Kondensator kann, abhängig von seiner Bauart, bei einer angelegten Spannung nur eine bestimmte Menge elektrischer Ladung an den Elektroden aufnehmen. Die Speicherfähigkeit des Kondensators wird hierbei durch die physikalische Größe der elektrischen Kapazität angegeben.

Die elektrische Kapazität ist ein Maß dafür, wie viel elektrische Ladung der Kondensator bei einer angelegten Spannung von 1 Volt speichern kann. Je größer die Spannung ist, die an dem Kondensator anliegt, desto mehr elektrische Ladung kann dieser aufnehmen. Es gilt:

$C = \frac{Q}{U}$

Q: elektrische Ladung; U: elektrische Spannung; C: elektrische Kapazität

Die elektrische Kapazität hat das Formelzeichen C und die Einheit ein Farad (1 F). Die Einheit wurde nach dem englischen Naturforscher Michael Faraday (1791 bis 1867) benannt.

Elektrische Kapazität eines Plattenkondensators

Um die elektrische Kapazität eines Plattenkondensators zu berechnen, müssen die Querschnittfläche der Platten und der Abstand der Platten berücksichtigt werden. Je größer die Flächen der Kondensatorplatten und je kleiner der Abstand zwischen ihnen ist, desto größer ist die elektrische Kapazität:

$C = \varepsilon_0 \cdot \varepsilon_r \cdot \frac{A}{d}$

A: Querschnittsfläche der Platten; d: Abstand der Platten;
ε_0: elektrische Feldkonstante (s. S. 148); ε_r: Dielektrizitätszahl

Die Dielektrizitätszahl ε_r ist eine Materialkonstante, sie beträgt für Luft 1, für Folien oder Keramik als Dielektrikum dagegen 10–1000. Daher haben Kondensatoren mit Luft zwischen den Kondensatorplatten nur eine geringe Speicherfähigkeit, d. h., die elektrische Kapazität des Kondensators ist sehr klein im Vergleich zu Kondensatoren mit Isolationsmaterial.

Die elektrische Energie Im Kondensator

Ein geladener Kondensator speichert neben der elektrischen Ladung das elektrische Feld zwischen den beiden geladenen Elektroden. Somit wird auch die elektrische Energie des elektrischen Feldes gespeichert. Die elektrische Energie eines Kondensators ist dabei abhängig von der angelegten Spannung und der Kapazität.

$E = \frac{1}{2} \cdot C \cdot U^2$
C: elektrische Kapazität; U: elektrische Spannung

Zum Laden des Kondensators werden Ladungen zur Elektrode bzw. von ihr weg bewegt, es fließen Ströme und damit wird elektrische Arbeit verrichtet (s. S.173), dem Kondensator also Energie zugeführt. Je größer die angelegte Spannung ist, desto mehr Ladungen werden transportiert. Je stärker sich der Kondensator auflädt, desto größer ist die in ihm gespeicherte elektrische Energie.

RECHENBEISPIEL: Elektrische Kapazität berechnen
Ein Kondensator besteht aus zwei kreisförmigen Platten mit dem Radius 5,5 cm. Der Abstand der Platten beträgt 7 cm und enthält Luft. Wie groß ist die Kapazität?

ANALYSE: Zunächst muss die Querschnittsfläche der kreisrunden Platten berechnet werden: $A = \pi \cdot r^2$. Die Dielektrizitätszahl von Luft beträgt 1.

GESUCHT: Elektrische Kapazität C

GEGEBEN: $r = 5,5$ cm $= 0,055$ m; $\varepsilon_0 = 8,86 \cdot 10^{-12} \frac{F}{m}$; $d = 7$ cm $= 0,07$ m; $\varepsilon_r = 1$

RECHNUNG: $A = \pi \cdot r^2 = \pi \cdot (0,055 \text{ m})^2 = 9,5 \cdot 10^{-3} \text{ m}^2$

$C = \varepsilon_0 \cdot \varepsilon_r \cdot \frac{A}{d} = 1 \cdot 8,86 \cdot 10^{-12} \frac{F}{m} \cdot \frac{9,5 \cdot 10^{-3} \text{ m}^2}{0,07 \text{ m}} = 1,2 \cdot 10^{-12}$ F

ERGEBNIS: Die elektrische Kapazität beträgt 1,2 pF (Pikofarad).

SELBST ENTDECKEN   Ein Kondensator aus Schallplatte und Metalldeckel

DAS WIRD GEBRAUCHT: *Schallplatte oder Plexiglasscheibe; Keksdosendeckel aus Metall; Wolltuch, Stück Styropor; Klebematerial; Spannungsprüfer*

DAS IST ZU TUN: *Auf den Deckel einen Griff aus Styropor kleben. Mit dem Wolltuch über die Schallplatte reiben; Schallplatte auf Unterlage legen. Blechdeckel am Griff halten und auf Schallplatte legen. Blechdeckel kurz mit dem Finger berühren, anschließend am Griff anheben. Spannungsprüfer an den Deckel halten.*

DAS PASSIERT: *Der Spannungsprüfer leuchtet. Die Schallplatte wird durch das Reiben elektrostatisch aufgeladen, auf dem aufgelegten Deckel entstehen dadurch Influenzladungen. Bei der Berührung herrscht ein elektrisches Feld zwischen dem Finger und der Influenzladung der Deckeloberseite und es fließen Ladungen zwischen Deckel und Finger; der Deckel ist anschließend entgegengesetzt zur Schallplatte geladen. Hebt man den Deckel nun an, hat man einen Plattenkondensator. Dass zwischen Deckel und Schallplatte eine elektrische Spannung herrscht, merkt man am Aufleuchten des Spannungsprüfers.*

Das elektrische Feld

WOZU EIGENTLICH? *Stellen sich während eines Gewitters die Haare am Körper auf, ist dies ein deutliches Zeichen dafür, dass man sich in einer sehr gefährlichen Situation befindet. Die Ursache für das Aufstellen der Haare ist das große elektrische Feld der Umgebung. Dies deutet meist auf einen bevorstehenden Blitzeinschlag im nahen Umfeld hin, da Blitze bevorzugt an Stellen einschlagen, in denen eine große elektrische Feldstärke vorliegt. Aus diesem Grund sollte man sich sofort in Sicherheit bringen und wenn möglich den Aufenthalt im Freien meiden.*

Elektrische Feldlinien

Ein elektrisches Feld, kurz E-Feld, existiert im Raum um elektrische Ladungen und ist die Ursache für die abstoßenden bzw. anziehenden Kräfte, die zwei elektrisch geladene Körper aufeinander ausüben. Elektrische Felder sind mit dem menschlichen Auge nicht zu sehen, sie können lediglich an ihren Wirkungen erkannt und nachgewiesen werden. Um das elektrische Feld, das sich um eine Ladung herum bildet, zu veranschaulichen, führte Michael Faraday (1791–1867) das Feldlinienmodell ein. **Feldlinien** sind gedachte Linien, die Form und Stärke des elektrischen Feldes verdeutlichen.

Bei der **Darstellung des elektrischen Feldes mithilfe von Feldlinienbildern** gilt:
- Die Feldlinien eines elektrischen Feldes überschneiden sich nicht.
- Das elektrische Feld existiert auch in den Bereichen zwischen den Feldlinien.
- Die Feldlinien verlaufen zwischen den Ladungen und bilden keine geschlossene Linie um eine Ladung.

Die nebenstehenden Abbildungen zeigen die Feldlinien einer negativ und einer positiv geladenen **Punktladung.** Je nachdem, welche Ladung vorliegt, ändert sich die Richtung der Feldlinien: Sie verlaufen weg von der positiven Ladung und hin zur negativen Ladung.

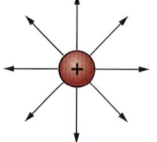 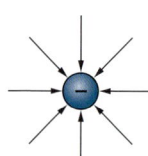

Des Weiteren beschreibt das Feldlinienmodell, wie groß der **Betrag der Kraft** ist und in welcher **Richtung** die Kraft auf eine Ladung im elektrischen Feld wirkt. Dabei gilt:

- Je größer die **Anzahl** der Feldlinien um eine Ladung ist, desto **stärker** ist die dort wirkende Kraft auf den geladenen Körper.
- Die **Richtung** der Feldlinien gibt die Richtung der Kraft auf einen **positiv** geladenen Körper an. (Ein positiv geladener Körper bewegt sich daher in Richtung der Feldlinien, ein negativ geladener entgegengesetzt zu den Feldlinien.)

Die Wirkungen des E-Feldes

An drei Wirkungen kann man das Vorhandensein eines elektrischen Feldes erkennen:

- Auf einen elektrisch geladenen Körper wird im elektrischen Feld eine **Kraft** ausgeübt.
- Nähert man einen geladenen Körper einem ungeladenen Stoff, so tritt aufgrund des elektrischen Feldes des geladenen Körpers **Influenz** (s. S. 148) auf.
- In einem geschlossenen Stromkreis bewirkt das E-Feld die gerichtete Bewegung der freien Elektronen (**Stromfluss**).

Homogenes und inhomogenes E-Feld

Ist die wirkende Kraft auf einen geladenen Körper an allen Stellen gleich groß, spricht man von einem **homogenen elektrischen Feld.** In einem homogenen E-Feld verlaufen die Feldlinien parallel zueinander. Ein elektrisches Feld zwischen zwei ungleichnamigen Ladungen ist jedoch nur zwischen zwei Platten, bspw. in einem Plattenkondensator (s. S. 184), homogen.

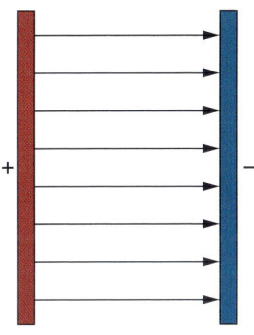

Ist die wirkende Kraft auf einen geladenen Körper unterschiedlich groß, spricht man von **einem inhomogenen elektrischen Feld.**
Das Feld zwischen zwei Punktladungen ist bspw. ein inhomogenes elektrisches Feld.
Das Feld einer einzelnen Punktladung (s. S. 188) ist radialsymmetrisch.

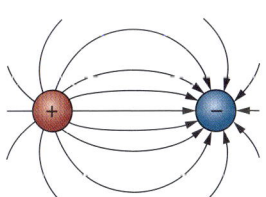

Die elektrische Feldstärke

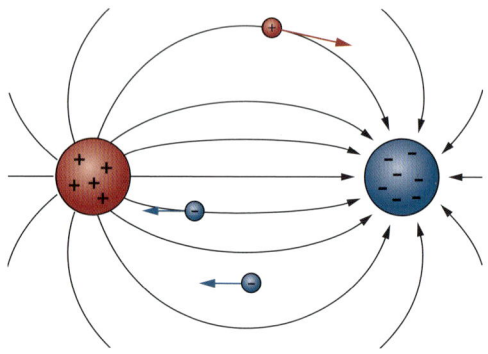

Die Stärke des elektrischen Feldes, also die Fähigkeit des Feldes, Kraft auf Ladungen auszuüben, kann durch die **elektrische Feldstärke E** angegeben werden. Bringt man eine Probeladung Q in ein elektrisches Feld E, ergibt sich die elektrische Feldstärke zu:

$E = \frac{F}{Q}$

F: Kraft, die auf die Probeladung ausgeübt wird

Q: Ladung der Probeladung

Die Einheit der elektrischen Feldstärke ist 1 Newton pro Coulomb ($1\frac{N}{C}$).

Aus der Gleichung lässt sich erkennen, dass die Feldstärke umso größer ist, je größer die Kraft ist, die auf eine Ladung wirkt. Die elektrische Feldstärke E ist somit proportional zur wirkenden Kraft F.

Dabei beschreibt die Gleichung die Feldstärke an genau dem Punkt, an dem die Probeladung sitzt. In einem inhomogenen Feld hat die elektrische Feldstärke an jedem Punkt einen anderen Wert.

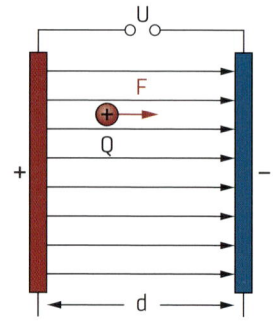

In einem homogenen elektrischen Feld zwischen zwei Platten eines **Plattenkondensators** (s. S. 184) dagegen ist die Feldstärke an allen Stellen gleich groß, da die Kraft auf eine Ladung überall gleich groß ist. Die elektrische Feldstärke E ist somit nur abhängig von dem Abstand der Platten (also dem Abstand der Ladungen) und von der angelegten Spannung (mit der der Kondensator aufgeladen wird).

Die **elektrische Feldstärke E in einem homogenen elektrischen Feld** kann daher folgendermaßen berechnet werden:

$E = \frac{U}{d}$

U: Spannung zwischen den Platten

d: Abstand der Platten

Die elektrische Feldstärke nimmt also mit zunehmendem Abstand der Platten ab.

Die Probeladung heißt so, weil man sie gedanklich in das elektrische Feld setzt, um seine Stärke zu prüfen. Die Probeladung hat auch selbst ein elektrisches Feld – deshalb muss sie so klein sein, dass man ihr eigenes Feld vernachlässigen kann.

RECHENBEISPIEL: Die elektrische Feldstärke berechnen

Wie groß ist die Kraft F auf eine Probeladung Q = 3 nC im elektrischen Feld eines Plattenkondensators mit dem Plattenabstand d = 6 cm, wenn am Plattenkondensator eine Spannung von U = 1 kV anliegt?

ANALYSE: Das elektrische Feld eines Plattenkondensators ist homogen. In diesem Fall gilt die Formel $E = \frac{U}{d}$. Um die Kraft F bestimmen zu können, benötigt man die Formel $E = \frac{F}{Q}$.

GESUCHT: Kraft auf die Probeladung F

GEGEBEN: Q = 3 nC = $3 \cdot 10^{-9}$ C; d = 6 cm = 0,06 m; U = 1 kV = 1000 V

RECHNUNG: $E = \frac{F}{Q} \Rightarrow F = Q \cdot E$

Aus den Formeln $F = Q \cdot E$ und $E = \frac{U}{d}$ ergibt sich:

$F = Q \cdot \frac{U}{d} = 3 \cdot 10^{-9}\,C \cdot \frac{1000\,V}{0,06\,m} = 5 \cdot 10^{-5}\,\frac{C \cdot V}{m} = 5 \cdot 10^{-5}\,N$

ERGEBNIS: Auf die Probeladung wirkt eine Kraft von $5 \cdot 10^{-5}$ N.

SELBST ENTDECKEN   **Der faradaysche Käfig**

Michael Faraday konnte 1836 nachweisen, dass die Abschirmung von E-Feldern nicht nur durch massive Leiter, sondern auch durch Metallgitter möglich ist. Er entwickelte den faradayschen Käfig, der aus einer elektrisch leitenden Hülle (Metallgittern) aufgebaut ist. Die Wirkung des faradayschen Käfig beruht auf der Influenz. Wird die elektrisch leitende Hülle einem elektrischen Feld ausgesetzt, verteilen sich die freien Ladungsträger auf der Oberfläche der Metallgitter so lange um, bis ein Ladungsausgleich stattgefunden hat, wodurch das elektrische Feld abgebaut und somit abgeschirmt wird.

Nach diesem Prinzip schützen bspw. Autokarosserien, Flugzeuge und Eisenbahnen ihre Insassen vor Blitzschlag. Bei dem starken E-Feld des Blitzschlags verteilen sich die Ladungen auf der Karosserie um, es kommt zu einem Ladungsausgleich. Die Personen im Innenraum bleiben unverletzt. Allerdings können die starken elektrischen Entladungen Schäden an den elektrischen Bauteilen des Autos hervorrufen.

Magnete und ihre Wirkung

WOZU EIGENTLICH? *Mithilfe von Permanentmagneten lassen sich am einfachsten die Gesetzmäßigkeiten und Eigenschaften magnetischer Felder erkunden und erforschen. Dauermagnete sind aber auch funktionaler Bestandteil vieler technischer Gerätschaften, wie z. B. Generatoren oder Elektromotoren.*

Eigenschaften von Magneten

Ein Magnet ist ein Körper, der andere Gegenstände bzw. Stoffe aus Eisen, Nickel und Kobalt anzieht. Aus der Anziehung verschiedener Stoffe lässt sich schließen, dass von einem Magneten Kraftwirkungen ausgehen. Diese wirkenden Kräfte werden als magnetische Kräfte bezeichnet.

Die Bereiche eines Magneten, bei denen die magnetische Kraftwirkung am stärksten ist, werden als Pole des Magneten bezeichnet. Die Pole eines Stabmagneten befinden sich an seinen Enden und werden als Nordpol bzw. Südpol bezeichnet. Es ist üblich, den Nordpol rot und den Südpol grün zu kennzeichnen.

Magnete unterscheiden sich je nach Verwendungszweck durch unterschiedliche Bauformen.

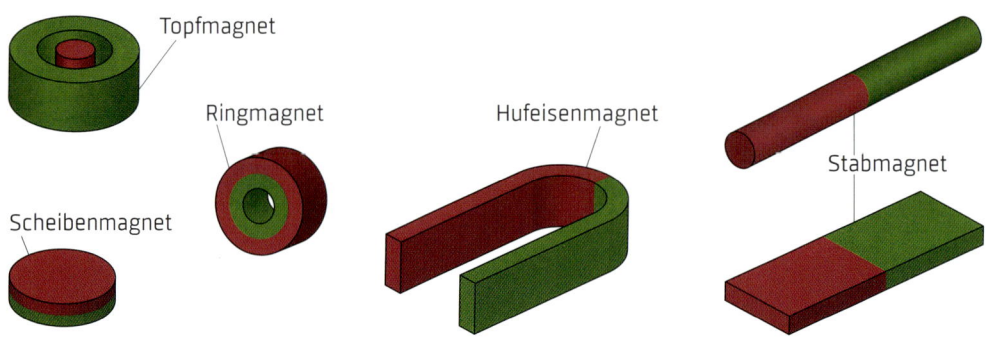

Magnetische Kraft und Magnetfeld

Nähert man die Pole zweier Magnete vorsichtig einander an, so beobachtet man entweder eine gegenseitige Abstoßung oder eine Anziehung der Magnete: Hierbei stoßen sich gleichnamige Pole ab und ungleichnamige ziehen sich an.

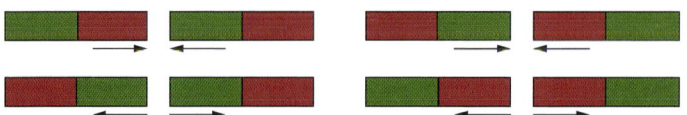

Dieses Phänomen bezeichnet man als **Wechselwirkungsgesetz.**
Magnete üben also Kräfte aufeinander aus, und zwar auch ohne direkte Berührung. Dabei nimmt die Stärke der Kraftwirkung mit der Entfernung zwischen den
Magneten ab. Der Bereich, in dem magnetische Kraftwirkung auftritt, wird als **magnetisches Feld** bzw. **Magnetfeld** bezeichnet.

Magnetische Feldlinien

Das Magnetfeld eines Magneten wird mithilfe von **Feldlinien** dargestellt (Abbildung
links). Dabei kann man den Verlauf der magnetischen Feldlinien mithilfe beweglicher Magnetnadeln veranschaulichen: Bringt man den Magneten in die Nähe der
Magnetnadeln, so richten sich diese mit der Pfeilspitze vom Nordpol zum Südpol
hin aus. Zudem kann man magnetische Feldlinien mithilfe von Eisenspänen sichtbar machen (Abbildung rechts).

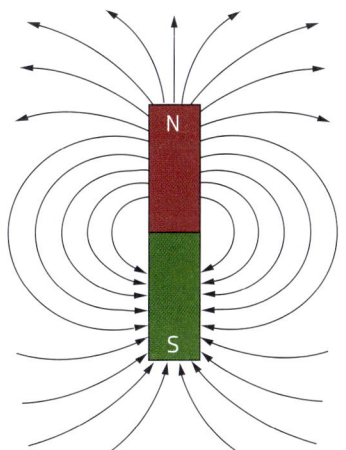
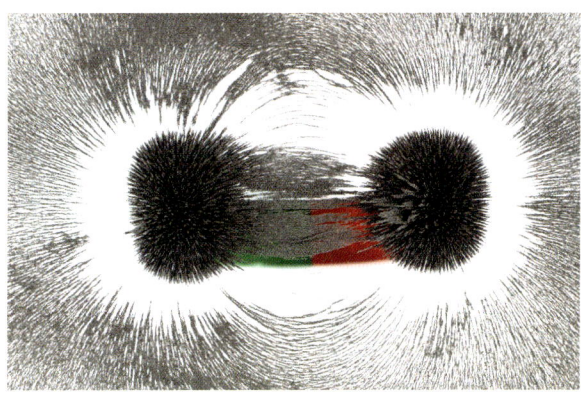

Je nach Bauform des Magneten ergibt sich ein entsprechendes Feldlinienbild.

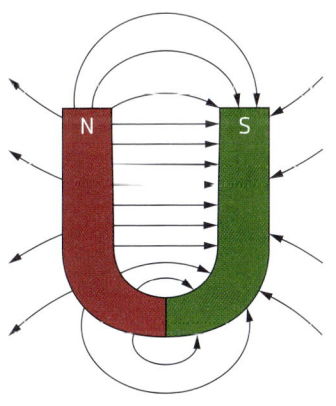

Das Modell der Elementarmagnete

Das Phänomen des Magnetismus kann in der Physik mithilfe des Modells der Elementarmagnete erklärt werden. Nach diesem Modell besteht jeder Magnet aus einer Vielzahl kleinerer Magnete.

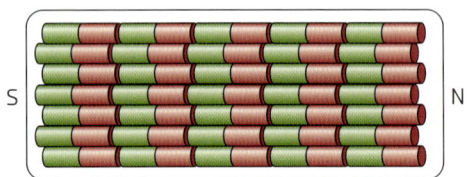

Bricht man einen Magneten in zwei Teile, so entstehen hierdurch zwei neue Magnete, die ebenfalls einen Nordpol und einen Südpol besitzen. Führt man diesen Prozess fort, so entstehen immer neue Magnete mit einem Nord- und einem Südpol, bis man bei einem Modell kleinster Magnete angelangt ist, den Elementarmagneten.

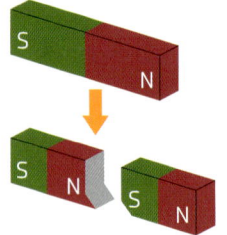

Dauermagnete und ferromagnetische Stoffe

Als Dauermagnet oder auch **Permanentmagnet** werden Körper bezeichnet, die andere Körper aus Eisen, Nickel und Cobalt anziehen und deren magnetische Wirkung auf Dauer oder über sehr lange Zeit anhält. Dauermagnete bestehen in der Regel aus speziellen Legierungen wie Eisen-Nickel oder Eisen-Aluminium. Die magnetische Wirkung hält deshalb so lange an, weil die Elementarmagnete eines Permanentmagneten dauerhaft ausgerichtet sind, sodass sich ihre einzelnen Magnetfelder zu einem Gesamtmagnetfeld des ganzen Magneten überlagern.

Einen Stoff, der von einem Magneten angezogen wird, bezeichnet man als **ferromagnetischen** Stoff. Jeder ferromagnetische Stoff ist selbst auch magnetisierbar. Man geht dabei davon aus, dass jeder ferromagnetische Stoff auch aus Elementarmagneten besteht. Im unmagnetisierten Zustand sind diese Elementarmagnete jedoch völlig ungeordnet und ihre magnetischen Wirkungen heben sich gegenseitig auf. Der Körper ist in diesem Zustand nach außen hin nicht magnetisch.

Setzt man einen ferromagnetischen Stoff einem äußeren Magnetfeld aus, indem man ihm z. B. einen Dauermagneten nähert, so richten sich die Elementarmagnete aus und der Körper wird selbst magnetisch.

ungeordnet
unmagnetisch

geordnet
magnetisch

Die Wirkung eines magnetisierten Stoffes ist jedoch nicht dauerhaft. Sie kann z. B. durch Erhitzung oder einen kräftigen Schlag wieder entfernt werden.

Das Magnetfeld der Erde

Auch unsere Erde besitzt ein Magnetfeld. Es entsteht im Erdkern – dieser besteht aus einem festen inneren und einem flüssigen äußeren Teil. Der flüssige Kern wird von unten angeheizt, wodurch Konvektionsströme (s. S. 104) angetrieben werden. Da der Kern Eisen enthält, ist er elektrisch leitfähig. Durch noch nicht endgültig geklärte Prozesse werden daher durch diese Konvektionsströme elektrische Ströme induziert, die von einem Magnetfeld umgeben sind (s. S. 206) und so das Erdmagnetfeld hervorrufen.

Das Erdmagnetfeld ähnelt in Erdnähe dem Magnetfeld eines Stabmagneten und besitzt seine stärkste Wirkung an den Polen. Daher lässt sich überall auf der Erde mit frei beweglichen Stabmagneten (z. B. in einem **Kompass**) die Nord-Süd-Richtung feststellen. Hierbei ist zu beachten, dass die **magnetischen und geografischen Pole der Erde nicht übereinstimmen.** Zum einen ist die Achse des gedachten Stabmagneten gegen die Drehachse der Erde geneigt, sodass auch die beiden Pole auf Nord- bzw. Südhalbkugel jeweils gegeneinander versetzt sind; zum anderen befindet sich der magnetische Südpol der Erde in der Nähe des geografischen Nordpols und und der magnetische Nordpol beim geografischen Südpol.

Dass bspw. der geografische Nordpol und der arktische Magnetpol gegeneinander versetzt sind, führt zu einer **Missweisung** der Kompassnadel, die sich immer stärker bemerkbar macht, je mehr man sich den Polen nähert. In Berlin beträgt die Missweisung nur wenige Grad – hier kann man also annehmen, dass ein Kompass tatsächlich nach Norden zeigt. In Kanada dagegen kann die Missweisung bis über 20° betragen und ist nicht mehr vernachlässigbar.

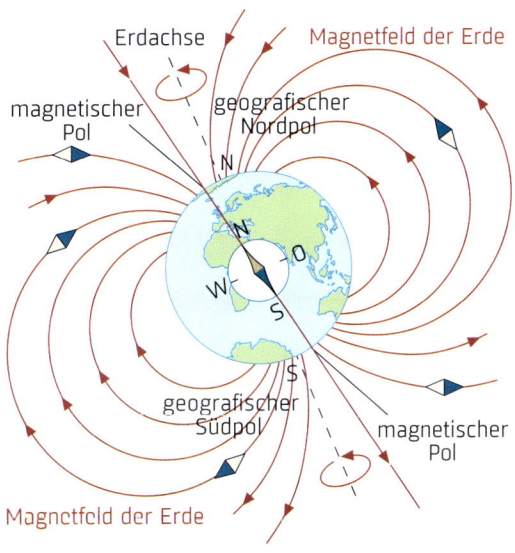

Erdachse

Magnetfeld der Erde

magnetischer Pol

geografischer Nordpol

geografischer Südpol

magnetischer Pol

Magnetfeld der Erde

Stoffe magnetisieren

DAS WIRD GEBRAUCHT: *Eisennagel, Magnet und Büroklammern.*

DAS IST ZU TUN: *Den Nagel einige Zeit über den Magneten streichen und anschließend den Büroklammern nähern.*

DAS PASSIERT: *Der Nagel wurde durch den Magneten magnetisiert und zieht die Büroklammern an.*

Elektromagnetische Induktion

WOZU EIGENTLICH?   *In vielen technischen Geräten und Anlagen macht man sich das Prinzip der elektromagnetischen Induktion zunutze. Die wichtigsten Anwendungsgebiete sind Generatoren, Transformatoren, Induktionsherde, FI-Schalter und Induktionsschleifen in Straßen, wo sie der Verkehrsüberwachung dienen.*

Das Prinzip der elektromagnetischen Induktion

Die Physik versteht unter der elektromagnetischen Induktion (lat. inducere: hineinführen) das Entstehen einer elektrischen Spannung durch eine Veränderung des magnetischen Feldes. Sie wurde 1831 von dem Naturforscher Michael Faraday entdeckt, als er versuchte, die Funktionsweise eines Elektromagneten („Strom erzeugt Magnetfelder"; s. S. 206) umzukehren („Magnetfelder erzeugen Strom").

Die Lorentzkraft

Wenn sich Ladungsträger in einem Magnetfeld bewegen, und zwar senkrecht zu dessen Feldlinien, wirkt eine Kraft auf sie, die **Lorentzkraft F$_L$.** Die Lorentzkraft steht ihrerseits senkrecht auf der Bewegungsrichtung und der Magnetfeldrichtung. Man kann die Richtung mit einer **Rechtehandregel** ermitteln: Zeigt der seitwärts gestreckte Daumen in Richtung der positiven Ladung und der lang gestreckte Zeigefinger in der Nord-Süd-Richtung des Magnetfeldes, dann zeigt der nach vorn abgeknickte Mittelfinger in Richtung der Lorentzkraft.

Die Lorentzkraft wirkt also zum einen, wenn durch einen Leiter im Magnetfeld ein Strom fließt – zum andern aber auch, wenn ein metallischer Leiter durch ein Magnetfeld bewegt wird. Im Leiter sind freie Elektronen enthalten und diese werden

Magnetfeld nach oben   Bewegung des Leiters

Kraft auf die Elektronen

mit dem Leiter durch das Magnetfeld bewegt. Auf diese Elektronen wirkt dabei die Lorentzkraft. Wird der Leiter wie skizziert nach vorn durch ein aufwärts gerichtetes Magnetfeld bewegt (rot), wirkt die Lorentzkraft gemäß der Rechtehandregel nach links – was sich aber auf positive Ladungen bezieht, d. h., die Elektronen wandern auf die rechte Seite des Drahtes (blauer Pfeil). Damit ist das rechte Ende des Leiters negativ geladen, das linke Ende positiv – und über dem Leiter ist eine elektrische Spannung entstanden. Man nennt den Vorgang **elektromagnetische Induktion** und die entstandene Spannung eine **Induktionsspannung.**

Ein Strom kann jedoch erst fließen, wenn die Enden des Leiters verbunden wurden und eine geschlossene Schlaufe entstanden ist. Dabei darf die Schlaufe nicht vollständig in einem homogenen Magnetfeld liegen. Das liegt daran, dass sich das Magnetfeld, das von der Schlaufe umschlossen wird, ändern muss. Bewegt sich die Schlaufe durch ein homogenes Magnetfeld, ändert sich das Magnetfeld im Innern der Schlaufe aber nicht, weil ein homogenes Magnetfeld überall gleich ist.

Induktion in einer Spule

Eine Induktionsspannung kann man auch in einer Spule erzeugen. Um dies zu erreichen, muss die Spule durch ein inhomogenes Magnetfeld bewegt werden. Ein solches inhomogenes Magnetfeld kann das Magnetfeld eines Elektromagneten (s. S. 206) oder eines Permanentmagneten (s. S. 192) sein.

Bewegt man die Spule im inhomogenen Magnetfeld, bspw. in dem eines Stabmagneten, erfährt sie ein sich ständig änderndes Magnetfeld um sich herum. Die Lorentzkraft lässt die in der Spule enthaltenen Ladungsträger (d. h. die Elektronen, da die Ionen fest auf ihren Gitterplätzen sitzen) zu einer Seite wandern und erzeugt eine Induktionsspannung. Die Induktionsspannung kann nur durch eine permanente Änderung des Magnetfeldes aufrechterhalten werden. Hierbei spielt es keine Rolle, ob man den Magneten (obere Abbildung) oder die Spule (untere Abbildung) selbst bewegt.

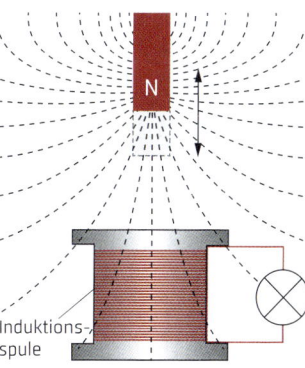

Induktionsspule

An welchem Ende der Spule ein Elektronenmangel bzw. ein Elektronenüberschuss entsteht, ist von der Richtung des magnetischen Feldes und von der Bewegungsrichtung relativ zum Magnetfeld abhängig. Die Spule, in der die Spannung induziert wird, bezeichnet man auch als Induktionsspule. Die wesentlichen Erkenntnisse zur Entstehung einer Induktionsspannung sind zusammengefasst im Induktionsgesetz.

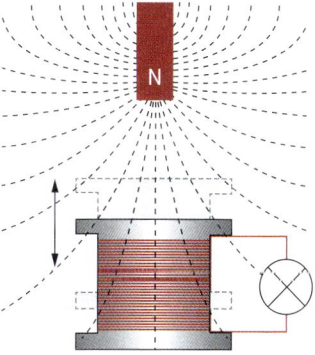

INDUKTIONSGESETZ
In der Spule wird eine Spannung induziert, wenn sich das von der Spule umfasste Magnetfeld ändert. Die Induktionsspannung ist umso größer,
- je stärker sich das von der Spule umfasste Magnetfeld ändert,
- je schneller man den Magneten oder die Spule im Magnetfeld bewegt.

Zeitliche Änderung des Magnetfeldes

Elektromagneten sind ebenfalls Spulen. Da elektrische Ströme von Magnetfeldern umgeben sind, erzeugen auch Spulen ein Magnetfeld, wenn sie stromdurchflossen sind. Im Außenraum der Spule ist das Magnetfeld inhomogen und entspricht in etwa dem eines Stabmagneten.
Bewegt man eine Spule statt im Magnetfeld eines Dauermagneten in dem eines Elektromagneten, kann man wesentlich größere Induktionsspannungen erzielen.

Ein weiterer Aspekt ergibt sich, weil Elektromagneten an- und abgeschaltet werden können.
Ob eine Spannung in der Spule induziert wird, hängt davon ab, ob sich das von der Spule umschlossene Magnetfeld ändert. Das kann man wie oben beschrieben erreichen, indem man Spule und inhomogenes Magnetfeld relativ zueinander bewegt.

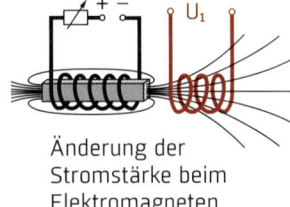

Änderung der Stromstärke beim Elektromagneten

Man kann aber auch die **Magnetfeldstärke zeitlich verändern** – das ist bei Elektromagneten im Gegensatz zu Permanentmagneten möglich.
Legt man bspw. eine Wechselspannung an den Elektromagneten an, ändert sich die Polung und somit das Magnetfeld des Elektromagneten im Takt der angelegten Wechselspannung. Wird die Induktionsspule dann von dem zeitlich wechselnden Magnetfeld des Elektromagneten durchsetzt, wird in ihr eine Spannung induziert.

Mithilfe eines Elektromagneten können Spannungen also induziert werden, ohne dass die Spule oder der Elektromagnet bewegt werden müssen.

Die durch einen Elektromagneten in der Induktionsspule hervorgerufene Induktionsspannung U_I ist umso größer,

- je **größer die Windungszahl** der Induktionsspule ist,
- je **größer die Querschnittsfläche** der Induktionsspule ist.

Die lenzsche Regel

Die induzierte Spannung ruft in der Spule einen elektrischen Strom hervor, man spricht von einem **Induktionsstrom.** Die Richtung des Induktionsstroms hängt davon ab, wie sich das von der Spule umschlossene Magnetfeld ändert.
Die lenzsche Regel macht eine Vorhersage über die Richtung des induzierten Stroms. Sie ist nach dem russischen Physiker deutscher Herkunft Heinrich Friedrich Emil Lenz (1804–1865) benannt.

LENZSCHE REGEL

Der Induktionsstrom ist stets so gerichtet, dass er der Ursache seiner Entstehung entgegenwirkt.

Das bedeutet, dass der Induktionsstrom seinerseits von einem Magnetfeld umgeben ist, das dem induzierenden Magnetfeld **entgegengerichtet** ist. Wäre das nicht der Fall, würden die beiden Magnetfelder sich verstärken und immer größere Induktionsströme erzeugen – das steht jedoch im Widerspruch zum Energieerhaltungssatz, die elektrische Energie kann nicht „aus dem Nichts" entstehen.

Selbstinduktion

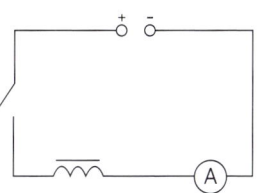

Wird an einen Stromkreis, in dem sich eine Spule befindet, eine Spannung angelegt, steigt die Stromstärke im Stromkreis an. Damit baut sich auch ein Magnetfeld auf – ein sich aufbauendes Magnetfeld ist ein sich änderndes Magnetfeld. Dieses durchsetzt auch die Spule selbst und ruft einen Induktionsstrom in dieser hervor. Diesen Vorgang bezeichnet man als **Selbstinduktion.** Da der induzierte Strom nach der lenzschen Regel seiner Ursache entgegenwirkt, wird die Stromstärke im Stromkreis durch den Induktionsstrom gehemmt und steigt nur langsam an. Umgekehrt sinkt sie nach dem Abschalten der Spannung auch verzögert – denn die sinkende Stromstärke hat ein sich abschwächendes Magnetfeld zur Folge, was wiederum über Selbstinduktion einen Induktionsstrom hervorruft, der nun das Abklingen des Stroms bremst.

Die Induktivität einer Spule

Wie groß die Selbstinduktion in einer Spule ist, wird maßgeblich durch die **Induktivität** bestimmt. Die Induktivität einer Spule ist umso größer,
- je **größer die Windungszahl** der Spule ist,
- je **größer die Querschnittsfläche** der Spule ist,
- je **kleiner die Länge** der Spule ist.

Die Induktivität ist also von der Bauart der Spule abhängig und wird berechnet mit:

$L = \mu_0 \cdot \mu_r \cdot N^2 \cdot \frac{A}{l}$

$\mu_0 = 1{,}257 \cdot 10^{-6} \frac{Vs}{Am}$: magnetische Feldkonstante, μ_r: Permeabilitätszahl,
N: Windungszahl der Spule, A: Querschnittsfläche der Spule, l: Länge der Spule.
Die Induktivität hat das Formelzeichen L und die Einheit ein Henry (1 H). μ_r ist eine Materialkonstante, die den Einfluss des Eisenkerns angibt. Eine Spule mit einem Eisenkern erreicht wesentlich höhere Induktivitäten als eine Spule ohne Eisenkern.

Wirbelströme

Induktionsströme entstehen nicht nur in Spulen, sondern in allen elektrisch leitfähigen Stoffen, die sich in einem sich ändernden Magnetfeld befinden. Wird die Spannung in einer Spule induziert, so ist die Richtung des Stroms vorgegeben – in einem beliebigen ausgedehnten Metallstück hingegen gibt es keinen Stromkreis. Die Induktionsströme bilden wirbelförmige Ströme, die **Wirbelströme.** Wirbelströme erzeugen Wärme wie andere Ströme auch, d.h., sie bewirken einen Energieverlust. Vor allem in Elektromotoren und Transformatoren sind sie unerwünscht. Aus diesem Grund verwendet man dünne isolierte Bleche, sogenannte Dynamobleche, die die Entstehung von Wirbelströmen verhindern, weil sie die geschlossenen Wirbel blockieren.
Auch bei der Entstehung von Wirbelströmen gilt die lenzsche Regel. Man macht sich das Prinzip der Wirbelströme und der lenzschen Regel bspw. in Wirbelstrombremsen zunutze, die vor allem bei Schienenfahrzeugen genutzt werden.

Induktionsherd

In Induktionsherden sind die Wirbelströme und die von ihnen erzeugte Wärme erwünscht. Das wichtigste Bauteil des Induktionsherds sind die Magnetspulen, die unter den Kochfeldern angeordnet sind. Die Kochfelder werden mit einer Wechselspannung von 230 V versorgt, wodurch sich das Magnetfeld der Spulen ständig in Stärke und Richtung ändert.

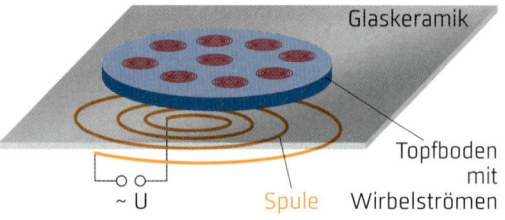

Stellt man einen Kochtopf auf die Platte, durchsetzt das Magnetfeld den Metallboden des Topfes und induziert in ihm Wirbelströme. Die Wirbelströme erhitzen das Metall und über Wärmeleitung erhitzt sich auch das Gargut.
Die Töpfe müssen aus einem Material bestehen, in dem sich Wirbelströme ausbilden können. Daher verwendet man zur Herstellung der Töpfe vor allem Metall.
Der Vorteil von Induktionsherden ist, dass die Wärme direkt im Topfboden entsteht – ohne Wärmeübertragung von der Platte auf den Topf gibt es auch keine Verluste bei der Übertragung. Zudem wird die Platte lediglich durch den Kochtopf erwärmt.

RECHENBEISPIEL: Induktivität einer Spule berechnen

Eine Spule mit 2000 Windungen hat eine quadratische Querschnittsfläche mit einer Kantenlänge von 10 cm und eine Länge von 30 cm. Der Eisenkern hat eine Permeabilitätszahl von $\mu_r = 300$. Wie groß ist die Induktivität der Spule?

GESUCHT: Induktivität L

GEGEBEN: $N = 2000$; $\mu_0 = 1{,}257 \cdot 10^{-6} \frac{Vs}{Am}$; $l = 30$ cm $= 0{,}3$ m; $\mu_r = 300$;
$a = 10$ cm $= 0{,}1$ m

RECHNUNG: $A = a \cdot a = 0{,}1$ m $\cdot$ $0{,}1$ m $= 0{,}01$ m²
$L = \mu_0 \cdot \mu_r \cdot N^2 \cdot \frac{A}{l} = 1{,}257 \cdot 10^{-6} \frac{Vs}{Am} \cdot 300 \cdot 2000^2 \cdot \frac{0{,}01 \text{ m}^2}{0{,}3 \text{ m}} = 50{,}28$ H

ERGEBNIS: Die Induktivität der Spule beträgt 50,28 H.

Induktionsschleifen

Induktionsschleifen werden im Straßenverkehr verwendet, um Ampelanlagen oder Schranken zu steuern und den Straßenverkehr zu überwachen. Die Induktionsschleifen sind unter dem Straßenasphalt verlegt und werden permanent von Strom durchflossen, wodurch ein schwaches Magnetfeld erzeugt wird. Fährt nun ein Auto über die Induktionsschleife, führt dies zu einer Veränderung des Magnetfeldes.

Da die meisten Fahrzeugteile aus Eisen bestehen, wirken sie wie ein Eisenkern und verstärken das Magnetfeld der Schleife. Dadurch wird ein kurzer Induktionsstrom in der Leiterschleife hervorgerufen, der als Steuerimpuls an Ampelanlage oder Schranke weitergeleitet wird.

Durch zwei hintereinander angeordnete Leiterschleifen ist man in der Lage, die Geschwindigkeit von Fahrzeugen zu messen.

SELBST ENTDECKEN   Magnetische „Scheibenbremse"

DAS WIRD GEBRAUCHT: *Hufeisenmagnet, Messingunterlegscheibe oder Ring aus Edelmetall*

DAS IST ZU TUN: *Scheibe auf den Rand stellen und in Drehung um die Vertikale versetzen. Die Pole des Magneten rechts und links neben die drehende Scheibe bringen. Rotationsdauer mit und ohne Magnet vergleichen.*

DAS PASSIERT: *Da die Scheibe sich dreht, ändert sich das von ihr umfasste Magnetfeld ständig, es werden Wirbelströme induziert. Deren elektrische Energie stammt aus der Rotationsenergie der Scheibe, weshalb die Rotation abgebremst wird. Ohne Magnet dreht sich die Scheibe wesentlich länger als mit Magnet.*

Der Transformator

Aufbau eines Transformators

Mit einem Transformator (lat. transformare: umformen, umwandeln), kurz „Trafo", wird elektrische Energie von einem auf einen anderen Stromkreis übertragen, ohne dass diese elektrisch miteinander verbunden sind. Mit Transformatoren kann man die Stärke einer Wechselspannung bzw. eines Wechselstroms erhöhen oder verringern. Hierbei macht man sich das Induktionsprinzip (s. S. 196) zunutze.

Der Transformator besteht aus einer **Primärspule** und einer **Sekundärspule,** die sich auf einem geschlossenen Eisenkern befinden. Die Spulen sind jedoch nicht leitend miteinander verbunden.

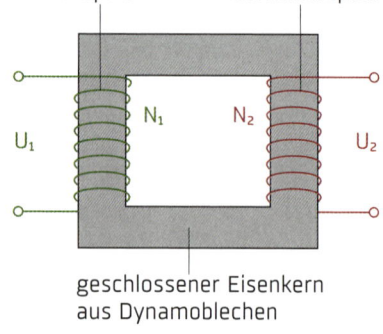

geschlossener Eisenkern aus Dynamoblechen

Die Energieübertragung eines Transformators erfolgt über die **elektromagnetische Induktion.** Daher muss ein Magnetfeld hervorgerufen werden, dass sich zeitlich ständig ändert. Aus diesem Grund wird der Transformator mit **Wechselspannung** (s. S. 214) betrieben.

An die Primärspule wird eine Wechselspannung angelegt, die in ihr ein sich ständig änderndes Magnetfeld erzeugt. Die Sekundärspule wird von dem wechselnden Magnetfeld der Primärspule durchsetzt, wodurch in ihr eine Wechselspannung induziert wird. Aus diesem Grund wird die Sekundärspule auch **Induktionsspule** genannt. Die Primärspule wird als **Feldspule** bezeichnet.

Schaltzeichen

Transformator

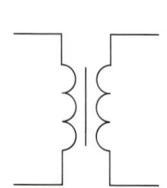

Durch den Eisenkern können im Vergleich zu Transformatoren ohne Eisenkern wesentlich höhere Spannungen mit wesentlich weniger Windungen auf den Spulen erzielt werden. Die Stärke der in der Sekundärspule induzierten Wechselspannung ist von der angelegten Wechselspannung der Primärspule und der Anzahl der **Windungen** der Spulen abhängig.

Prinzipiell ist hinsichtlich der induzierten Spannung zwischen einem idealen und einem realen Transformator zu unterscheiden:

Bei einem **idealen Transformator** ist die im Primärstromkreis zugeführte Energie gleich der nutzbaren Energie im Sekundärstromkreis, in diesem Fall wird die zugeführte elektrische Energie nicht in andere Energieformen umgewandelt. Es gibt daher keine Wärmeverluste.

Bei einem **realen Transformator** wird ein Teil der zugeführten Energie in thermische Energie umgewandelt. Dies bedeutet, dass die im Primärstromkreis zugeführte Energie größer ist als die nutzbare Energie im Sekundärstromkreis. Reale Transformatoren erzielen einen Wirkungsgrad von bis zu 98 %.

Unbelasteter und belasteter Transformator

Je nachdem wie der Transformator geschaltet ist, unterscheidet man zwischen einem belasteten und einem unbelasteten Transformator.

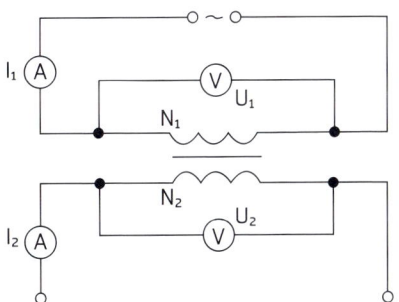

Der unbelastete Transformator:
Hier ist an die Sekundärspule kein elektrisches Gerät angeschlossen, d.h., im Sekundärstromkreis fließt kein Sekundärstrom. In diesem Fall befindet sich der Transformator im **Leerlauf.**

Für einen idealen unbelasteten Transformator gilt das
GESETZ DER SPANNUNGSÜBERSETZUNG:

$$\frac{\text{Primärspannung}}{\text{Sekundärspannung}} = \frac{\text{Windungszahl der Primärspule}}{\text{Windungszahl der Sekundärspule}} \quad \leftrightarrow \quad \frac{U_1}{U_2} = \frac{N_1}{N_2}$$

Dieses Gesetz gilt nur für einen idealen Transformator im Leerlauf. Es ergeben sich folgende Beziehungen zwischen Windungszahl und induzierter Spannung:

- Ist die **Windungszahl der Sekundärspule genauso groß** wie die Windungszahl der Primärspule, dann ist die induzierte Spannung gleich der Primärspannung.
- Ist die **Windungszahl der Sekundärspule größer** als die Windungszahl der Primärspule, dann ist die induzierte Spannung größer als die Primärspannung.
- Ist die **Windungszahl der Sekundärspule kleiner** als die Windungszahl der Primärspule, dann ist die induzierte Spannung kleiner als die Primärspannung.

Der belastete Transformator:

In diesem Fall ist an der Sekundärspule ein elektrisches Gerät angeschlossen und es kann ein Sekundärstrom fließen.

Die Belastung des Transformators steigt mit der Sekundärstromstärke. Geht der Widerstand im Sekundärstromkreis gegen null, dann ist die Belastung im Sekundärstromkreis am größten, weil die Stromstärke hier maximal wird. In diesem Fall spricht man von einem **Kurzschluss.**

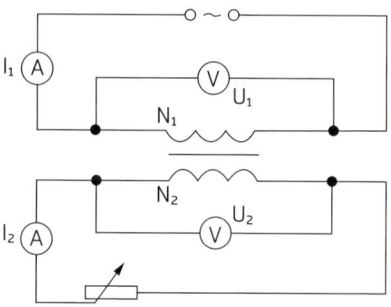

Für den belasteten idealen Transformator gilt das
GESETZ DER STROMSTÄRKEÜBERSETZUNG:

$$\frac{\text{Primärstromstärke}}{\text{Sekundärstromstärke}} = \frac{\text{Windungszahl der Sekundärspule}}{\text{Windungszahl der Primärspule}} \quad \leftrightarrow \quad \frac{I_1}{I_2} = \frac{N_2}{N_1}$$

Bei gleichen Windungszahlen ist die Primärstromstärke gleich der Sekundärstromstärke; ist die **Windungszahl der Sekundärspule größer** als die der Primärspule, ist jedoch die **Sekundärstromstärke kleiner** als die Primärstromstärke und umgekehrt. Das Gesetz der Stromstärkeübersetzung gilt nur für den Kurzschluss. Es ist umso besser erfüllt, je größer die Belastung des Transformators ist. Mit der Belastung steigt die Stromstärke im Sekundärstromkreis.

Hochspannungstransformatoren

Mit einem Hochspannungstransformator können Spannungen hochtransformiert werden. Die Sekundärspule des Hochspannungstransformators besitzt mehr Windungen als die Primärspule, wodurch die Sekundärspannung wesentlich größer ist als die angelegte Primärspannung.

Hochspannungstransformatoren finden sich bspw. in Kraftwerken. Hier wird die im Kraftwerk erzeugte Spannung auf knapp 400 000 V hochtransformiert, bevor sie über Hochspannungsleitungen weitertransportiert wird. Der Grund dafür liegt darin, dass beim Stromtransport mit hohen Spannungen die Ströme im gleichen Verhältnis heruntertransformiert werden. Da die elektrische Energie proportional zu Strom und Spannung ist (s. S.173), kann dieselbe Energie entweder mit hohen Strömen und kleinen Spannungen oder umgekehrt transportiert werden.

Hohe Ströme verursachen jedoch hohe Wärmeverluste aufgrund des elektrischen Widerstandes der Leitungen. Die geringen Stromstärken verringern den Energieverlust.

Niederspannungstransformatoren

Mit einem Niederspannungstransformator können Spannungen heruntertransformiert werden. Der Niederspannungstransformator besitzt an der Sekundärspule weniger Windungen als an der Primärspule. Damit ist die Sekundärspannung
kleiner als die angelegte Primärspannung
Niederspannungstransformatoren befinden sich in vielen Haushaltsgeräten, weil
die Steckdose eine Spannung von 230 V liefert, viele Geräte jedoch nur eine
Spannung von 12 V oder weniger benötigen.

RECHENBEISPIEL: Induktionsspannung bei einem Trafo berechnen

Die Feldspule besitzt 400 Windungen und die Induktionsspule 1600 Windungen.
Wie groß ist die Induktionsspannung bei einer Eingangsspannung von 30 V?

ANALYSE: Man geht hier von einem idealen unbelasteten Transformator aus, sodass $\frac{U_1}{U_2} = \frac{N_1}{N_2}$ gilt.

GESUCHT: U_2

GEGEBEN: $U_1 = 30$ V; $N_1 = 400$; $N_2 = 1600$

RECHNUNG: $\frac{U_1}{U_2} = \frac{N_1}{N_2} \Rightarrow U_2 = \frac{N_2}{N_1} \cdot U_1 = \frac{1600}{400} \cdot 30$ V $= 120$ V

ERGEBNIS: Die Induktionsspannung beträgt 120 V.

SELBST ENTDECKEN   **Wie kommt der Strom ins Haus?**

*Elektrische Energie lässt sich im Gegensatz zu bspw. Öl kaum speichern. Trotzdem er-
warten die Stromverbraucher, dass der Strom in dem Moment fließt, in dem sie ein Gerät anschalten. Damit das gewährleistet ist und auch um Schwankungen im Netz ausgleichen zu können, sind alle Kraftwerke und Verbraucher im Verbundnetz miteinander
verbunden. Von den Kraftwerken wird der Strom über Höchstspannungsleitungen von
220 000 V und 380 000 V über das Land verteilt und zu den Versorgungsunternehmen
transportiert. Das Höchstspannungsnetz verzweigt sich dann in ein Hochspannungs-
netz, die Spannung wird auf 110 000 V heruntertransformiert. Dieses versorgt große
Industriebetriebe und einzelne Regionen. Die nächste Stufe ist das Mittelspannungsnetz
(10 000 V oder 20 000 V), über das der Strom zu kleineren Betrieben und zu den Tra-
fostationen gebracht wird, in denen die Niederspannung von 230 V erzeugt wird, die
schließlich in den Haushalten zur Verfügung steht.*

Elektromagnet, Generator und Elektromotor

WOZU EIGENTLICH?   *Der Fahrraddynamo ist der wohl bekannteste Generator im Alltag. In Kraftwerken werden Generatoren zur Stromerzeugung eingesetzt. Elektromotoren begegnen einem im Haushalt auf Schritt und Tritt – bspw. beim Küchenmixer. Elektromagnete sind oftmals Teil von Elektromotoren, sie werden auch zum Heben von Lasten eingesetzt.*

Der Elektromagnet und sein Magnetfeld

Im Jahr 1820 wurde die magnetische Wirkung des elektrischen Stroms erstmals durch den dänischen Physiker Hans Christian Oerstedt nachgewiesen. Fließt in einem geraden Leiter ein Strom, ist dieser von einem ringförmigen Magnetfeld umgeben. Die Richtung der Magnetfeldlinien lässt sich bestimmen mit der

RECHTE-HAND-REGEL:
Zeigt der Daumen der rechten Hand in die **technische** Stromrichtung (**entgegen** der Bewegung der Elektronen), zeigen die gekrümmten Finger in Richtung der Magnetfeldlinien.

1826 erfand der Engländer William Sturgeon den **Elektromagneten.** Ein Elektromagnet besteht aus einem Leiter, der zu einer **Spule** aufgewickelt ist, und einem **Eisenkern** innerhalb der Spule. Fließt elektrischer Strom durch die Spule, entsteht ein Magnetfeld um den Leiter. Dabei wirkt jede einzelne Windungsschleife der Spule wie ein kreisförmiger Leiter, der von einem Magnetfeld umgeben ist. Die einzelnen Felder der Windungsschleifen überlagern sich und summieren sich zu einem intensiven Gesamtfeld.
Ein Eisenkern im Inneren der Spule verstärkt das Magnetfeld noch. Der Grund hierfür liegt darin, dass Eisen ferromagnetisch ist (s. S. 194) und durch das Magnetfeld der Spule magnetisiert wird, da die Elementarmagnete des Eisenkerns durch das Magnetfeld der Spule ausgerichtet werden. Der Eisenkern wird dadurch selbst zum Magneten, sein Feld verstärkt das des Elektromagneten.
Die Feldlinien des Elektromagneten verlaufen außerhalb des Magneten vom magnetischen Nordpol zum magnetischen Südpol.

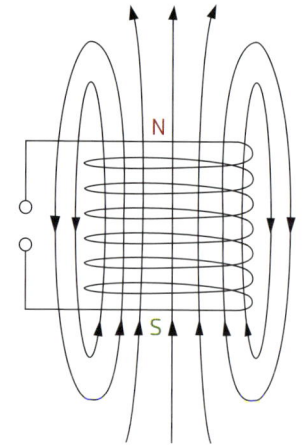

magnetisches Feld
eines Elektromagneten

Da die Richtung des magnetischen Feldes von der Richtung des Stroms abhängig ist, kann man einen Elektromagneten im Gegensatz zu einem Permanentmagneten umpolen, indem man die Stromrichtung umkehrt.

Ein Großteil der magnetischen Feldlinien konzentriert sich im Inneren der Spule, sodass die magnetische Feldstärke H dort am größten ist. Außerhalb der Spule ist die magnetische Feldstärke geringer und nimmt mit zunehmender Entfernung ab. Daraus lässt sich schließen, dass Elektromagnete nur in geringer Reichweite eine große magnetische Wirkung besitzen.
Außerhalb der Spule hat das Magnetfeld Ähnlichkeit mit dem eines Stabmagneten.

Für eine elektromagnetische Spule der Länge L und der Windungszahl n, durch die ein elektrischer Strom I fließt, gilt für die **magnetische Feldstärke H:**
$H = I \cdot \frac{n}{L}$; Einheit: $\frac{A}{m}$
Generell gilt: Je größer die Windungszahl der Spule ist und je größer die Stromstärke I ist, desto größer ist die magnetische Kraftwirkung des Elektromagneten.

Der Lasthebemagnet

Der Lasthebemagnet stellt eine großtechnische Umsetzung des Elektromagneten dar. Überall dort, wo schwere ferromagnetische Gegenstände sicher angehoben, bewegt und abgelegt werden müssen, werden die elektrisch schaltbaren Lasthebemagnete verwendet. Im Gegensatz zum einfachen Elektromagneten hat der Lasthebemagnet eine deutlich größere magnetische Kraft. Der Grund hierfür liegt in seinem Aufbau. Er besteht aus einer kräftigen Spule mit einer deutlich höheren Anzahl an Windungen und einem großen Eisengehäuse, das selbst einen Teil des Eisenkerns darstellt. Zudem werden Lasthebemagneten mit deutlich höheren Stromstärken betrieben.

Schaltet man die Stromzuführung ein, baut sich ein starkes Magnetfeld um die Spule des Lasthebemagneten auf. Gelangen ferromagnetische Stoffe nun in die Nähe des Magnetfeldes, werden sie magnetisiert und vom Lasthebemagneten angezogen. Die Gegenstände bleiben solange an der Oberfläche des Magneten haften, bis die Stromzufuhr unterbrochen wird und das Magnetfeld verschwindet.

ACHTUNG, DENKFALLE! *Erfahrungsgemäß fällt den Schülern die Übertragung vom Permanentmagneten auf den Elektromagneten schwer, da sich der Elektromagnet im Aussehen deutlich von bekannten Magneten unterscheidet und die Pole farblich nicht gekennzeichnet sind.*

Außerdem nehmen viele Schüler an, dass der elektrische Strom aus dem Draht herausfließt und so den Eisenkern magnetisiert. Nach Vorstellung der Schüler dürfte der Draht keine dickere Isolierung aufweisen, da der Strom sonst nicht in den Eisenkern eintreten kann. Tatsächlich muss der Draht einer Spule aber isoliert sein, damit der Strom nicht von Windung zu Windung „quer" zur gewünschten Stromrichtung fließen kann.

Der Elektromotor

Als Elektromotor bezeichnet man eine elektrische Maschine, die elektrische Energie in mechanische Energie umwandelt. Genauer gesagt, wird die Kraft, die von einem Magnetfeld auf einen stromdurchflossenen Leiter ausgeübt wird (s. S. 196), in Bewegung umgesetzt. Im Allgemeinen unterschiedet man zwei Arten von Elektromotoren: den Gleichstromelektromotor und den Wechselstromelektromotor.

Der Gleichstromelektromotor

Die wesentlichen Bauteile eines Gleichstrommotors sind

- ein feststehender Dauermagnet, der ein konstantes Magnetfeld erzeugt und als Stator bezeichnet wird;
- ein drehbar gelagerter Elektromagnet (s. S. 206), der Rotor bzw. Anker;
- ein Stromwender bzw. Polwender, auch Kommutator genannt;
- Kohlebürsten, die den Rotor mit Strom versorgen.

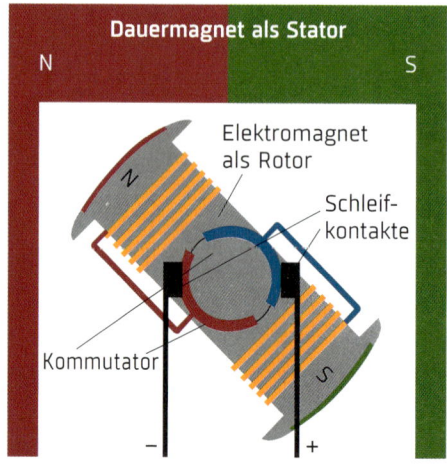

Dauermagnet als Stator

N

S

Elektromagnet als Rotor

Schleifkontakte

Kommutator

– +

Der Kommutator besteht aus zwei Halbringen aus Metall. Jeweils ein Ende des Spulendrahtes ist mit einem der beiden Halbringe verbunden. Die Halbringe bewegen sich mit dem Rotor und haben über die Kohlebürsten Kontakt mit den Polen der Gleichstromquelle, bspw. einer Batterie. Die genaue Funktionsweise wird weiter unten deutlich.

Die Spule des Rotors ist an eine Gleichstromquelle angeschlossen, bspw. eine Batterie. Durch den Stromfluss wird die Spule zu einem Magneten, sodass magnetische Kräfte zwischen dem Rotor und dem Stator (der ja ebenfalls ein Magnet ist) auftreten. Dadurch ruft das Magnetfeld des Stators je nach Stellung des Rotors (Elektromagneten) abstoßende bzw. anziehende Kräfte auf ihn hervor.

1) Stehen sich gleichnamige Pole von Rotor und Stator gegenüber, stoßen sie sich gegenseitig ab und der Rotor wird in **Drehung** versetzt. Dabei nähert sich der Nordpol des Rotors dem Südpol des Stators.

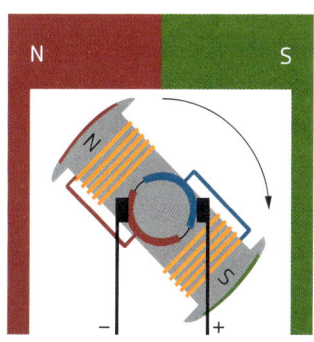

2) Ungleichnamige Pole ziehen sich an – in der Abbildung ziehen sich der Südpol des Stators und der Nordpol des Rotors an. Steht der Rotor waagerecht, ist der sogenannte **Totpunkt** erreicht, die ungleichnamigen Pole sind sich so nah wie möglich und der Rotor müsste stehen bleiben.

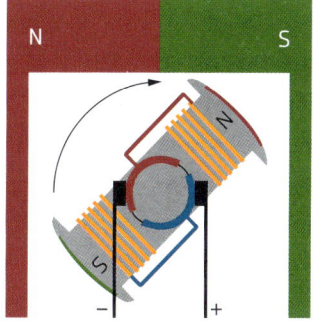

3) Aber nun kommt der **Kommutator** ins Spiel: Dieser ist mit dem Rotor verbunden und dreht sich mit. Bisher lag der blau gezeichnete Halbring am Schleifkontakt des Pluspols – sobald sich die ungleichnamigen Pole des Stators und des Rotors gegenüberstehen, kommt jedoch der rote Halbring mit dem Pluspol in Verbindung. Dadurch kehren sich Spannung und Stromrichtung in der Spule des Rotors um und damit dreht sich auch dessen Magnetfeld um. Damit liegt nun am Südpol des Stators auf einmal der Südpol des Rotors – beide stoßen sich ab, der Rotor dreht sich weiter.

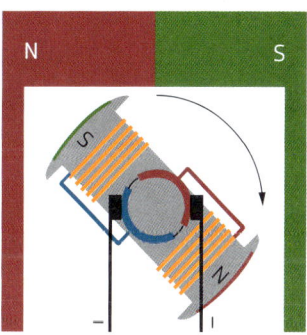

Die Aufgabe des Kommutators besteht somit darin, die Stromrichtung in der Rotorspule bei jeder Drehung im richtigen Takt umzukehren. Auf diese Weise werden Nordpol und Südpol des Rotors fortlaufend vertauscht, sodass die Drehbewegung des Rotors aufrechterhalten bleibt.

Mit der Drehbewegung des Rotors lassen sich nun Maschinen betreiben.

Der Wechselstromelektromotor

Prinzipiell unterscheidet sich der Wechselstrommotor im Aufbau kaum vom Gleichstrommotor. Der einzige Unterschied liegt darin, dass der Wechselstrommotor keinen Kommutator besitzt, der die Stromrichtung ändert.

Bei einem Wechselstrommotor wird der Dauermagnet des Stators durch eine Feldspule ersetzt. Wird durch die Feldspule Wechselstrom geleitet, bewirkt dieser die Entstehung eines Magnetfeldes, dessen Pole sich im Takt des Wechselstroms ändern. Das sich aufbauende Magnetfeld des Stators induziert eine Spannung im Rotor, sodass sich um den Rotor ebenfalls ein Magnetfeld aufbaut, das sich gleichzeitig mit dem Magnetfeld des Stators ändert. Dadurch

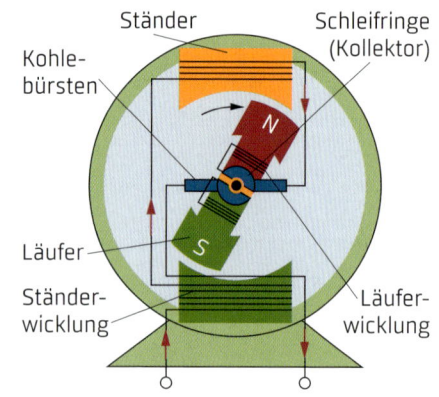

ändert sich die Polarität der beiden Magnetfelder immer genau so, dass die Drehbewegung des Motors ungehindert fortgeführt wird. Diesen Typ Wechselstromelektromotor, bei dem der Strom im Rotor durch Induktion hervorgerufen wird, nennt man Induktionsläufermotor.

Bei einer Netzfrequenz von 50 Hz (Hertz) wird das Magnetfeld der Feldspule 50-mal pro Sekunde umgepolt, wodurch auch die abstoßenden und anziehenden Kräfte zwischen Rotor und Feldmagnet 50-mal pro Sekunde ihre Richtung wechseln.

Der Generator

Der Generator (lat. generare: erzeugen) ist eine elektrische Maschine, mit deren Hilfe kinetische Energie (Bewegungsenergie) in elektrische Energie umgewandelt werden kann – in dieser Hinsicht bildet er das Gegenstück zum Elektromotor, der elektrische Energie in Bewegungsenergie umwandelt. Der Generator nutzt das von Michael Faraday 1831 entdeckte Prinzip der elektromagnetischen Induktion (s. S. 196). Einer der ersten, noch nicht ausgereiften, Generatoren wurde von Hyppolyte Pixii bereits zwei Jahre später entwickelt.

Entscheidende Fortschritte erzielte Werner von Siemens, der erkannte, dass der Eisenkern eines Elektromagneten (s. S. 206) nach dem Abschalten des Stroms noch ein geringes magnetisches Feld aufweist, mit dem eine elektrische Spannung im Generator induziert werden kann. Die induzierte Spannung reicht aus, um wiederum den Elektromagneten zu betreiben und das Magnetfeld zu verstärken, wodurch wiederum eine größere Spannung induziert wird usw.

Die wesentlichen Bauteile eines Generators sind:

- **Rotor:** Ein Elektro- oder Dauermagnet. Abgebildet ist ein 2-poliger Generator, d.h., der Rotor besitzt zwei Polpaare. Da der abgebildete Generator Elektromagneten als Rotoren hat, müssen diese auch mit Strom versorgt werden – dies geschieht über Schleifkontakte.
- **Stator:** An ihm sitzen die Induktionsspulen, in denen über das Rotor-Magnetfeld eine Spannung induziert wird, die am Stator abgegriffen werden kann (Anschluss links unten am Stator gezeichnet).

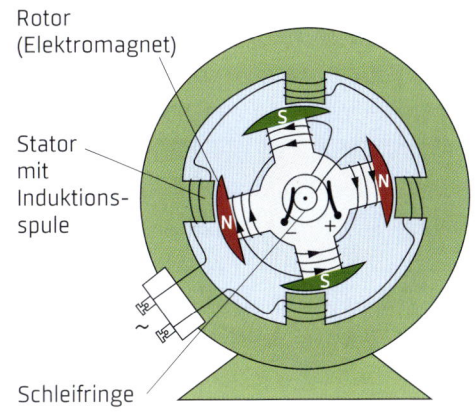

Rotor
(Elektromagnet)

Stator
mit
Induktions-
spule

Schleifringe

Im Allgemeinen unterscheidet man zwei Arten von Generatoren: den **Gleichstromgenerator** und den **Wechselstromgenerator.**

Der Wechselstromgenerator

Ein Strom bzw. eine Spannung wird in einem Leiter induziert, wenn er sich in einem sich ändernden Magnetfeld befindet. Das erreicht man in einem Generator, indem der Magnet des Rotors sich an den Induktionsspulen des Stators vorbeidreht. Die Drehung des Rotors ruft dann an den Induktionsspulen ein sich ständig änderndes Magnetfeld hervor, welches in diesen eine Spannung induziert. Diese induzierte Spannung kann an den Anschlüssen am Stator abgegriffen werden. Diese Art Generatoren nennt man **Innenpolmaschinen,** da die Magnetpole innen im Stator liegen.

Während sich der Magnet im Stator dreht, wechseln ständig die Magnetpole in der Nähe der Spulen – auf den Nordpol folgt der Südpol und umgekehrt. Die induzierte Spannung wechselt daher ständig die Richtung. Man erhält also eine **Wechselspannung** und demzufolge auch einen **Wechselstrom, denn** wenn die Spannung die Richtung ändert, ändert auch der Strom seine Fließrichtung.

Dies geschieht nicht stufenartig, sondern in einer wellenförmigen Kurve, einer Sinuskurve.

Ein Generator, der einen Wechselstrom erzeugt, ist ein Wechselstromgenerator.

Generatoren im Kraftwerk

Kohlekraftwerke, Wasserkraftwerke und Kernkraftwerke unterscheiden sich in der Energiequelle, die sie nutzen:

- **Beim Kohlekraftwerk** wird Braun- oder Steinkohle verbrannt und Wasserdampf erhitzt. Der Wasserdampf treibt die Turbinen an.
- **Beim Wasserkraftwerk** wird die kinetische Energie von strömendem Wasser genutzt. Hier treibt das Wasser die Turbinen an.
- **Beim Kernkraftwerk** wird die bei der Uranspaltung (s. S. 240) frei werdende Wärme genutzt, um Wasserdampf zu erhitzen, der dann ebenfalls eine Turbine antreibt.

Was alle diese Kraftwerkstypen gemeinsam haben, sind die Turbinen, die dann ihrerseits einen Generator, bzw. dessen Rotor, in Drehbewegung versetzen.

Der Gleichstromgenerator

Auch bei einem Gleichstromgenerator braucht man ein sich änderndes Magnetfeld, um Spannungen zu induzieren – hier rotiert aber meist die Induktionsspule im Magnetfeld eines fest stehenden Magneten. Aber auch auf die Weise ändert sich für die Induktionsspule ständig das Magnetfeld, mal ist ihre eine Seite in der Nähe des Nordpols, mal die andere. In der Spule entsteht also zunächst ein Wechselstrom.

Der Gleichstromgenerator enthält aber als weiteren Bestandteil einen **Kommutator** – mit dessen Hilfe wird die im Generator induzierte Wechselspannung in einem bestimmten Takt umgepolt, bspw. werden die negativen Teile der Sinuskurve der Spannung „umgeklappt". Durch dieses Prinzip wird die induzierte Spannung **gleichgerichtet,** es entsteht eine pulsierende Gleichspannung.

„Gleichspannung" bedeutet hier keine konstante Spannung, sondern eine, die ihre Richtung nicht ändert.

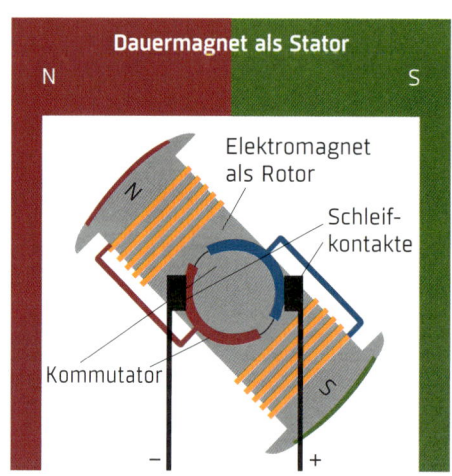

Dauermagnet als Stator

N   S

Elektromagnet als Rotor

Schleifkontakte

Kommutator

–   +

Der Aufbau von Gleichstromgenerator und Gleichstromelektromotor ist vom Prinzip her identisch, sie werden nur sozusagen „entgegengesetzt" betrieben – beim Generator wird mechanische Energie zugeführt, um den Rotor in Drehung zu versetzen, und an den Induktionsspulen eine Spannung induziert; beim Elektromotor wird elektrische Energie zugeführt, durch die der Rotor über den Kommutator ein wechselndes Magnetfeld erhält, das ihn in Drehung versetzt.

Der Fahrraddynamo

Der Fahrraddynamo oder auch Fahrradlichtmaschine ist ein kleiner elektrischer Generator, der am Rad des Fahrrads angebracht ist und die Stromversorgung der Fahrradbeleuchtung gewährleistet.
Der Dynamo besteht aus einer **Induktionsspule,** deren Enden mit dem Gehäuse des Dynamos und der Dynamounterseite verbunden sind, einem **Eisenkern** und einem **Dauermagneten.** Das kleine Rad am Dynamo ist mit einem Permanentmagneten

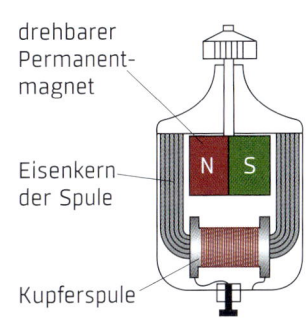

verbunden. Dreht sich das Rädchen während der Fahrt, dreht sich damit auch der Permanentmagnet. Dadurch wiederum wird die Spule einem sich ändernden Magnetfeld ausgesetzt. Da sich das Rädchen am Dynamo dreht, ändert sich die Richtung des Magnetfeldes ständig, wodurch eine Wechselspannung in der Spule induziert wird – die Fahrradlampe leuchtet. Der Eisenkern in der Spule dient hierbei zur Verstärkung der induzierten Spannung. Wäre der Eisenkern nicht vorhanden, wäre die induzierte Spannung zu klein.

SELBST ENTDECKEN   Ein einfacher Elektromagnet

DAS WIRD GEBRAUCHT: *Flachbatterie, ein langes Stück isolierter Draht (lackierter Draht oder bspw. Klingeldraht), Eisennagel, Büroklammern.*

DAS IST ZU TUN: *Draht um den Eisennagel wickeln. Die beiden Drahtenden abisolieren (Lack mit Schmirgelpapier entfernen) und mit den Polen der Flachbatterie verbinden. Nun den umwickelten Nagel den Büroklammern nähern.* **VORSICHT:** *Draht nur kurz an der Batterie lassen, da Draht und Nagel heiß werden.*

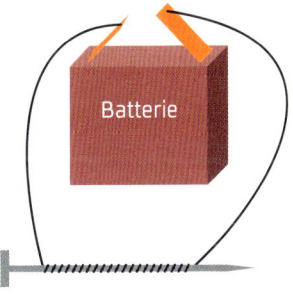

DAS PASSIERT: *Der mit Draht umwickelte Nagel stellt einen einfachen Elektromagneten dar. Nähert man sich den Büroklammern, werden diese vom Magneten angezogen.*

Wechselstromkreise

WOZU EIGENTLICH? *Erst die Entdeckung des Wechselstroms durch Nikola Tesla machte es möglich, elektrischen Strom durch Transformatoren so umzuwandeln, dass er mit nur geringen Verlusten über Hunderte von Kilometern transportiert werden kann. Ohne Wechselstrom gäbe es die weltweite Energieversorgung und die Elektrizität mit ihrer vielfältigen Anwendung nicht so, wie wir sie heute täglich nutzen.*

Wechselstrom und Wechselspannung

In der Physik versteht man unter **Wechselstrom** einen elektrischen Strom, der seine Richtung und seine Stärke zeitlich periodisch, also in regelmäßigen Wieder-holungen, ändert. Bei **Gleichstrom** dagegen ändert sich die Richtung des Stroms zeitlich nicht.

In der Technik ist der Wechselstrom als Sinusfunktion am weitesten verbreitet, da er in dieser Form durch Generatoren (s. S. 211) im Kraftwerk erzeugt wird und auch die geringsten Verluste und Verzerrungen aufweist. Entspricht der zeitlich periodische Verlauf von elektrischer Spannung und Stromstärke einer Sinusfunk-tion, spricht man von einem **sinusförmigen Wechselstrom.**

Zeitlicher Verlauf der Gleichspannung

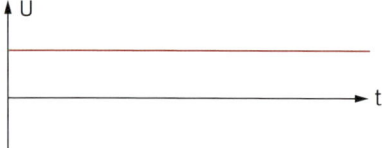

Zeitlicher Verlauf der Wechselspannung

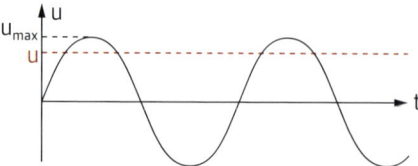

Zeitlicher Verlauf der Gleichstromstärke

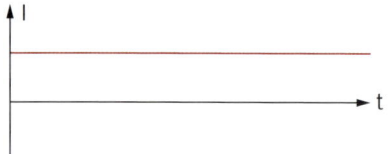

Zeitlicher Verlauf der Wechselstromstärke

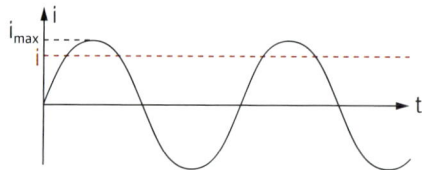

In einem Wechselstromkreis ändert sich mit der elektrischen Stromstärke auch die elektrische Spannung periodisch und umgekehrt. Der Verlauf von elektrischer Spannung und Stromstärke ist dabei oft gegeneinander zeitlich verschoben, man sagt, sie sind **phasenverschoben.**

Aufgrund der Tatsache, dass sich elektrische Spannung und Stromstärke im Wechselstromkreis ständig ändern, wird zwischen einem **Maximalwert** (U_{max}, I_{max}) und einem **Effektivwert** (U, I) von Strom und Spannung unterschieden.

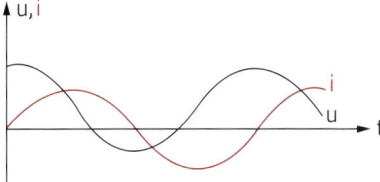

Der Maximalwert

Unter dem Maximalwert bzw. Scheitelwert oder der **Spitzenspannung** versteht man den größten Augenblickswert der elektrischen Spannung bzw. Stromstärke. Der Scheitelwert wird auch als **Amplitude** bezeichnet.
$U_{max} = U \cdot \sqrt{2}$; $I_{max} = I \cdot \sqrt{2}$

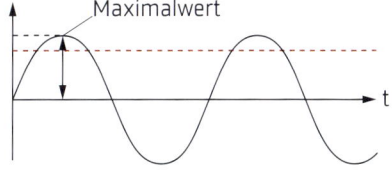

Maximalwert

Der Effektivwert

Der sogenannte Effektivwert für Spannung bzw. Stromstärke ist der Zahlenwert, den ein Gleichstrom haben müsste, um die gleiche Leistung wie der Wechselstrom zu erbringen. Anders ausgedrückt entspricht der Effektivwert eines Wechselstroms dem Wert des Gleichstroms, der in einem ohmschen Widerstand die gleiche Wärme erzeugt wie der Wechselstrom.

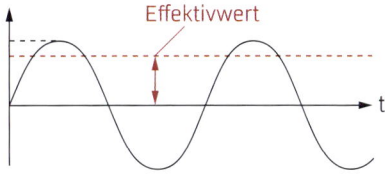

Effektivwert

$U_{max} = \frac{U_{max}}{\sqrt{2}}$; $I_{max} = \frac{I_{max}}{\sqrt{2}}$

Die Netzspannung einer Steckdose hat einen Effektivwert von 230 V. Dies stellt etwa 70 % der Spitzenspannung dar, die bei 325 V liegt.

Die Frequenz der Wechselspannung

Bei einer Wechselspannung ändert sich die Richtung des elektrischen Stroms in regelmäßigen Abständen. Polt man also eine Gleichstromquelle, wie z. B. eine Batterie, ständig um, erzeugt man einen Wechselstrom. Wie oft sich der elektrische Strom in einem Wechselstromkreis pro Sekunde umpolt, wird durch die **Frequenz** beschrieben:

$f = \frac{1}{T}$

T: Periodendauer

Die Frequenz wird mit dem Formelzeichen f und in der Einheit Hertz (Hz) angegeben. Die Einheit wurde 1930 nach dem deutschen Physiker **Heinrich Hertz** benannt. Allgemein gilt: Die Frequenz ist umso größer, je mehr Schwingungen die Spannung in einer Sekunde ausführt, also je öfter sie die Richtung ändert.

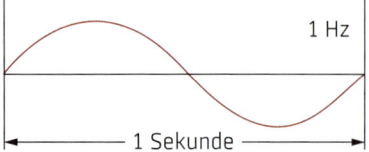

1 Schwingung in einer Sekunde = 1 Hz   2 Schwingungen in einer Sekunde = 2 Hz

Die Netzfrequenz der Energieversorgungsnetze der Europäischen Union beträgt 50 Hz. In den USA beträgt sie dagegen 60 Hz.

Die Periodendauer

Eine **Periode** oder Periodendauer ist die Zeit, in der ein vollständiger Wechselvorgang durchlaufen wird, also eine positive und eine negative Halbwelle einer Schwingung.

$T = \frac{1}{f}$

f: Frequenz

Die Periodendauer wird mit dem Formelzeichen T und in der Einheit Sekunde (s) angegeben.

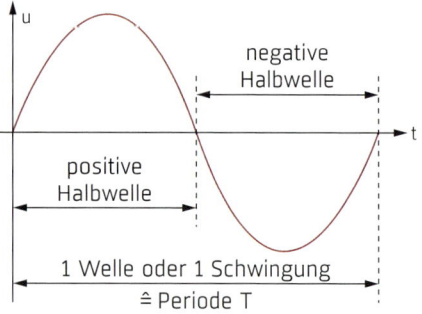

Widerstände im Wechselstromkreis

a) Ohmscher Widerstand: Der elektrische Widerstand eines ohmschen Bauelements verhält sich im Gleichstromkreis genauso wie im Wechselstromkreis.
b) Kondensatoren: Legt man an einen Kondensator eine Wechselspannung an, führt dies zu einem permanenten Auf- und Entladen des Kondensators. Die Elektronen können bei jedem Umpolen von der negativ geladenen Elektrode über den Stromkreis zur anderen Elektrode fließen. Im Gegensatz zum Gleichstromkreis unterbricht ein Kondensator den Wechselstromkreis daher nicht, d.h., der Widerstand des Kondensators im Wechselstromkreis ist wesentlich kleiner als im Gleichstromkreis. Da der Widerstand im Kondensator maßgeblich durch die Kapazität bestimmt wird, bezeichnet man diesen als **kapazitiven Widerstand.**
c) Spulen: Die ständige Änderung der elektrischen Stromstärke und des damit verbundenen Magnetfeldes führen jedes Mal zur Selbstinduktion in der Spule. Nach der lenzschen Regel ist der Induktionsstrom dem ursprünglichen Strom entgegengerichtet (s. S. 199) und erzeugt hierdurch einen **induktiven Widerstand,** der zu dem ohmschen Widerstand des Spulendrahtes dazukommt. Hierdurch ergibt sich ein Gesamtwiderstand, der größer ist als der Widerstand der Spule im Gleichstromkreis.

SELBST ENTDECKEN   Elektromagnetische Wellen

In einer Dipol genannten Anordnung von Spule und Kondensator im Wechselstromkreis häufen sich die Elektronen abwechselnd an den Enden des Dipols an. Dadurch entstehen elektrische Felder zwischen den Dipolenden und es fließt ein Wechselstrom zwischen ihnen, der von wechselnden Magnetfeldern umgeben ist. Die elektrischen und magnetischen Felder lösen sich vom Dipol ab und breiten sich als elektromagnetische Wellen aus. Die Feldstärken ändern sich in der Welle periodisch, quer zur Ausbreitungsrichtung. Elektromagnetische Wellen brauchen kein Medium, um sich auszubreiten, und transportieren keinen Stoff, nur Energie. Je nach Frequenz unterscheidet man hertzsche Wellen (Rundfunk/Fernsehübertragung), Infrarot, **Licht,** *Ultraviolett, Röntgenstrahlung und* **Gammastrahlung**. *Wie mechanische Wellen (s. S. 70) können sie gebrochen (s. S. 247), reflektiert und gebeugt (s. S. 247) werden und zeigen Interferenz.*

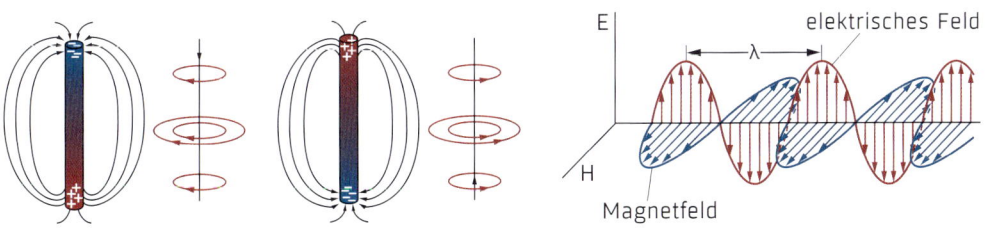

Die Leitfähigkeit von Halbleitern

WOZU EIGENTLICH?   *Halbleiter werden auf vielfältige Weise in der Elektronik eingesetzt. Man findet sie bspw. in Mikroprozessoren und in wesentlichen Bauelementen der Leistungstechnik. Ein weiterer bedeutender Anwendungsbereich sind Fotovoltaik, Detektoren und Strahlungsquellen, wie z. B. Leuchtdioden.*

Elektronenpaarbindung

Ein Halbleiter ist ein Stoff, der unter Normalbedingungen (Zimmertemperatur von 25 °C) eine so geringe elektrische Leitfähigkeit besitzt, dass sie technisch kaum nutzbar ist. Das liegt daran, dass Halbleiter kaum frei bewegliche Ladungsträger (Elektronen) besitzen, was wiederum an der Art der Bindung zwischen den Atomen liegt – der Elektronenpaarbindung oder Atombindung, in der die Atome sich Paare von Elektronen mit ihren Nachbarn teilen. In diesen bindenden Elektronenpaaren sitzen die Elektronen fest und stehen nicht für den Stromtransport zur Verfügung. Solche Stoffe sind bspw. Silizium, Selen und Germanium.

Freie Ladungsträger erzeugen

Führt man Energie zu, können einige Elektronen aus der Atombindung eines Stoffes ausbrechen und sich frei bewegen. Das geht bspw., indem man eine Spannung anlegt. Dann baut sich ein elektrisches Feld auf, wodurch Kräfte auf die Elektronen ausgeübt und diese aus der Bindung herausgelöst werden. Allerdings bleibt die Leitfähigkeit immer noch gering. Die Abbildungen veranschaulichen diesen Vorgang am Halbleiterelement Silizium.

Das Siliziumatom besitzt 4 Außenelektronen und geht daher 4 Elektronenpaarbindungen mit seinen Nachbarn ein.
a) Durch das Anlegen einer Spannung werden Elektronen herausgelöst, es bleiben Löcher (Defektelektronen) zurück. Die herausgelösten Elektronen wandern durch das elektrische Feld zum Pluspol.
b) Die Löcher werden nun von den nebenstehenden Elektronen besetzt, wodurch diese Elektronen neue Löcher hinterlassen. Die Bewegung eines Elektrons in ein Loch wird als Rekombination bezeichnet.
c) Dieser Prozess setzt sich immer weiter fort, sodass die Elektronen mit der Zeit zum Pluspol (Elektronenleitung) und die Löcher zum Minuspol (Löcherleitung) wandern.

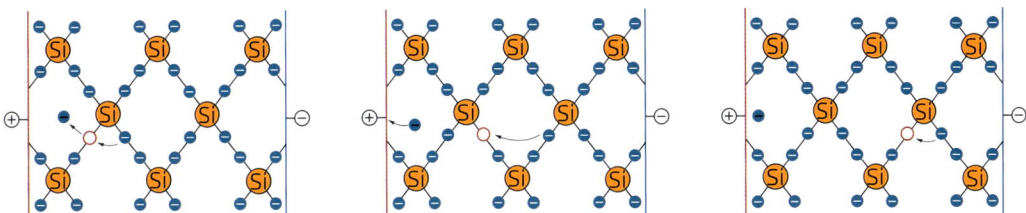

Da dieser Leitungsvorgang sich im nicht dotierten Stoff abspielt, nennt man ihn
Eigenleitung.

Leitfähigkeit durch Dotierung erhöhen

Durch eine sogenannte Dotierung ist es möglich, mehr freie Ladungsträger für den
Leitungsvorgang zu gewinnen und die Leitfähigkeit so zu erhöhen. Unter Dotierung
versteht man das Einbringen von Fremdatomen, die mehr oder weniger Außenelektronen als der Halbleiterstoff besitzen. Die Dotierung stellt gewissermaßen
eine Verunreinigung des Halbleiterkristallgitters dar. Da die Leitfähigkeit in dotierten Halbleitern durch Störstellen erhöht wird, spricht man von Störstellenleitung.
n-Dotierung: Phosphor hat 5 Außenelektronen. Dotiert man Silizium mit einem
Phosphoratom, kann daher ein Elektron im Gitter nicht gebunden werden, da die
Silizium-Nachbaratome nur 4 Außenelektronen für Bindungen haben. Aus diesem
Grund steht nun ein Elektron als freies Elektron zur Verfügung. Man spricht in diesem Fall von einem n-Halbleiter (Abbildung unten rechts).
p-Dotierung: Bor hat 3 Außenelektronen. Dotiert man Silizium mit einem Boratom,
fehlt ein Bindungspartner für ein benachbartes Siliziumatom und es entsteht
ein Loch. Ein Loch entspricht einem positiven Ladungsträger, aus diesem Grund
spricht man von einem p-Halbleiter (Abbildung links).

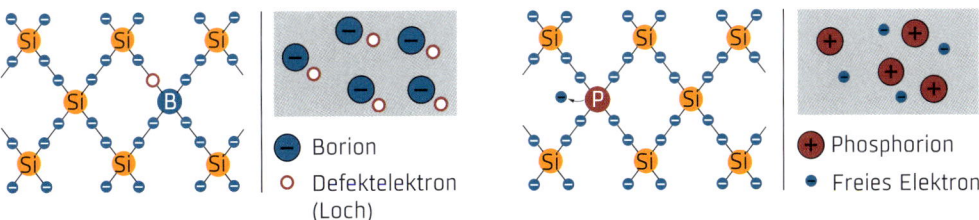

⊖ Borion
○ Defektelektron
  (Loch)

⊕ Phosphorion
● Freies Elektron

SELBST ENTDECKEN   Der Fotowiderstand

*Nicht nur elektrische Spannungen können Elektronen eines Halbleiters lösen, dies geht
auch bspw. durch Bestrahlung mit Licht. Ein Bauelement, dessen Widerstand vom
Licht abhängt (Fotowiderstand), lässt sich als lichtabhängiger Schalter nutzen oder auch
als Belichtungsmesser in Kameras.*

Halbleiterdioden und Transistoren

WOZU EIGENTLICH?   *Ein besonders bedeutsames Anwendungsgebiet finden Halbleiter-dioden in Fotovoltaik-Anlagen. Der Transistor stellt das weitaus wichtigste Bauteil in der Computertechnik dar. In der zentralen Recheneinheit eines Computers sind mittlerweile mehr als eine Million Transistoren integriert.*

Die Diode

Die **Diode** ist ein elektrisches Bauelement, das den elektrischen Strom in einer Richtung fast vollständig durchlässt und in der anderen fast vollständig sperrt.

Aufbau und Funktionsweise

Halbleiterdioden bestehen aus zwei unterschiedlich dotierten Schichten; einem p-Halbleiter und einem n-Halbleiter (s. S. 219). An der Berührungsfläche der beiden Schichten wandern freie Elektronen des n-Leiters in den p-Leiter und besetzen die Löcher am Übergang zwischen n- und p-Leiter, d.h., die Ladungsträger rekombinieren jeweils mit den anderen Ladungstypen, wodurch Elektronen und Löcher nicht mehr als freie Ladungsträger zur Verfügung stehen. Diese Bereiche bilden den pn-Übergang, die sogenannte **Grenzschicht.** Hier sind keine freien Ladungsträger mehr vorhanden, sodass keine Elektronenbewegung mehr stattfindet.
Zwar stehen die Elektronen nicht mehr als freie Ladungsträger zur Verfügung, als zusätzliche Ladung im p-Leiter sorgen sie aber dafür, dass dieser negativ geladen ist.
Da die Elektronen im n-Leiter fehlen, ist dieser positiv geladen.

Um die Elektronenleitung erneut anzuregen, muss nun eine Spannung angelegt werden, die groß genug ist, damit die Elektronen die Grenzschicht überwinden können. Der Mindestwert, den die Spannung haben muss, heißt **Schwellenspannung.** Je nach Bauart hat jede Diode eine charakteristische Schwellenspannung: für eine Siliziumdiode bspw. 0,7 V und für eine Germaniumdiode 0,35 V.

Schaltzeichen
Diode

Borionen
Defektelektronen
Phosphorionen
Elektronen

Sperr- und Durchlassrichtung

Neben der Schwellenspannung spielt auch die richtige Polung der Spannungsquelle eine wichtige Rolle, denn der pn-Übergang der Halbleiterdiode lässt den Strom nur in eine Richtung durch. Dabei gilt: Die Diode ist in **Durchlassrichtung** geschaltet, wenn der Minuspol der Spannungsquelle mit dem (positiv geladenen) n-Leiter und der Pluspol mit dem (negativ geladenen) p-Leiter verbunden ist.

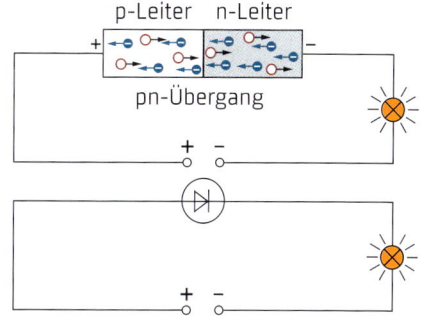

Ist mindestens die Schwellenspannung angelegt, nimmt der n-Leiter freie Elektronen aus der Spannungsquelle auf, der Mangel an freien Elektronen wird aufgehoben und es können wieder Elektronen hinüber in den p-Leiter wandern. Da die Spannungsquelle ständig Elektronen nachliefert, wird der Stromfluss über den pn-Übergang aufrecht erhalten.

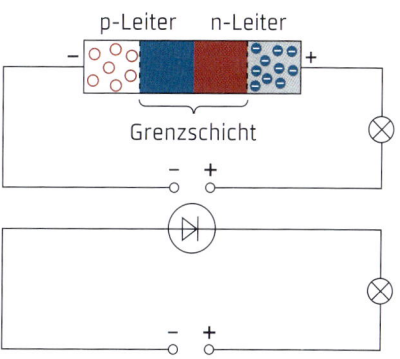

Ist die Diode in **Sperrrichtung** geschaltet, ist der Minuspol der Spannungsquelle mit dem p-Leiter und der Pluspol mit dem n-Leiter verbunden.
Hierdurch werden freie Elektronen des n-Leiters zum Pluspol gezogen, die Elektronen aus dem Minuspol rekombinieren mit Löchern im p-Leiter, wodurch sich die Grenzschicht vergrößert. Stromfluss über die Grenzschicht ist nicht möglich.

Der Gleichrichter

Weil sich bei einer Wechselspannung die Polung der Spannungsquelle permanent ändert, ist die Diode während einer Halbperiode in Durchlassrichtung und während der anderen Halbperiode in Sperrrichtung geschaltet. Somit wird nur eine Halbwelle durchgelassen. Bei einem **Zweiweggleichrichter** sind vier Dioden so geschaltet,

dass immer zwei Dioden in Durchlassrichtung geschaltet sind und die einen Halbwellen in die Richtung der anderen „geklappt" werden, es entsteht eine periodisch schwankende Gleichspannung. (Die Spannung ist also nicht konstant, es ist aber eine Gleichspannung, weil die Polung nicht wechselt.)

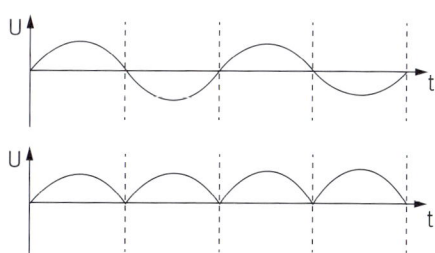

Transistoren

Mit einem **Transistor** können elektrische Spannungen und Stromstärken gesteuert werden. Der Begriff Transistor ist eine Kurzform des englischen **trans**fer re**sistor.**

Der Bipolartransistor

Der Bipolartransistor besteht aus drei unterschiedlich dotierten Schichten mit zwei pn-Übergängen.
Es gibt npn-Transistoren und pnp-Transistoren. Im
Folgenden soll als Beispiel ein npn-Transistor
beschrieben werden, bei dem ein dünner p-Leiter

Schaltzeichen

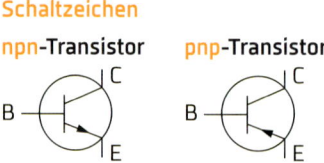

(Basis) zwischen zwei dicken n-Leitern (Kollektor und Emitter) sitzt. Weil Elektronen vom n-Leiter in den p-Leiter übergehen, sind Emitter und Kollektor positiv und die Basis negativ geladen. **Emitter E, Kollektor C** und **Basis B** bilden die drei Anschlüsse des Transistors. Er wird so geschaltet, dass zwei Stromkreise entstehen: Kollektorstromkreis und Basisstromkreis.

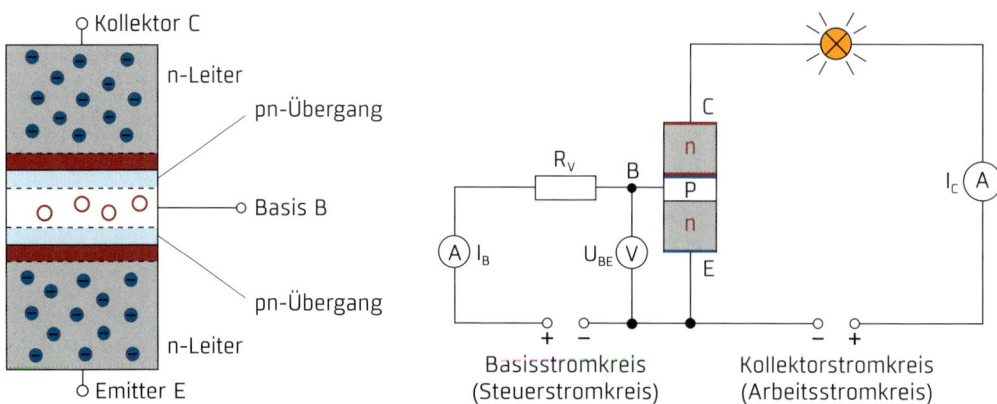

Basisstromkreis
(Steuerstromkreis)

Kollektorstromkreis
(Arbeitsstromkreis)

Im **Kollektorstromkreis** wird eine Spannung so angelegt, dass der Pluspol am Kollektor, der Minuspol am Emitter anliegt. Da der pn-Übergang Basis–Kollektor in Sperrrichtung geschaltet ist, kann kein Kollektorstrom I_C fließen (da keine freien Elektronen mehr in der Basis sind, s. S. 221).

Nun wird im **Basisstromkreis** eine Spannung angelegt, wobei der Pluspol an der Basis anliegt, der Minuspol am Emitter. Der pn-Übergang Emitter–Basis des Basisstromkreises ist in Durchlassrichtung geschaltet, es fließt ein Basisstrom I_B.
Dadurch gelangen Elektronen vom Emitter in die dünne Basis und erhöhen hier die Anzahl freier Elektronen. Der pn-Übergang Basis–Kollektor war wegen Mangels an freien Elektronen nicht leitend; da nun genügend freie Elektronen in der Basis vorhanden sind, wird er leitend, sodass ein Kollektorstrom I_C fließt.
Kleine Änderungen im Basisstrom bewirken große Änderungen im Kollektorstrom, womit der bipolare Transistor als Schalter oder Verstärker eingesetzt werden kann.

Feldeffekttransistor

Der Feldeffekttransistor, kurz FET genannt, ist ein **unipolarer** Transistor, weil der elektrische Strom nur von einer Sorte Ladungsträger getragen wird – entweder negativ geladene Elektronen oder positiv geladene Defektelektronen (Löcher). (Im Bipolartransistor sind es beide Sorten.)

Der FET besteht aus drei unterschiedlich dotierten Schichten: einer p-Schicht (hell-grau), auf der sich zwei n-leitende Bereiche (dunkelgrau) befinden, die durch einen dünnen Kanal (orange) verbunden sind. Über dem Kanal sitzt eine Metallelektrode (rot), die **Gate G** (Tor) heißt. Zwei weitere Anschlüsse liegen über den n-Bereichen: **Source S** (Zufluss) und **Drain D** (Abfluss). Auch beim FET gibt es zwei Stromkreise: den Arbeitsstromkreis zwischen S und D

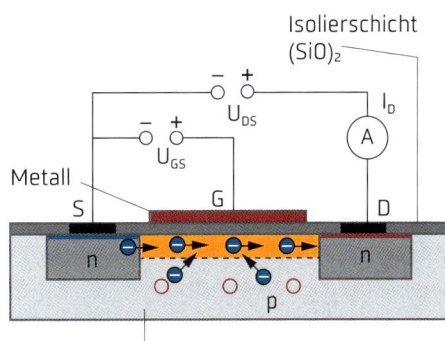

Grundmaterial (p-leitendes Silicium)

und einen zwischen S und G. Legt man im Arbeitsstromkreis eine Spannung an (Pluspol an D, Minuspol an S), fließt zunächst kein elektrischer Strom, weil der pn-Übergang G–D in Sperrrichtung geschaltet ist.

Die Leitfähigkeit zwischen S und D wird durch eine weitere Spannung zwischen G und S beeinflusst. Liegt der Pluspol an G, bewirkt das hervorgerufene elektrische Feld, dass Elektronen aus dem p-Leiter herausgelöst werden und in den Kanal gelangen. Hier sind nun viele Ladungsträger vorhanden, weshalb jetzt ein Strom im Arbeitskreis fließen kann.

Beim FET bestimmt die G-S-Spannung, ob ein Strom zwischen S und D fließt, damit können FETs als Schalter in der Digitaltechnik genutzt werden.

SELBST ENTDECKEN   **Leuchtdioden und Solarzellen**

ELEKTRISCHE ENERGIE ERZEUGT LICHTENERGIE: *Eine Leuchtdiode ist eine pn-Halbleiterdiode. Fließt elektrischer Strom in Durchlassrichtung durch die LED, rekombinieren Elektronen mit Löchern. Dabei geben sie Energie in Form von Licht ab.*

LICHTENERGIE ERZEUGT ELEKTRISCHE ENERGIE: *Eine Solarzelle ist die Umkehrung der Leuchtdiode. Durch die Strahlungsenergie der Sonne werden Elektronen aus der Grenzschicht des pn-Übergangs herausgelöst. Die freigesetzten Elektronen werden in den positiv geladenen Bereich der Grenzschicht (n-Leiter) gezogen, dabei wandern die Löcher in die entgegengesetzte Richtung in den negativen Bereich der Grenzschicht (p-Leiter). Dies führt dazu, dass der p-Leiter positiv und der n-Leiter negativ geladen ist. Es entsteht eine elektrische Spannung zwischen dem p- und dem n-Anschluss.*

5

ATOM- UND KERNPHYSIK

Der Aufbau von Atomen

Schon in der Antike fragten sich die Menschen, wie denn die Materie aufgebaut sein könnte. So vertrat der griechische Philosoph Demokrit bereits 500 v. Chr. die Auffassung, dass alle Stoffe aus kleinsten, unteilbaren Teilchen, den Atomen (griech. átomos: unteilbar) bestehen.

Das bohrsche Atommodell

Fundierte Vorstellungen zum Atomaufbau entwickelten sich ab Beginn des 20. Jahrhunderts, als der englische Physiker Ernest Rutherford anhand seiner Experimente herausfand, dass Atome einen positiv geladenen Atomkern besitzen und negativ geladene Elektronen diesen umkreisen. Dieses frühe Atommodell wurde später von dem dänischen Physiker Niels Bohr aufgegriffen und ergänzt.

Nach dem **bohrschen Atommodell** bestehen Atome aus einem positiv geladenen **Atomkern,** in dem fast die gesamte Masse des Atoms vereint ist, und einer negativ geladenen Atomhülle. Der Atomkern besteht aus elektrisch positiv geladenen **Protonen** und elektrisch neutralen **Neutronen.** In der Atomhülle befinden sich negativ geladene **Elektronen,** die den Atomkern auf bestimmten kreisförmigen stabilen Bahnen umkreisen, ähnlich wie Planeten die Sonne. Dabei kann sich auf jeder Bahn nur eine bestimmte Anzahl von Elektronen befinden.

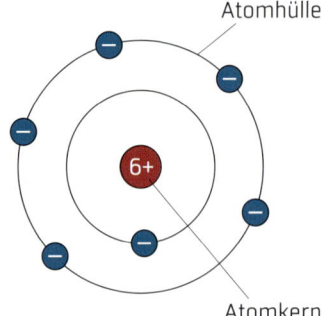

Ein Atom besitzt ebenso viele Protonen wie Elektronen und ist nach außen elektrisch neutral. Atome verschiedener Stoffe unterscheiden sich jedoch in der Anzahl der Elektronen, Protonen und Neutronen.

Protonen und Elektronen tragen die kleinste frei existierende elektrische Ladungs-menge. Sie wird als **Elementarladung e** bezeichnet. So besitzt beispielsweise das Elektron die Ladung −e und das Proton die Ladung +e.

Die **Elementarladung** eines Elektrons bzw. Protons ist eine Konstante und hat den Wert $e = 1{,}602 \cdot 10^{-19}$ Coulomb.

Der Atomkern

Der Durchmesser eines Atoms beträgt etwa 10^{-10} m, der des Atomkerns etwa 10^{-15} m. Er ist also etwa 100 000-mal kleiner als das ganze Atom, das durch die Elektronenhülle begrenzt wird. Im Atomkern befinden sich positiv geladene Proto-nen und elektrisch ungeladene Neutronen. Protonen und Neutronen haben fast die gleiche Masse, diese liegt im Bereich von 10^{-27} kg. Die Masse des Elektrons hinge-gen beträgt nur etwa $\frac{1}{1800}$ der Masse des Protons und kann daher vernachlässigt werden. Somit befindet sich fast die gesamte Masse des Atoms im Atomkern.

Im Periodensystem hat jedes Element eine für dieses Element charakteristische **Ordnungszahl Z.** Die Ordnungszahl oder auch **Kernladungszahl** gibt an, wie viele Protonen sich im Atomkern befinden. Hierbei ist die Anzahl der Protonen gleich der Anzahl der Elektronen. Die Anzahl der Protonen bestimmt somit, um welches chemische Element es sich handelt.

Die **Massenzahl A** eines Atoms ergibt sich als Summe der Anzahl der Protonen (Z) und der Anzahl der Neutronen (N) im Atomkern: **A = Z + N.**

Symbolschreibweise eines Elementes im Periodensystem

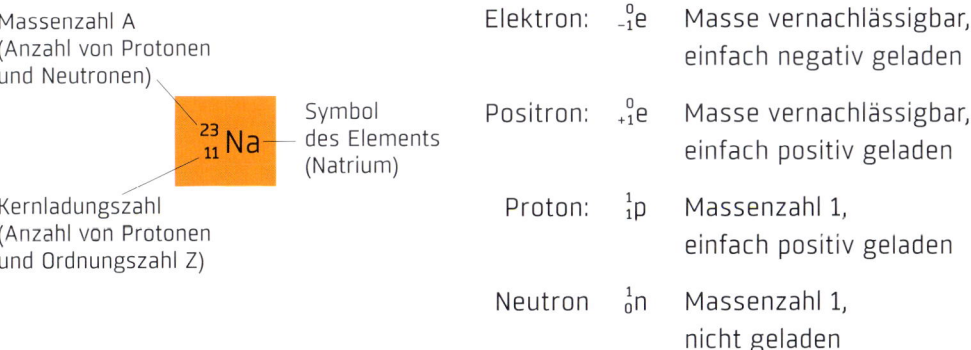

Massenzahl A
(Anzahl von Protonen und Neutronen)

$^{23}_{11}$Na — Symbol des Elements (Natrium)

Kernladungszahl
(Anzahl von Protonen und Ordnungszahl Z)

Elektron:	$^{0}_{-1}e$	Masse vernachlässigbar, einfach negativ geladen
Positron:	$^{0}_{+1}e$	Masse vernachlässigbar, einfach positiv geladen
Proton:	$^{1}_{1}p$	Massenzahl 1, einfach positiv geladen
Neutron	$^{1}_{0}n$	Massenzahl 1, nicht geladen

Nuklide und Isotope

Ein Atomkern eines chemischen Elements ist eindeutig durch die Massenzahl A und die Ordnungszahl Z gekennzeichnet. Die durch Massenzahl und Ordnungszahl charakterisierten Atomkerne werden als **Nuklide** bezeichnet.

Die Atome eines Elements können bei gleicher Protonenzahl eine unterschiedliche Neutronenzahl besitzen. Sie sind chemisch nicht zu unterscheiden. Atome mit gleicher Ordnungszahl, aber unterschiedlicher Massenzahl bezeichnet man als **Isotope.**
In der Natur kommen drei Isotope des Wasserstoffatoms vor.

Wasserstoffisotope

$_1^1H$	$_1^2H$	$_1^3H$
99,985 % (Wasserstoff)	0,015 % (Deuterium)	0,015 % (Tritium)

Die Atomhülle

In der Atomhülle befinden sich negativ geladene Elektronen, die sich auf (nach dem bohrschen Atommodell) kreisförmigen Bahnen um den Atomkern bewegen. In einem elektrisch neutralen Atom entspricht die Anzahl der Elektronen genau der Anzahl der Protonen. Um ein Elektron aus der Atomhülle abzutrennen, benötigt man Energie. Da die Elektronen unterschiedlich stark an den Atomkern gebunden sind, muss unterschiedlich viel Energie aufgewendet werden, um die Elektronen aus der Atomhülle zu lösen.

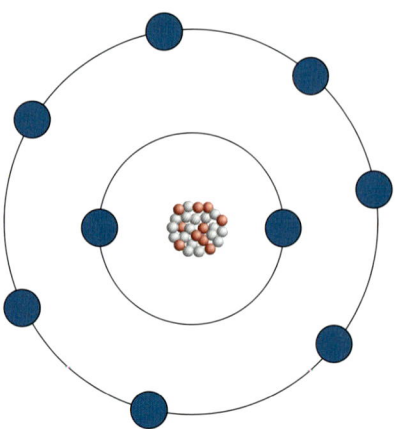

Um die einzelnen Energiestufen zu unterscheiden, werden den Elektronen bestimmte Bahnen bzw. Schalen zugewiesen, die um den Atomkern angeordnet sind.

Jede erlaubte Elektronenbahn entspricht einer bestimmten Energie E der Elektronen. Elektronen, die sich auf einer kernnahen inneren Schale befinden, besitzen eine geringere Energie, aber eine festere Bindung an den Kern. Elektronen mit einer größeren Energie befinden sich auf den kernfernen äußeren Schalen; sie haben eine weniger feste Bindung an den Kern.

Im elektrisch neutralen Atom entspricht die Anzahl der Protonen exakt der Anzahl der Elektronen. Wird ein Elektron aus der Atomhülle abgetrennt, womit das Atom nun ein Elektron weniger hat, entsteht dadurch ein einfach positiv geladenes **Ion.** Besitzt das Atom ein Elektron zu viel, handelt es sich um ein negativ geladenes Ion. Entsprechend gibt es auch mehrfach geladene Ionen, sowohl positive wie negative.

Elektronen können auch von einer Bahn zu einer anderen springen. Wenn ein Atom mit einem freien Elektron zusammenstößt, kann dadurch bspw. ein Elektron in der Hülle des Atoms auf eine höhere Elektronenbahn springen. Dadurch erhält das Elektron eine höhere Energie, man sagt: Das Atom ist **angeregt.** Springt das Elektron wieder auf eine tiefere Bahn, gibt es die überschüssige Energie ab, bspw. als elektromagnetische Strahlung. Da es nur bestimmte, für jedes Element charakteristische Bahnen gibt, gibt es auch nur bestimmte Übergänge zwischen diesen. Das bedeutet, das Atom kann auch nur bestimmte Wellenlängen von elektromagnetischer Strahlung aussenden, nämlich nur die, die den Energiedifferenzen zwischen seinen Elektronenbahnen entsprechen. Umgekehrt kann man deshalb anhand der elektromagnetischen Strahlung erkennen, welche Atome die Strahlung ausgesendet haben müssen. Ein bekanntes Beispiel ist das gelbe Licht der Natriumdampflampen, das daher kommt, dass Natrium (u. a.) Licht bestimmter Wellenlängen im gelben Bereich aussendet.

SELBST ENTDECKEN   **Übergänge zwischen den Elektronenbahnen**

DAS WIRD GEBRAUCHT: *Energiesparlampe, gewöhnliche Glühlampe, CD.*

DAS IST ZU TUN: *CD in das Licht der beiden Lampen halten.*

DAS PASSIERT: *Bunte Reflexe erscheinen auf der CD, die bei der Glühlampe einen kontinuierlichen Regenbogen bilden; bei der Energiesparlampe dagegen klar abgegrenzte Bereiche von violett, hellblau, dunkelblau, gelb und rot. Bei der Glühlampe wird Licht erzeugt, indem der Draht erhitzt wird; heiße Körper senden Licht aller möglichen Wellenlängen aus. In der Energiesparlampe werden Elektronen beschleunigt, die die Quecksilberatome im Gas der Lampe anregen. Fallen die Atome wieder in den Grundzustand, senden sie UV-Licht aus. Da dieses kein sichtbares Licht erzeugen würde, ist die Energiesparlampe mit einem fluoreszierenden Leuchtstoff beschichtet, der die UV-Strahlung absorbiert und dadurch ebenfalls angeregt wird. Die Elektronen fallen wieder in ein niedrigeres Energieniveau zurück und senden dabei Licht im sichtbaren Bereich aus. Damit das Licht der Energiesparlampe möglichst weiß ist, werden Leuchtstoffe kombiniert, die bestimmte Farben aussenden – die Farben, die man auf der CD sieht.*

Kernumwandlungen und Radioaktivität

WOZU EIGENTLICH?   *Die Entdeckung der Radioaktivität im späten 19. Jh. bereitete den Weg zur Nutzbarmachung der Kernenergie, welche für die Menschheit im 20. Jh. ein neues Zeitalter einläutete. Sie markiert damit den Anfang zu einer der revolutionärsten, aber auch umstrittensten, technischen Entwicklungen der Menschheitsgeschichte.*

Natürliche und künstliche Radioaktivität

1896 entdeckte der französische Physiker Henri Becquerel, dass sich eine Foto-platte schwarz färbt, wenn sich uranhaltige Materialien in der Nähe befinden. Zusammen mit Marie und Pierre Curie fand er heraus, dass auch das damals entdeckte Radium unsichtbare Strahlung aussendet – die Marie Curie radioaktive Strahlung nannte. Unter Radioaktivität versteht man die spontane Umwandlung von Atomkernen in neue Kerne unter Aussendung radioaktiver Strahlung. Die Ker-ne radioaktiver Atome bezeichnet man als radioaktive Nuklide bzw. Radionuklide. Man unterscheidet zwischen natürlicher und künstlicher Radioaktivität.

In der Natur existieren Radionuklide, die sich spontan und ohne äußere Einwirkung unter Aussendung radioaktiver Strahlung in neue Atomkerne umwandeln. Die bei diesen natürlichen Vorgängen auftretende radioaktive Strahlung bezeichnet man als natürliche Radioaktivität.
Beschießt man geeignete Atome mit Teilchen (wie Protonen, Elektronen oder Neu-tronen), kann man Kernumwandlungen erzwingen. Hierfür eignen sich besonders die ungeladenen Neutronen, die sich dem elektrisch geladenen Atomkern leicht nähern können. Durch die erzwungene Kernumwandlung entstehen radioaktive Nuklide, die in der Natur nicht vorkommen. Diese wandeln sich ebenfalls spontan und unter Aussendung radioaktiver Strahlung in neue Atomkerne um. Dies be-zeichnet man als künstliche Radioaktivität.

ACHTUNG, DENKFALLE!   *Vielen Schülerinnen und Schülern ist vor dem Unterricht nicht bewusst, dass natürliche Strahlungsquellen ein ganz natürlicher Bestandteil der Lebensumwelt sind (s. S. 236). Oft halten sie Kernkraftwerke für die einzigen Quellen radioaktiver Strahlung. Ferner ist für sie schon allein der Begriff der „Strahlung", der allgemein auch z. B. harmlose Infrarotstrahlung, Funkstrahlung oder sogar Licht um-fasst, negativ besetzt.*

Es existieren drei Arten radioaktiver Strahlung: **α-, β- und γ-Strahlung.**

Die Alphastrahlung

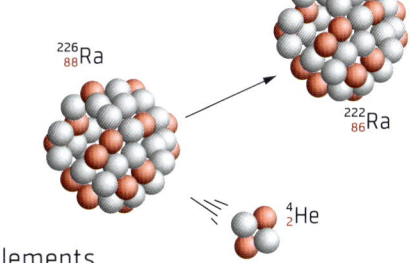

Alphastrahlung ist eine **Teilchenstrahlung,** die aus einem zweifach positiv geladenen Helium-kern besteht. Dieses sogenannte **Alphateilchen** besteht aus zwei Protonen und zwei Neutronen, welche sich beim Zerfallsprozess aus dem Kern des Mutterelements herauslösen.

So wird beispielsweise beim Zerfall des festen Elements Radium (Ra) mit 88 Protonen im Kern ein Alphateilchen aus dem Kern ausgesendet. Bei der Kernumwandlung entsteht das Gas Radon (Rn) als neues chemisches Element mit 86 Protonen. Man stellt Kernumwandlungen durch Reaktionsgleichungen dar, in diesem Fall:

$$^{226}_{88}Ra \rightarrow \, ^{222}_{86}Rn + \, ^{4}_{2}He$$

Die Betastrahlung

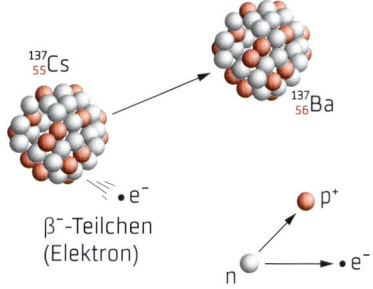

Betastrahlung ist ebenfalls eine Teilchen-strahlung, die bei der Umwandlung zwischen Neutronen und Protonen entsteht. Die Strah-lung kann aus einem negativ geladenen **Elektron** (β⁻-Strahlung) oder einem positiv ge-ladenen **Positron** (β⁺-Strahlung) bestehen.

Nuklide mit einem Neutronenüberschuss zerfallen durch das Aussenden von **β⁻-Strahlung.** Hierbei wird ein Neutron des Kerns in ein Proton umgewandelt und ein Elektron ausgesendet, welches den Atomkern ver-lässt. Da sich nun ein zusätzliches Proton im Kern befindet, bleibt die Massenzahl des Atoms gleich, während sich die Kernladungszahl um 1 erhöht und ein neues Element entsteht.

β⁺-Strahlung tritt bei protonenreichen Nukliden auf. Hierbei wandelt sich ein Proton des Kerns in ein Neutron um und ein positiv geladenes Teilchen, ein sogenanntes Positron, wird ausgesendet und verlässt den Atomkern. Da sich nach dem β⁺-Zer-fall ein Proton weniger im Kern befindet, bleibt die Massenzahl wie beim β⁻-Zerfall unverändert, während sich die Kernladungszahl um 1 verringert.

So wird beispielsweise beim Zerfall des chemischen Elements Caesium (Cs) β⁻-Strahlung ausgesendet. Als neues Element entsteht Barium (Ba).

Reaktionsgleichung: $^{137}_{55}Cs \rightarrow \, ^{137}_{56}Ba + \, ^{0}_{-1}e$

Die Gammastrahlung

Gammastrahlung ist eine energiereiche elektromagnetische Strahlung, die bei vielen Zerfällen von Atomkernen natürlich vorkommender, aber auch künstlich erzeugter Radionuklide entsteht. Gammastrahlung tritt begleitend zu einem radioaktiven Alpha- bzw. Betazerfall auf, wenn sich der entstandene Kern (Tochterkern) in einem angeregten Zustand befindet, also eine höhere Energie besitzt als es dem Grundzustand entspricht. Beim Übergang in den Grundzustand wird die überschüssige Energie in Form von Gammastrahlung abgegeben, was man Gammazerfall nennt. Durch diesen Vorgang ändert sich der Energiezustand des Kerns, jedoch nicht die Massen- bzw. Kernladungszahl.

Der Gammazerfall tritt beispielsweise auf, wenn der Bariumkern nach dem Betazerfall des Cäsiums angeregt ist. Der angeregte Bariumkern kann nun Gammastrahlung abgeben und so ein niedrigeres Energieniveau erreichen. Reaktionsgleichung:

$^{137}_{56}Ba^{\star} \rightarrow {}^{137}_{56}Ba + \gamma\text{-Strahlung}$

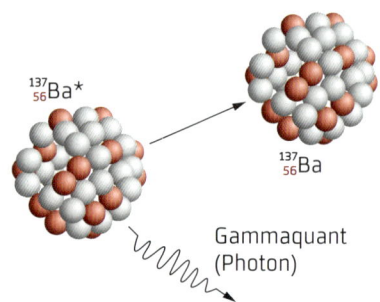

$^{137}_{56}Ba^{\star}$

$^{137}_{56}Ba$

Gammaquant (Photon)

Eigenschaften radioaktiver Strahlung

Radioaktive Strahlung besitzt Energie, wodurch Filme geschwärzt, Gase ionisiert und Zellen geschädigt werden können. Ohne äußeren Einfluss breitet sich radioaktive Strahlung wie Licht geradlinig nach allen Seiten aus. In elektrischen bzw. magnetischen Feldern werden Alphastrahlung und Betastrahlung abgelenkt. Die Richtung der Ablenkung ergibt sich aus der Richtung der Felder und der Ladung der Teilchen. Gammastrahlung hingegen passiert diese Felder ungehindert. (In der rechten Abbildung ist das Magnetfeld nach oben gerichtet, d.h., der Nordpol liegt unterhalb der Papierebene, der Südpol oberhalb.)

Ablenkung radioaktiver Strahlung

im elektrischen Feld

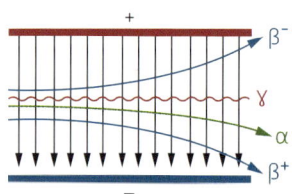

im magnetischen Feld

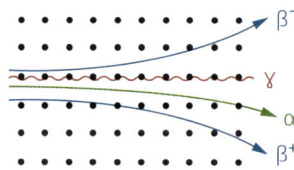

Die Reichweite der drei Strahlungsarten ist in Luft sehr unterschiedlich. Alphastrahlung breitet sich in Luft nur einige Zentimeter aus, Betastrahlung einige Meter. Gammastrahlung hingegen hat eine sehr große, fast unendliche Reichweite. Sehr unterschiedlich ist auch das **Durchdringungsvermögen** radioaktiver Strahlung. Dieses ist von mehreren Faktoren abhängig:

- der Art der Strahlung,
- der Intensität der Strahlung,
- der Art des durchstrahlten Stoffes,
- der Dicke des durchstrahlten Stoffes.

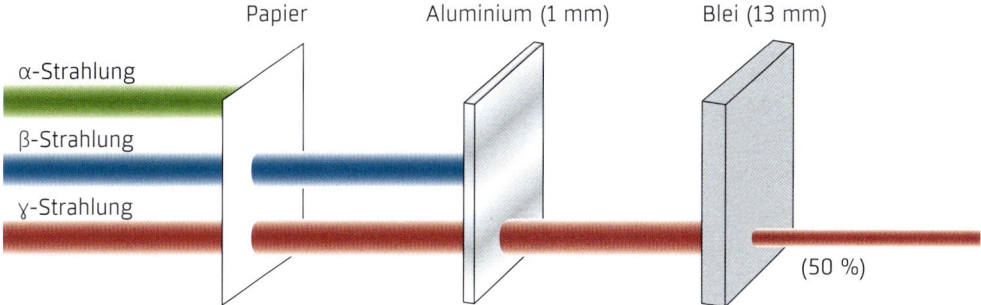

Alphastrahlung hat das kleinste Durchdringungsvermögen. Sie kann bereits durch ein Blatt Papier oder eine 4 cm bis 6 cm dicke Luftschicht abgeschirmt werden. Das größte Durchdringungsvermögen besitzt Gammastrahlung, die sogar Bleiplatten mit einigen Millimetern Dicke durchdringt, dabei jedoch auf etwa 50 % der Strahlung abgeschwächt wird. Unmittelbar hängt damit auch das **Absorptionsvermögen** eines Stoffes für radioaktive Strahlung zusammen. Dieses ist abhängig von der Art des Stoffes, der Dicke des Stoffes sowie der Strahlungsart.

Nachweis radioaktiver Strahlung

Die Filmdosimeterplatte
Mithilfe eines Filmdosimeters können Rückschlüsse auf die Intensität der jeweiligen Strahlung gezogen werden. Dabei wird bei einer Dosimeterplatte ein Film an den Stellen geschwärzt, an denen radioaktive Strahlung auftrifft. Je höher die Strahlenbelastung ist, desto stärker ist der Grad der Schwärzung des Films. Filmdosimeter zum Tragen am Körper werden z. B. überall dort verwendet, wo Personen beruflich mit Strahlung zu tun haben.

Die Nebelkammer

Eine weitere Möglichkeit, radioaktive Strahlung nachzuweisen, sind Nebelkammern. Nebelkammern sind mit Ethanoldampf gefüllt. Fällt Alpha- oder Betastrahlung in den Dampf, werden durch Stoßionisation Ionen gebildet. Diese wirken als Kondensationskeime, an denen sich Tröpfchen aus dem Dampf bilden. So wird die Spur der Strahlung als Nebelspur sichtbar. Anhand der Länge der Nebelspur beurteilt man die Energie der Strahlung. Die Nebelkammer wird in Forschungszentren genutzt, um Strahlung zu untersuchen.

Das Geiger-Müller-Zählrohr

Bei einem Geiger-Müller-Zählrohr macht man sich die ionisierende Wirkung radioaktiver Strahlung zunutze. Je größer die Intensität der Strahlung ist, desto mehr Impulse werden am Zählrohr registriert.

Das Zählrohr besteht aus einem mit Gas gefüllten Rohr und einer dünnen Rohrwand, die von der radioaktiven Strahlung durchdrungen werden kann. In der Mitte des Rohres befindet sich eine Elektrode. Durchdringt radioaktive Strahlung das Rohr, werden Elektronen aus

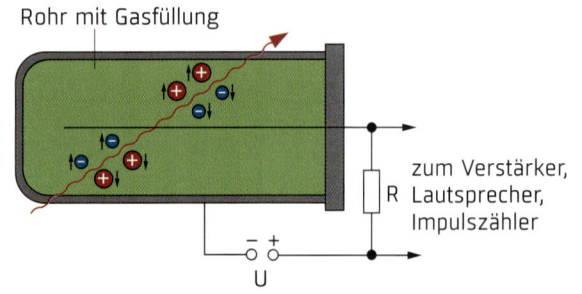

Rohr mit Gasfüllung

zum Verstärker, R Lautsprecher, Impulszähler

U

den Gasatomen herausgelöst. Die herausgelösten Elektronen lösen durch Stoßionisation weitere Elektronen aus den Gasatomen. Dies führt zu einer Art Kettenreaktion und somit zu einem kurzen Stromstoß. Dieser wiederum bewirkt am Widerstand (R) einen kurzzeitigen Spannungsstoß, welcher am Lautsprecher als Knacken zu hören ist und mit einem Zähler registriert wird.

Zerfallsgesetz und Halbwertszeit

Eine charakteristische Eigenschaft bei Zerfallsprozessen ist, dass sich nach einer gewissen festen Zeitspanne die ursprünglich noch vorhandene Menge an radioaktiven Nukliden um die Hälfte reduziert hat. Diese Zeitspanne wird als Halbwertszeit $T_{1/2}$ bezeichnet.

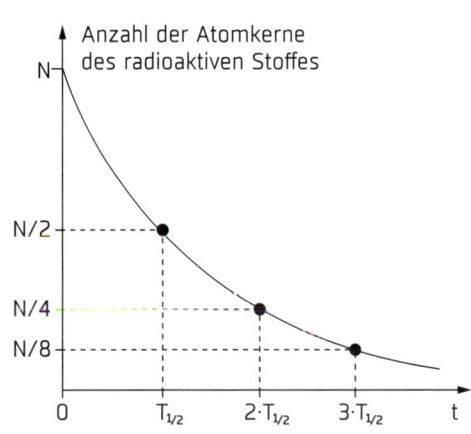

Anzahl der Atomkerne des radioaktiven Stoffes

N

N/2

N/4

N/8

0   $T_{1/2}$ $2 \cdot T_{1/2}$ $3 \cdot T_{1/2}$ t

So besitzt zum Beispiel Iod-131 eine Halbwertszeit von ungefähr 8 Tagen. Wenn zu Beginn 100 Iodatome da waren und nach den ersten 8 Tagen die Hälfte davon zerfallen ist, sind noch 50 Atome vorhanden. Nach weiteren 8 Tagen – wenn also zum zweiten Mal die Zeitspanne der Halbwertszeit vergangen ist – ist wiederum die Hälfte der zuletzt vorhandenen Nuklide zerfallen, also die Hälfte von 50. Es sind demnach weitere 25 Atome zerfallen, also ein Viertel der ursprünglichen Menge. Jetzt sind noch 25 Iodatome da, von denen nach weiteren 8 Tagen wiederum die Hälfte zerfallen sein wird usw.

ACHTUNG, DENKFALLE! *Es ist ein weit verbreiteter Irrtum, dass sich die Halbwertszeit immer auf die Ausgangsmenge des radioaktiven Stoffes bezieht. So nehmen beim eben angeführten Beispiel viele fälscherweise an, die ursprüngliche Menge an Iod-131 sei nach 16 Tagen komplett zerfallen.*

Jedes Radionuklid besitzt eine charakteristische Halbwertszeit. In der folgenden Tabelle sind die Halbwertszeiten für einige Radionuklide aufgeführt.

Nuklid	Halbwertszeit	Art der Strahlung
Barium-137	2,55 Minuten	γ
Iod-131	8,04 Tage	β^-
Plutonium-239	24 390 Jahre	α
Radium-266	1600 Jahre	α, γ
Radon-220	55,6 Sekunden	α
Uran-235	700 Millionen Jahre	α
Uran-238	4,5 Milliarden Jahre	α

SELBST ENTDECKEN **Halbwertszeit von Bierschaum**

DAS WIRD GEBRAUCHT: *Malzbier, Stoppuhr, Glas, Lineal*

DAS IST ZU TUN: *Malzbier so ins Glas gießen, dass viel Schaum entsteht. Für ca. 3 min nach jeweils 15 s die Höhe der Schaumkrone messen, Ergebnis notieren.*

DAS PASSIERT: *Der Schaum zerfällt, weil die Schaumbläschen platzen – die platzenden Schaumbläschen können als Modell für die zerfallenden Atomkerne dienen. In 15 s zerfällt immer derselbe Bruchteil des jeweils vorhandenen Schaumes, d.h., die Höhe der Schaumkrone sinkt in 15 s immer um denselben Bruchteil der Höhe, die zu Beginn des jeweiligen 15-s-Intervalls vorhanden war.*

Strahlenbelastung und Strahlungsschutz

WOZU EIGENTLICH? *Radioaktive Strahlung gehört zur Lebensumwelt, und das nicht erst seit den Reaktorkatastrophen von Tschernobyl und Fukushima. Man ist tagtäglich einer minimalen und unkritischen radioaktiven Belastung ausgesetzt. Neben der natürlichen Umgebungsstrahlung und der aus dem Weltall kommenden kosmischen Strahlung nimmt man auch durch die Nahrung einen nicht zu verachtenden Teil radioaktiver Strahlung auf.*

Erfassung radioaktiver Strahlung

Zur Erfassung radioaktiver Strahlung werden heute die physikalischen Größen **Aktivität, Energiedosis** und **Äquivalentdosis** verwendet.

Aktivität	Energiedosis	Äquivalentdosis
Die Aktivität A eines radioaktiven Stoffes gibt an, wie viele Kerne in einer bestimmten Zeit t zerfallen und dabei radioaktive Strahlung freigeben.	Die Energiedosis D gibt an, wie viel Energie E eine bestimmte Masse m bei einer Bestrahlung aufnimmt: $D = \frac{E}{m}$	Die Äquivalentdosis D_q ist ein Maß für die biologische Wirkung von radioaktiver Strahlung.
FORMELZEICHEN: A	**FORMELZEICHEN:** D	**FORMELZEICHEN:** D_q
EINHEIT: 1 Becquerel (Bq) $1\,Bq = \frac{1}{s}$	**EINHEIT:** 1 Gray (Gy) $1\,Gy = 1\frac{J}{kg}$	**EINHEIT:** 1 Sievert (Sv) $1\,Sv = 1\frac{J}{kg}$

Die Äquivalentdosis kann mithilfe der folgenden Formel berechnet werden:
$D_q = q \cdot D$ (Äquivalentdosis = q · Energiedosis)

Der Vorfaktor q stellt dabei ein durch Messungen bestimmtes Qualitätsmaß dar, welches den Grad der biologischen Wirkung nach der Art der verursachenden Strahlung beurteilt. So entfaltet Alphastrahlung (q = 20) bei gleicher Energiedosis eine höhere Wirkung auf biologische Zellen als Beta- oder Gammastrahlung (für beide gilt q = 1).

Strahlenbelastung

Ein in Deutschland lebender Mensch ist im Laufe eines Jahres einer durchschnittlichen Strahlenbelastung von im Mittel 4 mSv (Millisievert) ausgesetzt.
Diese Strahlenbelastung ergibt sich aus verschiedenen natürlichen Strahlungsquellen in der Lebensumwelt sowie aus Belastungen, die über technische und medizinische Geräte aufgenommen werden.
Der gesetzlich zugelassene Grenzwert für Menschen, die beruflich radioaktiver Strahlung ausgesetzt sind, liegt bei 50 mSv pro Jahr.

RECHENBEISPIEL: Radioaktive Belastung durch Zigarettenrauch
Tabakpflanzen lagern während ihres Wachstums radioaktives Polonium-210 (^{210}Po) in ihren Zellen ein, das auch später in der verarbeiteten Zigarette nachgewiesen werden kann. So nimmt ein Raucher über den Rauch einer einzelnen Zigarette eine Strahlungsenergie in Höhe von ca. 1,2 µJ auf.
Im Beispiel soll berechnet werden, wie hoch die zusätzliche Äquivalentdosis pro Jahr ist, der sich eine 80 kg schwere Person aussetzt, die pro Tag 25 Zigaretten raucht.

GESUCHT: Äquivalentdosis D_q
GEGEBEN: Energiedosis pro Zigarette: E = 1,2 µJ
Masse der Person: m = 80 kg
Polonium-210 ist ein Alphastrahler
$\Rightarrow$ q = 20
RECHNUNG: Berechnung der **Energiedosis:**
$D = \frac{E}{m} = \frac{1,2 \text{ µJ}}{80 \text{ kg}} = 0{,}015$ µGy
Berechnung der **Äquivalentdosis** einer Zigarette:
$D_q = q \cdot D = 20 \cdot 0{,}015$ µGy $= 0{,}3$ Sv
Berechnung der Äquivalentdosis von 25 Zigaretten pro Tag pro Jahr:
$D_{q; \text{gesamt}} = 25 \cdot 365 \cdot 0{,}3$ µSv ≈ 2738 µSv $\approx 2{,}7$ mSv
ERGEBNIS: Der Raucher nimmt ca. 2,7 mSv pro Jahr zusätzlich auf.

Ursprung der Strahlenbelastung	Äquivalentdosis pro Jahr
von der Umgebung abgegebene natürliche Strahlung	0,4 mSv
kosmische Strahlung	0,3 mSv
durch Aufnahme von Nahrung und Luft	1,7 mSv
medizinische Untersuchungen, einschließlich Röntgen-strahlung	1,5 mSv
durch Kernkraftwerke und Kernwaffentests	0,01 mSv
durch technische Geräte	0,02 mSv
Flugreise Frankfurt – New York – Frankfurt	0,01 mSv

Biologische Wirkung radioaktiver Strahlung

Radioaktive Strahlung kann Veränderungen in Zellen und sogar im Erbgut bewirken. Ist die auf den Körper einwirkende Strahlendosis zu hoch, können die körpereigenen Regenerationsmechanismen die entstandenen Schäden möglicherweise nicht mehr ausgleichen. Eine kurzzeitige Energiedosis von 4 Sv führt zu einer schweren Strahlenkrankheit, bei der eine Todesquote von 50 % erwartet werden kann. Eine kurzzeitige Dosis von 7 Sv gilt ohne medizinische Behandlung als sicher tödlich.

Auch eine kleinere, nicht sofort tödliche Dosis kann auf Dauer gesehen schwere somatische Spätfolgen und Krankheiten wie Krebs hervorrufen. Ebenso können genetische Schäden wie Unfruchtbarkeit, Missbildungen bei Nachkommen oder Schäden in Folgegenerationen auftreten.

Ob Strahlenschäden auftreten, hängt im Wesentlichen von folgenden Faktoren ab:
- der **Art** der Strahlung,
- der aufgenommenen **Energiedosis,**
- der **Dauer** der Einwirkung,
- der **Empfindlichkeit** der bestrahlten Organe. So gelten Knochenmark, Lymphknoten und Keimzellen als besonders gefährdet.

Erfahrungen haben gezeigt, dass bei kurzzeitiger Bestrahlung eine Schwellendosis existiert. Unterhalb dieser Schwellendosis ist wahrscheinlich nicht mit unmittelbaren gesundheitlichen Schäden zu rechnen. Sie liegt bei 0,25 Sv.

Das abgebildete Symbol warnt vor radioaktiver oder Röntgenstrahlung.

kurzzeitige Dosis	Folgen
bis 0,25 Sv	kaum akute Beschwerden
ab 0,25 Sv	erste Veränderungen im Blutbild, weniger weiße Blutkörperchen
1 Sv	**vorübergehende Strahlenkrankheit:** Symptome (Eintritt nach meist 2–3 Wochen): Appetitlosigkeit, Haarausfall, Hautflecken und allgemeines Unwohlsein; aber: meist baldige Genesung, kaum zu erwartende Todesfälle
4 Sv	**schwere Strahlenkrankheit:** große Infektionsanfälligkeit; zu erwartende Todesrate: 50%
7 Sv	**tödliche Strahlenkrankheit** Symptome: Übelkeit, Erbrechen, hohes Fieber, Entzündungen, schneller Kräfteverfall; ohne Therapie zu 100 % tödlich

Strahlenschutz

Um sich vor möglichen Strahlenschäden zu schützen, sollte die Strahlung, der man sich aussetzt, prinzipiell immer so gering wie möglich sein.
Als wichtigste Schutzmaßnahmen gelten:

- einen möglichst großen Abstand zur Strahlungsquelle einhalten;
- Strahlungsquellen möglichst immer vollständig abschirmen, z. B. durch Blei;
- nur kurzzeitig mit radioaktiven Präparaten experimentieren;
- radioaktive Substanzen nicht in den Körper gelangen lassen.

SELBST ENTDECKEN   **Radonbelastung in Gebäuden**

Bestandteil von Gesteinen und Böden ist auch Uran und Thorium, regional in unterschiedlicher Konzentration. Beim Zerfall der beiden Elemente entsteht Radon, ein radioaktives Edelgas, das an die Oberfläche wandert und dann in Gebäude eindringen und sich dort anreichern kann. Die Bewohner atmen das Radon dann ein. Nach Tabakrauch ist Radon die zweithäufigste Ursache für Lungenkrebs. Weitere Informationen findet man beim Bundesamt für Strahlenschutz, www.bfs.de.

Kernspaltung

WOZU EIGENTLICH?   *Dem Nutzen der Kernenergie für die Energieversorgung stehen die Schattenseiten der Kernspaltung gegenüber. Die Frage nach einer ungefährlichen Entsorgung der radioaktiven Abfallprodukte, die Risiken einer Reaktorkatastrophe sowie die Bedrohung durch die militärische Nutzung der Kernspaltung stellen Politik und Gesellschaft seit Anbeginn des Nuklearzeitalters vor große Herausforderungen.*

Kernspaltung setzt Energie frei

Unter Kernspaltung versteht man einen Prozess, bei dem ein Atomkern unter Freisetzung von Energie in zwei oder mehrere Bestandteile zerlegt wird. Im Jahr 1938 entdeckten die deutschen Chemiker Otto Hahn und Fritz Straßmann, dass der Kern des Isotops Uran-235 beim Beschuss mit langsamen Neutronen in zwei Teilstücke zerbricht. Für die Spaltung von Atomkernen eignen sich Uran- und Plutoniumisotope besonders gut, da die Spaltung mithilfe von Neutronen besonders leicht durchzuführen ist und bei genügend schweren Nukliden mehr Energie frei wird, als für die Spaltung aufgewendet werden muss. So setzt die Spaltung eines einzelnen Uran-235-Nuklids eine Energie von 200 MeV (Megaelektronenvolt) frei. Dies entspricht ca. $3{,}2 \cdot 10^{-14}$ Joule.

Sind die zu spaltenden Kerne ausreichend groß, ist ihre Bindungsenergie pro Nukleon geringer als die ihrer Tochterkerne, d.h., die Mutterkerne sind schwächer gebunden als die Tochterkerne – die Energiedifferenz wird bei der Spaltung frei.

Bei der Kernspaltung, die man sich auch in **Atomkraftwerken** zunutze macht, werden die Kerne des Isotops Uran-235 mit langsamen Neutronen beschossen. Dabei entstehen verschiedene Spaltprodukte bzw. Trümmerkerne.

Wird ein Uran-235-Nuklid mit einem Neutron beschossen, so entstehen als Spaltprodukte Barium-144 (Ba), Krypton-89 (Kr) sowie zwei zusätzliche Neutronen, sodass nach dem Spaltprozess insgesamt drei freie Neutronen vorhanden sind.

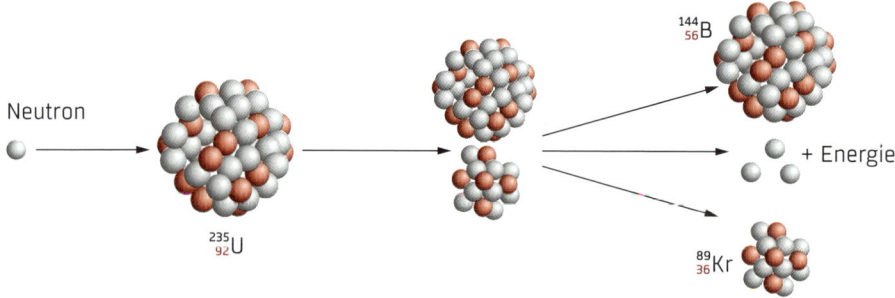

Die Summe der Kernladungszahlen der Trümmerkerne ist dabei so groß wie die Kernladungszahl des ursprünglichen Uranatoms. Die Summe der Massenzahlen der Spaltprodukte ergibt gemeinsam mit den drei frei gewordenen Neutronen die Massenzahl des ursprünglichen Urans plus das spaltende Neutron (236).
Reaktionsgleichung: $^{235}_{92}U + ^{1}_{0}n \rightarrow ^{142}_{56}Ba + ^{91}_{36}Kr + 3\,^{1}_{0}n$

Unter geeigneten Bedingungen ist jedes der drei abgespaltenen Neutronen in der Lage, weitere Uranatome zu spalten. Jeder neue Spaltprozess liefert erneut zwei zusätzliche Neutronen, die wiederum neue Spaltprozesse auslösen. Dieser sich selbst erhaltende Spaltprozess wird als **Kettenreaktion** bezeichnet.

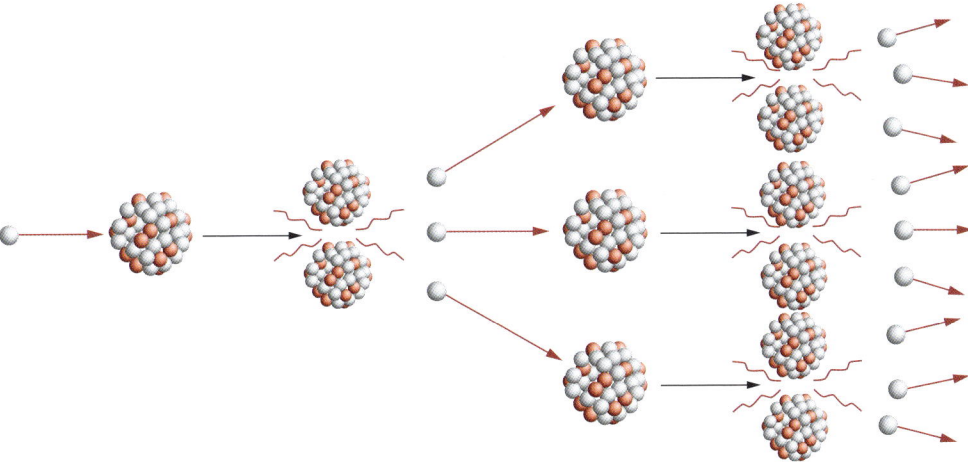

Wird bei diesem Prozess keins der frei werdenden Neutronen eingefangen, läuft dieser lawinenartig weiter, sodass in kürzester Zeit eine große Menge Energie frei wird. Dieser Vorgang wird als **unkontrollierte Kernspaltung** bezeichnet. Wird jedoch ein Teil der frei werdenden Neutronen abgefangen, bleibt die Kettenreaktion zwar aufrechterhalten, aber es wird nur eine konstante Menge Energie freigesetzt. Dieser Vorgang wird als **kontrollierte Kernspaltung** bezeichnet.

Kernkraftwerke

Kernkraftwerke dienen der Erzeugung elektrischer Energie. Dabei wird die bei der Kernspaltung frei werdende Wärmeenergie über mehrere Schritte in elektrische Energie umgewandelt. Für den Betrieb eines Kernkraftwerks muss gewährleistet sein, dass die Kernspaltung kontinuierlich und steuerbar abläuft. Dies geschieht im Kernreaktor, welcher das Kernstück eines Kernkraftwerks darstellt.

Der Kernreaktor besteht im Wesentlichen aus fünf Komponenten:

- **Brennstäben,** in denen sich eine ausreichende Menge an spaltbarem Material befindet, meist angereichertes Uran-235 und Uran-238,
- einem **Moderator,** dem Stoff zum Abbremsen der Neutronen,
- **Regelstäben** zum Einfangen der frei werdenden Neutronen,
- einem **Kühlmittel** zur Wärmeabführung und Übertragung der Energie auf die Turbinen,
- einer **Barriere** zum Strahlenschutz und zur Rückhaltung radioaktiver Stoffe.

Im Kernreaktor befindet sich der Reaktorkern, der aus Brennelementen besteht, welche wiederum aus mehreren **Brennstäben** bestehen. In den Brennstäben wird Kernenergie durch Kernspaltung und radioaktiven Zerfall freigesetzt und in thermische Energie umgewandelt. Die bei der Kernspaltung frei werdenden schnellen Neutronen werden mithilfe des **Moderators** abgebremst. Als Bremsmittel sind Wasser und Grafit besonders gut geeignet. Die langsamen Neutronen können nun weitere Urankerne spalten.

Damit die Kettenreaktion im Reaktor kontrolliert verläuft, wird sie durch **Regelstäbe** gesteuert. Diese bestehen aus den Elementen Bor und Cadmium, welche Neutronen absorbieren. Je weiter die Regelstäbe in den Reaktor hineingefahren werden, desto mehr Neutronen werden absorbiert. So kann die Kettenreaktion gesteuert werden. Die bei der Kernspaltung entstehende Wärmeenergie wird mithilfe eines **Kühlmittels** (z. B. Wasser) abgeführt. Das Kühlmittel transportiert die Wärme zur Turbine, wo sie in kinetische Energie umgewandelt wird. Die Turbine treibt einen Generator (s. S. 210) an, der die kinetische Energie in elektrische Energie umwandelt.

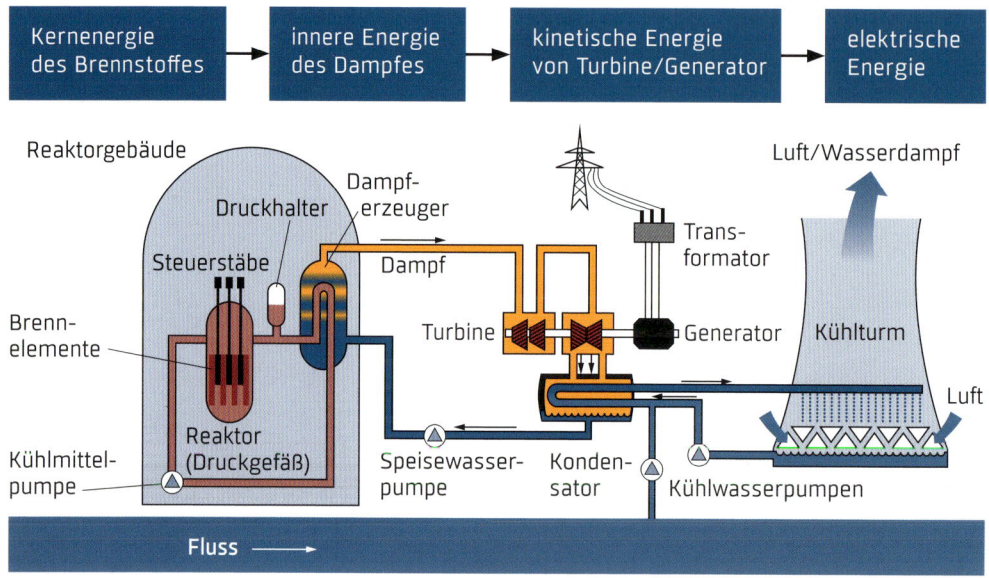

Der Nutzen von Kernkraftwerken besteht vor allem darin, dass man eine große Menge elektrischer Energie gewinnen kann, ohne auf fossile Brennstoffe wie Kohle und Erdöl zurückgreifen zu müssen. Ein bis heute jedoch ungelöstes Problem ist die sichere **Endlagerung** des bei der Kernspaltung entstehenden radioaktiven Abfalls. Bisher existieren zwei Möglichkeiten: Zum einen die Aufbewahrung des radioaktiven Abfalls (aufgrund seiner großen Halbwertszeit teilweise für Millionen Jahre) sicher in einem Endlager; zum anderen kann man bereits verwendete Brennstäbe wiederaufarbeiten, wobei hier neue radioaktive Abfälle entstehen, die „für alle Ewigkeit" endgelagert werden müssen.

Atombomben

Das Prinzip einer Atombombe beruht auf der **unkontrollierten Kernspaltung.** Hierbei werden die Atome des spaltbaren Materials (Uran oder Plutonium) in Bruchteilen von Sekunden mittels einer Kettenreaktion gespalten, wodurch eine sehr große Menge an Energie frei wird. Damit es zu einer derartigen Kettenreaktion kommt, müssen zwei oder mehrere Teilmassen mit spaltbarem Material vorhanden sein. Die Teilmassen sind so klein, dass zunächst keine Kettenreaktion zustande kommt.

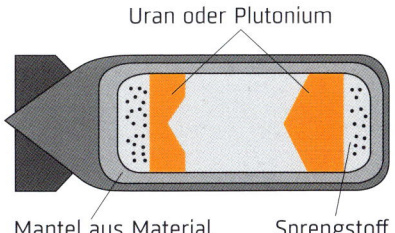

Uran oder Plutonium

Mantel aus Material,   Sprengstoff
das Neutronen reflektiert

Zum Auslösen der Bombe werden die Teilmassen mittels Sprengstoff aufeinandergeschossen, sodass eine **überkritische Masse** (die notwendige Mindestmasse) erreicht wird und eine unkontrollierte Kettenreaktion erfolgt. Nur wenn genügend freie Neutronen auf eine ausreichend große Menge spaltbarer Kerne treffen, kommt es in der Atombombe zur Kettenreaktion. Bei der Explosion von Atombomben entstehen starke Druckwellen von großer zerstörerischer Wirkung. Ebenso wird aufgrund der großen Menge frei werdender Energie ein enormer Feuerball mit Temperaturen von mehreren Millionen Grad Celsius erzeugt. Der Einsatz von Atombomben führt neben der gewaltigen Zerstörung zu einer radioaktiven Verseuchung der betroffenen Gebiete mit Spätfolgen für Menschen und Tiere.

SELBST ENTDECKEN   Massendefekt

Während bei schweren Kernen die Bruchstücke stärker gebunden sind als der Mutterkern, ist es bei leichten Kernen umgekehrt: Das Verschmelzen von zwei Kernen zu einem großen setzt hier Energie frei. Durch eine solche **Kernfusion** *erzeugt die Sonne ihre Energie, indem sie Wasserstoff- zu Heliumkernen fusioniert.*

6

ANHANG

Glossar

Abbildungsgleichung: Stellt eine Beziehung her zwischen ↑*Bildweite* b, ↑*Gegenstandsweite* g und ↑*Brennweite* f: $\frac{1}{f} = \frac{1}{b} = \frac{1}{g}$

Aggregatzustand: Im Allgemeinen kann jeder Stoff drei Aggregatzustände annehmen: fest, flüssig und gasförmig.

Aktivität: Die Aktivität eines radioaktiven Stoffes gibt an, wie viele Kerne in einer bestimmten Zeit zerfallen und dabei radioaktive Strahlung freigeben.

Alphastrahlung: Art der radioaktiven Strahlung – eine Teilchenstrahlung, deren Teilchen aus zwei Neutronen und zwei Protonen bestehen.

Amplitude: Maximale Auslenkung einer Schwingung oder einer Welle.

Anion: Negativ geladenes ↑*Ion*.

Anode: Positive Elektrode.

Anomalie des Wassers: In der Regel ziehen sich Flüssigkeiten beim Erstarren zusammen. Kühlt man eine bestimmte Menge Wasser ab, verhält es sich zunächst auch so – das Volumen nimmt mit sinkender Temperatur ab. Bei 4 °C ist schließlich das kleinste Volumen und die größte Dichte erreicht. Sinkt die Temperatur des Wassers weiter unter 4 °C, dehnt es sich wieder aus, sein Volumen nimmt wieder zu. Dieses Phänomen wird als Anomalie des Wassers bezeichnet.

Äquivalentdosis: Die Äquivalentdosis ist ein Maß für die biologische Wirkung von radioaktiver Strahlung.

Arbeit: Einheit: Joule J
a) **elektrisch:** Wird elektrische Energie in andere Energieformen wie Licht, ↑*Wärme* oder mechanische Arbeit umgewandelt, verrichtet der elektrische Strom elektrische Arbeit: $W = U \cdot I \cdot t$.
b) **mechanisch:** Wird durch eine Kraft F ein Körper um eine Strecke s verschoben, ergibt sich die dabei verrichtete mechanische Arbeit W zu: $W = F \cdot s$.
c) **Hubarbeit:** Ein Körper der Masse m wird um die Höhe h angehoben. Dabei wird die Arbeit W verrichtet: $W = F_G \cdot h = m \cdot g \cdot h$.
d) **Volumenarbeit:** Dehnt ein Gas sich aus und drückt dabei einen Kolben nach außen, verrichtet es Arbeit: $W = p \cdot \Delta V$.

archimedisches Prinzip: Die ↑*Auftriebskraft* F_A eines Körpers in einem Fluid entspricht der ↑*Gewichtskraft* F_G des von ihm verdrängten Volumens: $F_A = F_G$.
Taucht man einen Körper bspw. in Wasser ein, so wird die auf ihn einwirkende Auftriebskraft immer größer, weil er immer mehr Wasser verdrängt. Er hört auf zu sinken, wenn die Auftriebskraft und seine Gewichtskraft gleich groß sind.

Auflagedruck: Ein Körper übt über seine ↑*Gewichtskraft* eine Kraft F auf den Untergrund aus. Diese Kraft ist pro Flächeneinheit umso größer, je kleiner die Bodenfläche A des Körpers ist. Die Kraft pro Flächeneinheit ist der Auflagedruck p.
$p = \frac{F}{A}$; Einheit: Pascal; $1 \text{ Pa} = \frac{N}{m^2}$
(Die Formel gilt, wenn die Kraft senkrecht auf die Fläche wirkt.)

Auftriebskraft: Die Ursache der Auftriebskraft ist der unterschiedliche ↑*Schweredruck* in verschiedenen Tiefen eines Fluids. Taucht ein Körper in ein Fluid ein, herrscht deshalb an seiner Unterkante ein höherer Schweredruck als an seiner Oberkante. Die Differenz der beiden Druckkräfte wirkt als Auftriebskraft. Diese wird immer größer, je tiefer ein Körper eintaucht. Der Körper hört auf zu sinken, wenn Auftriebskraft und ↑*Gewichtskraft* des Körpers gleich groß sind (oder wenn der Körper auf dem Grund aufstößt).

Beschleunigung: Ein Körper erfährt immer dann eine Beschleunigung a, wenn er seinen Bewegungszustand ändert. Man spricht also von einer beschleunigten Bewegung, wenn sich der Betrag der Geschwindigkeit, ihre Richtung oder beides ändert.
$a = \frac{v}{t}$; Einheit: $\frac{m}{s^2}$
v = Geschwindigkeit, t = Zeit

Betastrahlung: Art der radioaktiven Strahlung – eine Teilchenstrahlung, die ihrerseits in zwei Arten auftreten kann: Sie besteht entweder aus Elektronen (β^--Strahlung) oder aus Positronen (β^+-Strahlung).

Beugung: Abweichung einer Welle von der geradlinigen Ausbreitungsrichtung. Alle Arten von Wellen werden gebeugt, wenn sie auf Hindernisse treffen – mechanische Wellen wie auch elektromagnetische Wellen wie bspw. Lichtwellen. In der geometrischen oder Strahlenoptik geht man von einer geradlinigen Ausbreitung des Lichtes aus und vernachlässigt Beugungseffekte. Bei der Konstruktion von Bildern an Spiegeln und Linsen wird die Beugung daher nicht berücksichtigt. Behandelt man Licht als elektromagnetische Welle, muss man Beugungseffekte jedoch berücksichtigen.
Wie bei den mechanischen Wellen lässt sich auch bei elektromagnetischen Wellen die Beugung über das Konzept der Elementarwellen erklären: Trifft ein Lichtbündel auf ein Hindernis, würde man in der geometrischen Optik einfach Schatten hinter dem Hindernis zeichnen. Das Lichtbündel würde sich neben dem Hindernis geradlinig in der ursprünglichen Richtung ausbreiten. In der Wellenoptik jedoch wird die Lichtwelle hinter dem Hindernis aus Elementarwellen erzeugt. Neben dem Hindernis ergeben die Elementarwellen in der Überlagerung die Wellenfront, die sich in der ursprünglichen Richtung ausbreitet (roter Pfeil) – dies entspricht dem Lichtstrahl, den man in der geometrischen Optik erhalten würde.

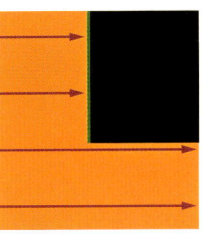

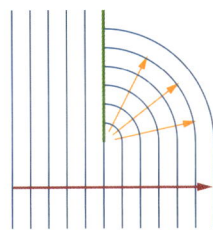

An den Rändern jedoch bleibt je eine Elementarwelle übrig, hier breitet sich die Lichtwelle also kreisförmig aus (orangefarbene Pfeile) und weicht damit von der ursprünglichen Richtung ab.

Bildweite: Abstand zwischen der Mittelebene der Linse und dem Bild.

Brechung: Wenn Wellen von einem Medium in ein anderes übertreten, werden sie gebrochen, d. h., sie ändern ihre Ausbreitungsrichtung. Wie dies geschieht, ist abhängig davon, wie schnell die Welle sich in den Stoffen ausbreiten kann. Tritt eine Welle von Medium 1 in Medium 2 über, wird sie dann in Medium 2 vom Lot weggebrochen, wenn dort die Ausbreitungsgeschwindigkeit höher ist als in Medium 1. Sie wird zum Lot hin gebrochen, wenn die Ausbreitungsgeschwindigkeit in Medium 2 geringer ist. Für die Brechung mechanischer Wellen wie Schallwellen ist die Schallgeschwindigkeit in den beteiligten Stoffen die maßgebliche Größe; bei der Brechung von Lichtwellen ist dies die Lichtgeschwindigkeit. Wenn man allgemein von der Lichtgeschwindigkeit spricht, meint man i. d. R. die Lichtgeschwindigkeit im Vakuum. Breitet sich Licht in Stoffen aus, ist seine Geschwindigkeit geringer als im Vakuum und vom betreffenden Stoff abhängig. „Optisch dichter" meint daher den Stoff mit der geringeren Lichtgeschwindigkeit, „optisch dünner" den mit der höheren Lichtgeschwindigkeit. Beschrieben wird dies mit dem Brechungsindex.
Erklären lässt sich das Phänomen der Brechung über das Modell der Elementarwellen, sowohl für Licht- wie auch für mechanische Wellen. In der Strahlenoptik, die die Welleneigenschaften des Lichts außer Acht lässt und Licht als geradlinige Strahlen betrachtet, wird die Brechung durch das snelliussche Brechungsgesetz beschrieben. Die Sinuswerte von Einfallswinkel und Ausfallswinkel stehen im umgekehrten Verhältnis wie die Brechungsindices der beteiligten Medien:
$$\frac{\sin \alpha_1}{\sin \alpha_2} = \frac{n_1}{n_2}$$

Brechungsgesetz: Beim Übergang vom optisch dichteren zum optisch dünneren Medium wird eine Welle vom ↑*Einfallslot* weg gebrochen; tritt sie vom optisch dünneren ins optisch dichtere Medium ein, wird sie zum Lot hin gebrochen.

Brennpunkt: Fällt ein Lichtbündel parallel zur optischen Achse ein, wird es von einer ↑*Sammellinse* auf einen Punkt fokussiert. Dies ist der Brennpunkt der Linse.

Brennweite: Abstand zwischen dem ↑*Brennpunkt* und der Mittelebene der Linse.

Coulomb-Gesetz: Wie groß die abstoßenden bzw. anziehenden Kräfte zwischen zwei geladenen Körpern sind, hängt von der Größe der Ladungen q_1 und q_2 sowie dem Abstand r der beiden Körper ab.

$F = \frac{1}{4\pi\varepsilon_0} \cdot \frac{q_1 \cdot q_2}{r^2}$

ε_0 = elektrische Feldkonstante
= $8,854 \cdot 10^{-12} \frac{As}{Vm}$

Defektelektronen: Auch Löcher genannt. Wenn in einem Halbleiter Elektronen aus den Elektronenpaarbindungen freigesetzt werden, bleiben die Löcher zurück. Diese können als positive Ladungsträger im Halbleiter aufgefasst werden.

Dielektrizitätszahl: Materialkonstante, sie beträgt für Luft 1, für Folien oder Keramik als Dielektrikum dagegen 10–1000.

Dotierung: Einbringen von Fremdstoffen in einen Halbleiter mit einem Bindungselektron mehr oder weniger, als der Halbleiterstoff hat; die Dotierung dient der Erhöhung der Leitfähigkeit.

Druck: Wirkt eine Kraft F senkrecht auf eine Fläche A ein, entsteht ein Druck p:
$p = \frac{F}{A}$; Einheit: Pascal; 1 Pa = $\frac{N}{m^2}$
a) ↑ *Auflagedruck*
b) Druck in Flüssigkeiten oder Gasen: Hier kommt der Druck zustande, weil die Teilchen sich bewegen und dabei Kräfte aufeinander und auf die Behälterwände ausüben. Kann die Schwerkraft vernachlässigt werden (in kleinen Behältern), ist der Druck im gesamten Behälter gleich groß.

Effektivwert: Der Wert einer ↑ *Wechselspannung*/eines Wechselstroms, den eine ↑ *Gleichspannung*/ein Gleichstrom haben müsste, um dieselbe Leistung zu erbringen.

Einfallslot: Senkrechte zum Spiegel oder zur Grenzebene zwischen zwei Medien, die im Auftreffpunkt des Lichtes senkrecht auf dem Spiegel bzw. der Grenzebene steht.

elektrische Feldkonstante:
$\varepsilon_0 = 8,854 \cdot 10^{-12} \frac{As}{Vm}$

Elektrolyt: Elektrisch leitfähige Flüssigkeit.

Elektromagnet: Besteht aus einer Spule mit einem Eisenkern. Wirkt wie ein Magnet, weil elektrische Ströme von Magnetfeldern umgeben sind. Das Magnetfeld einer Spule entspricht im Außenraum dem eines Stabmagneten.

Elementarladung: Die kleinste frei existierende elektrische Ladungsmenge, bezeichnet mit e. Ein Elektron hat bspw. die Ladung –e.
e = $1,602 \cdot 10^{-19}$ Coulomb.

Elementarwellen: Von jedem Punkt einer Welle gehen kreis- bzw. kugelförmige Elementarwellen aus, deren Überlagerung die Wellenfront der Welle ergibt.

Elongation: Entfernung aus der Ruhelage bei einer Schwingung oder Welle.

Energie: Einheit Joule J.
a) elektrische: Die Fähigkeit des elektrischen Stroms, mechanische ↑ *Arbeit* zu verrichten, ↑ *Wärme* abzugeben oder Licht auszusenden.
b) mechanische: Die Fähigkeit eines Körpers, aufgrund seiner Lage oder seiner Bewegung mechanische ↑ *Arbeit* zu verrichten, ↑ *Wärme* abzugeben oder Licht auszusenden:
Lageenergie oder potenzielle Energie:
$E_{pot} = m \cdot g \cdot h$;
Bewegungsenergie oder kinetische Energie:
$E_{kin} = \frac{1}{2} \cdot m \cdot v^2$.
c) thermische: Die Teilchen eines Stoffes bewegen sich und aufgrund ihrer Geschwindigkeit haben die Teilchen Bewegungsenergie. Die Summe der Bewegungsenergien aller Teilchen des Stoffes ergibt seine thermische Energie.

Energiedosis: Die Energiedosis D gibt an, wie viel Energie E eine bestimmte Masse m aufnimmt, wenn sie radioaktiver Strahlung ausgesetzt ist: $D = \frac{E}{m}$.

Energieerhaltungssatz:
a) allgemeiner: Energie kann weder vernichtet noch erzeugt werden, sondern nur in andere Formen umgewandelt werden.
b) der Mechanik: Wenn keine Umwandlung mechanischer Energie in andere Energieformen erfolgt, ist die Summe aus potenzieller und kinetischer Energie eines Körpers konstant: $E_{pot} + E_{kin}$ = konstant.
c) ↑ *1. Hauptsatz der Thermodynamik*

Fallbeschleunigung: Die ↑ *Gewichtskraft* F_G hängt einerseits von der Masse m des Körpers ab sowie andererseits von der sogenannten Fallbeschleunigung g:
$F_G = m \cdot g$
Die Fallbeschleunigung ist abhängig davon, wo der Körper sich befindet (weshalb sie auch

Ortsfaktor heißt). So ist g an den Polen der Erde größer als am Äquator und auf dem Mond nur ein Sechstel so groß wie auf der Erde. Das hat seine Ursache in der unterschiedlich starken ↑Gravitation.

Feldlinienmodell: Mithilfe von Feldlinien lassen sich elektrische und magnetische Felder darstellen. Die Richtung der Feldlinien beschreibt die Richtung der Kraft, ihre Dichte die Stärke der Kraft.

Flaschenzug: Ein Flaschenzug besteht aus einer Kombination von losen und festen Rollen. Er verringert die Kraft F_Z, die zum Bewegen einer Last F_L aufgewendet werden muss, weil sich die Gewichtskraft der Last gleichmäßig auf die Anzahl der tragenden Seilstücke verteilt. Bei n tragenden Seilstücken gilt: $F_Z = \frac{1}{n} \cdot F_L$.
Im Gegenzug verlängert sich der Weg, man muss „mehr Seil" ziehen:
$s_Z = n \cdot s_L$.

freier Fall: Der reibungslose Fall eines Körpers; auf diesen wirkt nur die ↑Fallbeschleunigung g. Der freie Fall ist daher eine gleichmäßig beschleunigte, geradlinige Bewegung.

Frequenz: Anzahl vollständiger Wiederholungen pro Zeiteinheit bei einer Schwingung oder Welle; Einheit Hz.

Gammastrahlung: Art der radioaktiven Strahlung – eine elektromagnetische Strahlung oder Welle, wie auch Licht eine ist, nur mit einer sehr viel höheren Energie, als Licht sie hat.

Gegenstandsweite: Abstand zwischen der Mittelebene der Linse und dem Gegenstand.

Geschwindigkeit: Gibt an, welche Strecke s ein Körper in einer bestimmten Zeit t zurücklegt: $v = \frac{s}{t}$.

Gesetz von Amontons: Bleibt das Volumen eines Gases konstant, steigt mit zunehmender Temperatur auch der ↑Druck an:
$\frac{p_1}{T_1} = \frac{p_2}{T_2}$ = konstant.

Gesetz von Boyle-Mariotte: Bleibt die Temperatur eines Gases konstant, steigt der ↑Druck mit abnehmendem Volumen an:
$p_1 \cdot V_1 = p_2 \cdot V_2$

Gesetz von Gay-Lussac: Bleibt der ↑Druck eines Gases konstant, nimmt das Volumen zu, wenn sich die Temperatur erhöht:
$\frac{V_1}{T_1} = \frac{V_2}{T_2}$ = konstant.

Gewichtskraft: Die Gravitationskraft, die die Erde auf alle Körper in direkter Nähe ihrer Oberfläche ausübt. Die Gewichtskraft gibt an, wie stark ein Körper auf eine Unterlage drückt oder an einer Aufhängung zieht.

Gleichspannung/-strom: Eine in Betrag und Richtung konstante elektrische Spannung bzw. ein solcher Strom. Mitunter ist auch eine Spannung/ein Strom gemeint, deren/dessen Betrag sich zwar ändert, aber deren/dessen Richtung gleich bleibt (pulsierende Gleichspannung).

goldene Regel der Mechanik: Für alle kraftumformenden Maschinen gilt, wenn die Reibung vernachlässigt werden kann, die goldene Regel der Mechanik:

Was an ↑Kraft gespart wird, muss an Weg zusätzlich zurückgelegt werden.

Gravitation: Aufgrund ihrer Massen und der durch sie verursachten Gravitation ziehen sich alle Körper gegenseitig an.

Gravitationsgesetz: Haben zwei Körper die Massen m_1 und m_2 und den Abstand r zueinander, lässt sich die Gravitationskraft zwischen ihnen mit folgender Formel berechnen:
$F = G \cdot \frac{m_1 \cdot m_2}{r^2}$.

Gravitationskonstante: $G = 6{,}673 \cdot 10^{-11} \frac{m^3}{kg \cdot s^2}$

Grundgleichung der Mechanik: Das 2. newtonsche Gesetz: Die ↑Beschleunigung a, die ein Körper erfährt, ist proportional zum Betrag der ↑Kraft F, die an ihm angreift:
$F = m \cdot a$,
m = Masse des Körpers.

Grundgleichung der Wärmelehre: Gibt an, welche Wärmemenge Q einem beliebigen Körper oder einer Stoffmenge der Masse m zugeführt werden muss, um seine Temperatur um eine bestimmte Differenz ΔT zu verändern:
$Q = c \cdot m \cdot \Delta T$;
c = spezifische Wärmekapazität des Stoffes.

Halbwertszeit: Zeitspanne, in der sich eine ursprünglich vorhandene Menge an ↑*Radionukliden* jeweils um die Hälfte reduziert. Jedes Radionuklid besitzt eine charakteristische Halbwertszeit.

Hangabtriebskraft: Wirkt in Richtung der geneigten Ebene. Dieser Kraftanteil bewirkt eine Beschleunigung des Körpers entlang der schiefen Ebene.

Hauptsätze der Thermodynamik:
a) 0. Hauptsatz: Besitzen zwei thermodynamische Systeme, die wärmeleitend miteinander verbunden sind, unterschiedliche Temperaturen, so gibt das System mit der höheren Energie so lange Energie in Form von ↑*Wärme* an das System mit der geringeren Energie ab, bis sich ihre Temperaturen angeglichen haben.
b) 1. Hauptsatz: Die innere Energie U eines abgeschlossenen Systems ändert sich nur, wenn es mit seiner Umgebung ↑*Wärme* Q austauscht oder wenn in Wechselwirkung zwischen dem System und seiner Umgebung mechanische ↑*Arbeit* W verrichtet wird. Es gilt dann: $\Delta U = Q + W$
c) 2. Hauptsatz: Ein System mit niedrigerer Temperatur gibt niemals ohne äußeres Zutun Energie in Form von ↑*Wärme* an ein System mit höherer Temperatur ab.
d) 3. Hauptsatz: Es existiert kein Prozess, mit dem es in unendlichen vielen Schritten möglich wäre, den absoluten Nullpunkt der Temperatur zu erreichen, man kann sich diesem lediglich nähern.

Hebelgesetz: Bei einem Hebel handelt es sich um einen mechanischen Kraftwandler. Für einseitige wie zweiseitige Hebel gilt das Hebelgesetz. Befindet sich der Hebel im Gleichgewicht, dann gilt:
Last × Lastarm = Kraft × Kraftarm oder:
$F_1 \cdot a_1 = F_2 \cdot a_2$

hookesches Gesetz: Die Ausdehnung s einer elastisch verformbaren Feder ist proportional zum Betrag der Kraft F, die an ihr angreift – das bedeutet bspw., dass das Doppelte der angreifenden Kraft die Feder auch doppelt so weit ausdehnt.
$F = D \cdot s$,
D = Federkonstante.

hydrostatischer Druck: ↑*Schweredruck.*

hydrostatisches Paradoxon: Die Gefäßform hat keinen Einfluss auf den ↑*Schweredruck* einer Flüssigkeitssäule, dieser hängt nur von der Höhe der Flüssigkeitssäule ab. Der Druck in unterschiedlich geformten Gefäßen ist daher bei gleicher Tiefe gleich groß.

ideales Gas: Eine idealisierte Modellvorstellung von Gasen, die von zwei Vereinfachungen ausgeht:
a) Die Gasteilchen haben keine räumliche Ausdehnung;
b) die Teilchen wirken nur durch vollständig elastische Stöße miteinander sowie mit der Gefäßwand.
Trotz dieser starken Vereinfachungen lässt sich mit dem Modell vom idealen Gas das Verhalten von realen Gasen bei normalen Temperatur- und Druckverhältnissen näherungsweise gut beschreiben.

Impuls: Kennzeichnet den Bewegungszustand eines sich geradlinig fortbewegenden Körpers. Der Impuls p ist definiert als das Produkt von Masse m und Geschwindigkeit v des bewegten Körpers:
$p = m \cdot v$; Einheit: $1\ N \cdot s$
Der Impuls ist wie die Geschwindigkeit eine gerichtete Größe, seine Richtung ist die der Geschwindigkeit des Körpers.

Impulserhaltung: In einem abgeschlossenen System bleibt der Gesamtimpuls erhalten. So ist bspw. bei Stoßvorgängen der Gesamtimpuls nach dem Stoß derselbe wie vor dem Stoß. Er kann sich aber durch den Stoß anders auf die beteiligten Körper verteilen.

Induktionsgesetz: In einer Spule wird eine elektrische Spannung induziert, wenn sich das von der Spule umschlossene Magnetfeld ändert.

Influenz: Ladungstrennung innerhalb eines Leiters durch den Einfluss eines elektrischen Feldes.

Interferenz: Bei Überlagerung mehrerer Wellen kommt es zu Verstärkungen und Abschwächungen.

Ion: Atom, das Elektronen abgegeben oder zusätzliche Elektronen aufgenommen hat, sodass es nicht mehr elektrisch neutral, sondern negativ oder positiv geladen ist.

Isolator, elektrischer: Stoff, der den elektrischen Strom nicht leitet.

Isotop: Atome eines Elements können bei gleicher Protonenzahl eine unterschiedliche Neutronenzahl besitzen. Jede Neutronenzahl kennzeichnet ein Isotop des Elements.

Kathode: Negative Elektrode.

Kation: Positiv geladenes ↑Ion.

Kernspaltung: Prozess, bei dem ein Atomkern unter Freisetzung von Energie in zwei oder mehrere Bestandteile zerlegt wird.

Kraft: Ursache für die Beschleunigung oder Verformung eines Körpers:
$F = m \cdot a$; Einheit Newton N.

Längenausdehnung: Im Prinzip dehnen sich auch Festkörper bei zunehmender Temperatur in alle drei Raumrichtungen aus. Die Ausdehnung in der Länge ist jedoch meist diejenige von der größten technischen Bedeutung. Die Längenausdehnung Δl ist abhängig von der Ausgangslänge l_0 und der Temperaturänderung ΔT:
$\Delta l = \alpha \cdot l_0 \cdot \Delta T$;
α = Längenausdehnungswert.

Leistung: Pro Zeiteinheit verrichtete ↑*Arbeit*, Einheit Watt W.
a) **elektrische:** $P = U \cdot I$.
b) **mechanische:** $P = \frac{W}{t}$.

lenzsche Regel: Der Induktionsstrom ist stets so gerichtet, dass er der Ursache seiner Entstehung entgegenwirkt.

Lichtleiter: Lichtleiter bestehen aus einem Material, das optisch dichter ist als das Material ihrer Ummantelung. Dadurch wird Licht, das unter einem großen Winkel auf die Ummantelung trifft, dort ↑*totalreflektiert* und kann den Lichtleiter nicht verlassen. Auf die Weise kann er Licht über weite Wegstrecken transportieren.

magnetische Feldkonstante:
$\mu_0 = 1{,}257 \cdot 10^{-6} \frac{Vs}{Am}$

Massenzahl: Summe der Anzahlen der Protonen und der Neutronen im Atomkern.

Maximalwert: ↑*Amplitude* der ↑*Wechselspannung* (Spitzenspannung) oder des Wechselstroms.

Neutron: Elektrisch neutrales Teilchen, Bestandteil des Atomkerns.

newtonsche Gesetze:
↑*Trägheitsgesetz* (1. newtonsches Gesetz);
↑*Grundgleichung* der Mechanik (2. newtonsches Gesetz);
↑*Wechselwirkungsgesetz* (3. newtonsches Gesetz)

Normalkraft: Wirkt senkrecht zur schiefen Ebene. Die Normalkraft würde daher ein Einsinken in die schiefe Ebene bewirken, was jedoch durch den festen Boden verhindert wird.

Nuklid: Durch Massenzahl und Ordnungszahl charakterisierter Atomkern.

ohmsches Gesetz: Der elektrische Strom ist proportional zur elektrischen Spannung:
$U = R \cdot I$

Ordnungszahl: Die Ordnungszahl oder auch Kernladungszahl gibt an, wie viele Protonen sich im Atomkern befinden.

Periode: Zeitdauer eines vollständigen Durchgangs bei einer Schwingung oder Welle. Einheit: Sekunde s.

Proton: Elektrisch positiv geladenes Teilchen, Bestandteil des Atomkerns.

Radionuklide: Kerne radioaktiver Atome.

Reflexion: Trifft Licht auf eine glatte Grenzfläche zu einem anderen Stoff, wird es teilweise an dieser Grenzfläche zurückgeworfen – es wird reflektiert. Behandelt man Licht als geradlinige Strahlen, wie in der geometrischen Optik, konstruiert man den reflektierten Strahl über das ↑*Reflexionsgesetz*.
Wird Licht als Welle betrachtet oder hat man es mit mechanischen Wellen zu tun, kann die reflektierte Welle über das Elementarwellenmodell erklärt werden (auch hier gilt natürlich das Reflexionsgesetz).

Reflexionsgesetz: Bei der Reflexion des Lichts sind der Einfallswinkel und der Reflexionswinkel stets gleich groß.

Reibungskraft: Wenn ein Körper auf einer Unterlage haftet, gleitet oder rollt, wirken zwischen den Kontaktflächen Reibungskräfte, welche die Bewegung des Körpers auf der Fläche hemmen. Die Ursache liegt in der Oberflächenbeschaffenheit der Kontaktbereiche. Je nachdem, wie rau diese sind, können sich ihre Unebenheiten ineinander verhaken, und dementsprechend schwer oder leicht ist es, den Körper in Bewegung zu bringen bzw. zu halten.

Reibungszahl: Die ↑Reibungskraft F_R ist proportional zur auf die Unterlage wirkenden Normalkraft F_N:
$F_R = \mu \cdot F_N$;
μ = Reibungszahl.

Sammellinse: Linse, bei der mindestens eine der Seiten nach außen gewölbt ist, weshalb sie auch Konvexlinse heißt. Sammellinsen fokussieren parallel zur optischen Achse einfallendes Licht im ↑Brennpunkt.

Schweredruck: Eine Flüssigkeitssäule übt über ihre ↑Gewichtskraft einen Druck auf die unter ihr liegende Flüssigkeit oder den Untergrund aus. Man nennt diesen Druck den Schweredruck. Er wird mit zunehmender Tiefe immer größer.

Schwingung: Zeitlich periodische Änderung einer physikalischen Größe. Sie tritt auf, wenn einer Auslenkung aus einer Ruhelage (Gleichgewichtslage) eine Kraft entgegenwirkt.
a) erzwungene: Dem Schwinger wird periodisch von außen Energie zugeführt, er schwingt mit der Frequenz der Energiezuführung.
b) freie: Der Schwinger schwingt nach dem Anstoßen ohne weitere Energiezuführung mit seiner Eigenfrequenz.
c) gedämpfte: Aufgrund von Reibungsverlusten nimmt die ↑Amplitude beim Schwingen ab, bis der Schwinger zur Ruhe kommt.
d) harmonische: Die Auslenkung durchläuft eine Sinuskurve
e) ungedämpfte: Es gibt keine Reibungsverluste, der Energieerhaltungssatz der Mechanik gilt und die Amplitude bleibt konstant.

Selbstinduktion: Induktionsspannung, die bei Anlegen einer ↑Wechselspannung an eine Spule in der Spule selbst erzeugt wird. Diese ist der erregenden Spannung entgegengerichtet und hemmt daher den Stromfluss.

Stromrichtung:
a) Elektronenfluss: Die Elektronen fließen als negative Ladungsträger vom Minuspol der Spannungsquelle zum Pluspol.
b) technische Stromrichtung: Der Elektronenbewegung entgegengesetzt vom Pluspol zum Minuspol gerichtet (eine Konvention aus der Zeit, als man noch nicht wusste, dass in metallischen Leitern der elektrische Strom von negativen Elektronen getragen wird).

Temperaturskala: In den meisten Ländern hat sich im Alltag die Celsiusskala zur Messung von Temperaturen durchgesetzt. Ihre beiden Fixpunkte sind der Gefrierpunkt (0 °C) sowie der Siedepunkt (100 °C) von Wasser bei normalem Atmosphärendruck.
In der Physik verwendet man die Kelvinskala, die ohne negative Temperaturen auskommt. Sie beginnt beim absoluten Nullpunkt, der niedrigsten überhaupt möglichen Temperatur (0 K, was −273,15 °C entspricht).
In den USA ist im Alltag die Fahrenheitskala üblich. Sie verläuft nicht im „Gleichschritt" mit der Celsiusskala. Ein Unterschied von 1 °C entspricht 1,8 °F.

Totalreflexion: Trifft Licht auf eine Grenzebene zu einem Medium, das optisch dünner ist als das, aus dem das Licht kommt, wird es vom Lot weggebrochen. Fällt das Licht nun unter einem sehr flachen Winkel ein, kann das dazu führen, dass das Licht in das Ausgangsmedium zurückgebrochen wird und nicht in das optisch dünnere Medium eintritt.

Trägheitsgesetz: Das 1. newtonsche Gesetz: Ein Körper verbleibt im Zustand der Ruhe oder der gleichförmigen geradlinigen Bewegung, solange die Summe der an ihm angreifenden Kräfte null ist.

Volumenarbeit: Wird ein Gas, das sich in einem Zylinder mit beweglichem Kolben befindet, von außen erwärmt, dehnt es sich aus und übt einen Druck p auf den Kolben aus, der dabei nach außen gedrückt wird. Dabei verrichtet das Gas nutzbare ↑Arbeit W:
$W = p \cdot \Delta V$.

Volumenausdehnung: Ein Körper oder ein Stoff wird sich im Allgemeinen bei Erwärmung nach allen Seiten hin ausdehnen und sich zusammenziehen, wenn er wieder abkühlt. Die Volumenänderung ist dabei abhängig vom Ausgangsvolumen V_0 und der Temperaturänderung ΔT:
$\Delta V = \gamma \cdot V_0 \cdot \Delta T$,
γ = Volumenausdehnungskoeffizient.

Wärme: Wärme bezeichnet die Menge an Energie, die von einem System hoher Temperatur auf ein System niedriger Temperatur übergeht. Die thermische ↑*Energie* ist die Energie, die in der Teilchenbewegung eines Stoffes steckt, also den Zustand eines Systems beschreibt.

Wärmekapazität, spezifische: Materialabhängige Konstante, die angibt, wie viel ↑*Wärme* ein Kilogramm des Stoffes bei einer Temperaturänderung um 1 Kelvin abgibt bzw. aufnimmt.

Wärmeleitung: Wärmetransport durch einen Stoff, ohne dass dabei der Stoff selbst transportiert wird. Er stellt nur die Verbindung dar, durch die die ↑*Wärme* fließt – wie die Wärme, die beim Umfassen einer heißen Tasse auf die Hand übergeht.

Wärmestrahlung: Wärmetransport durch elektromagnetische Strahlung. Bei den üblicherweise auftretenden Temperaturen entspricht die Wärmestrahlung im Wesentlichen der Infrarotstrahlung. Diese ist bei einer heißen Tasse (hauptsächlich) dafür verantwortlich, dass die Hände auch in ein wenig Abstand von der Tasse deren Wärme spüren.

Wärmeströmung: Hierbei wird die ↑*Wärme* durch einen Materietransport übertragen, d.h., der Stoff selbst bewegt sich und nimmt die in ihm enthaltene thermische ↑*Energie* mit, wie z.B. der heiße Wasserdampf über der Teetasse.

Wechselspannung/-strom: Elektrische Spannung bzw. elektrischer Strom, die/der sich periodisch ändert.

Wechselwirkungsgesetz: Das 3. newtonsche Gesetz: Wirken zwei Körper aufeinander ein, so wirkt auf beide eine Kraft. Die Kräfte sind gleich groß und entgegengesetzt gerichtet: $F_1 = F_2$ („actio gleich reactio")

Widerstand, elektrischer: Hemmt den Stromfluss durch einen Stromkreis.
a) ohmscher: $R = \frac{U}{I}$, unabhängig von Strom und Spannung,
b) kapazitiver: Widerstand eines Kondensators im Wechselstromkreis,
c) induktiver: Widerstand, den eine Spule zusätzlich zu ihrem ohmschen Widerstand aufgrund der Selbstinduktion im Wechselstromkreis hat,
d) spezifischer: Stoffkonstante, die den Widerstand eines Materials bezogen auf Länge und Querschnitt angibt.

Wirkungsgrad: Der Wirkungsgrad h einer Wärmekraftmaschine beschreibt das Verhältnis der ↑*Arbeit* W, die die Maschine verrichtet, zu der ↑*Wärme* Q_W, die dem Wärmereservoir entzogen wird – also das Verhältnis gewonnener Arbeit zu zugeführter Wärme:
$\eta = \frac{W}{Q_W}$.

Zerfallsgesetz: Beschreibt die Tatsache, dass sich bei Zerfallsprozessen innerhalb einer gewissen festen Zeitspanne die ursprünglich noch vorhandene Menge an ↑*Radionukliden* um die Hälfte reduziert. Diese Zeitspanne wird als ↑*Halbwertszeit* bezeichnet.

Zerstreuungslinse: Linse, bei der mindestens eine der Seiten nach innen gewölbt ist, weshalb sie auch Konkavlinse heißt. Zerstreuungslinsen zerstreuen ein parallel zur optischen Achse einfallendes Lichtbündel.

Zustandsgleichung für ideale Gase:
$$\frac{\text{Druck} \cdot \text{Volumen}}{\text{Temperatur}} = \frac{p \cdot V}{T} = \text{konstant}$$

Register

Absorption 116
Adhäsion 9
Aktivität 236, 246
Arbeit 58f., 110, 173, 246
Atombombe 243
Atomkern 227
Auge 140

Barometer 52
Basis 222
Beugung 77, 247
Bildkonstruktion 119, 125, 138
Bipolartransistor 222
Bohrsches Atommodell 226
Brechung 77, 130, 247
Brennpunkt 127, 129, 136, 247
Brennpunktstrahl 138
Brennstab 242
Brille 140

Coulomb-Gesetz 147

Dichte 9
Dielektrikum 184
Dielektrizitätszahl 186, 248
Diode 220
Dispersion 134
Dosimeter 233
Dotierung 219
Durchlassrichtung 221

Eigenfrequenz 69
Eigenleitung 219
Elektrische Feldkonstante 148, 248
Elektrische Leitung 152
Elektromagnetische Wellen 217
Elektromotor 208ff.
Elektron 226
Elektronenpaarbindung 218
Elektronensee 153
Elektroskop 149
Elementarmagnete 194
Elementarwellen 75, 248
Emitter 222
Energieerhaltung 62, 64, 108
Erdmagnetfeld 195

Fahrraddynamo 213
Farbmischung 135

Federkonstante 18
Feldeffekttransistor 223
Feldlinien, elektrische 188
Feldlinien, magnetische 193
Fernrohr 143
Ferromagnetische Stoffe 194
Flaschenzug 43, 249

Geiger-Müller-Zählrohr 234
Generator 210ff.
Gewicht 25
Gleichrichter 221
Gleichspannung 249
Gleichstrom 249
Gleitreibung 33

Haftreibung 33
Halbschatten 120
Hebel 38
Hohlspiegel 127
Hydraulische Anlage 50

Induktionsherd 200
Induktionsschleife 201
Induktionsspule 197, 202
Induktivität 199
Influenz 148
Innere Energie 87
Interferenz 75
Ionenbindung 153
Isolator 152

Kapazität 186
Kepler-Fernrohr 143
Kernkraftwerk 241
Kernschatten 120
Kettenreaktion 241
Kinetische Energie 61
Kohäsion 9
Kolbendruck 48
Kollektor 222
Konkavlinsen 137
Konvektion 102, 104f.
Konvexlinsen 136
Kraft, resultierende 19
Kristallgitter 152
Kühlschrank 112
Kurzschlussschaltung 182
Kurzsichtigkeit 141

Ladung, elektrische   146
Ladungsträger   150
Längswellen   71
Leerlaufschaltung   182
Leiter, elektrischer   151
Leitfähigkeit, elektrische   151
Lenzsche Regel   198, 251
Leuchtdiode   223
Lichtausbreitung   117
Lorentzkraft   196
Luftspiegelung   133
Lupe   142

Magnetfeld   192
Manometer   52
Masse   8
Metallische Bindung   153
Mikroskop   142
Mittelpunktstrahl   138
Moderator   242
Mondfinsternis   122
Mondphasen   121

Nebelkammer   234
Neutron   226

Ohmsches Gesetz   163, 251
Optische Dichte   131
Ortsfaktor   24

Parallelschaltung   161, 165, 170
Parallelstrahl   138
Permanentmagnet   194
Perpetuum mobile   109
Plattenkondensator   184, 186
Positron   231
Potenzielle Energie   61
Primärspule   202
Prisma   134
Proton   226

Querwellen   70

Radioaktive Strahlung   230
Reflexion   76, 124, 127, 129, 251
Regelstab   242
Regenbogen   134
Reibungsarbeit   58
Reihenschaltung   160, 165, 170
Rekombination   218
Resonanz   69
Rollen   42

Rollreibung   33

Schallwellen   73
Schaltskizze   176
Schaltsymbole   176
Schattenbild   118
Schattenraum   118
Schiefe Ebene   40
Schweredruck   49, 252
Schwerelosigkeit   31
Sekundärspule   202
Selbstinduktion   199, 252
Solarkollektor   107
Solarzelle   223
Sonnenfinsternis   122
Spannungsquelle   162
Sperrrichtung   221
spezifische Wärmekapazität   86
Störstellenleitung   219
Stoß, elastischer   35
Stoß, inelastischer   35
Stoßionisation   154
Strahlungsgleichgewicht   106
Streulicht   117, 118
Streuung   117
Stromkreis, unverzweigter   160, 165, 170
Stromkreis, verzweigter   161, 165, 170
Stromrichtung   179, 252
Supraleiter   151

Tag und Nacht   121
Teilchenmodell   9, 89
Teilchenstrahlung   231
Thermische Energie   84, 85
Thermisches Gleichgewicht   85
Thermometer   82
Transistor   222

Viertaktmotor   111

Wärmeempfinden   81
Wärmekapazität, spezifische   86
Wärmeleitung   102, 103, 253
Wärmestrahlung   102, 106, 253
Wassermodell   177
Wechselspannung   214, 253
Wechselstrom   214, 253
Weitsichtigkeit   141
Wirbelstrom   200
Wirkungsgrad   65, 111, 253
Wölbspiegel   128

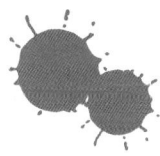